나의 마음을 알기 위한

뇌의 이해

한국과학기술한림원

• 과학기술에 전문적 경륜과 식견을 가진 석학들을 회원으로 엄선, 각 부문별 전문성을 효율적으로 활용함으로써 국가 과학기술의 진흥과 창달에 기여하기 위해 1994년에 설립되었습니다.
• 2005년 기초과학연구진흥법 제11조(한국과학기술한림원의 설립 등)에 의거 법정기구화 되었습니다.
• 독립성, 자율성 및 전문성을 바탕으로 하는 순수 민간 과학아카데미로, 편견 없는 대정부 정책자문을 통해 올바른 과학기술정책의 수립을 유도하고 있으며, 범부처적 국가 과학기술정책에 대한 자문과 건의를 통한 과학기술 발전의 장기적 비전을 제시하고 있습니다.
• 또한, 우리나라의 과학기술 선진국 진입을 위한 기초 과학기술 진흥사업을 수행하고 있으며, 외국 한림원 및 과학기술 국제기구 등과의 학술교류를 통해 과학기술 민간외교의 중심체 역할을 담당하고 있습니다.

나의 마음을 알기 위한
뇌의 이해

저　자 박찬웅
발 행 인 주정희
발 행 처 자유아카데미
디 자 인 오피에스디자인

주　소 경기도 파주시 교하읍 문발리 527-2
파주출판문화정보산업단지
전　화 031-955-1321
팩　스 031-955-1322
홈페이지 www.freeaca.com
전자우편 main@freeaca.com(대표)
editor@freeaca.com(편집)

등　록 제406-2003-017호, 1980. 7. 12
제1판1쇄 2010년 12월 31일 발행
정　가 18,000원

ISBN 978-89-7338-856-1 03510

한국과학기술한림원
『석학, 과학기술을 말하다』 시리즈 ⑪

나의 마음을 알기 위한

뇌의 이해

박찬웅 지음

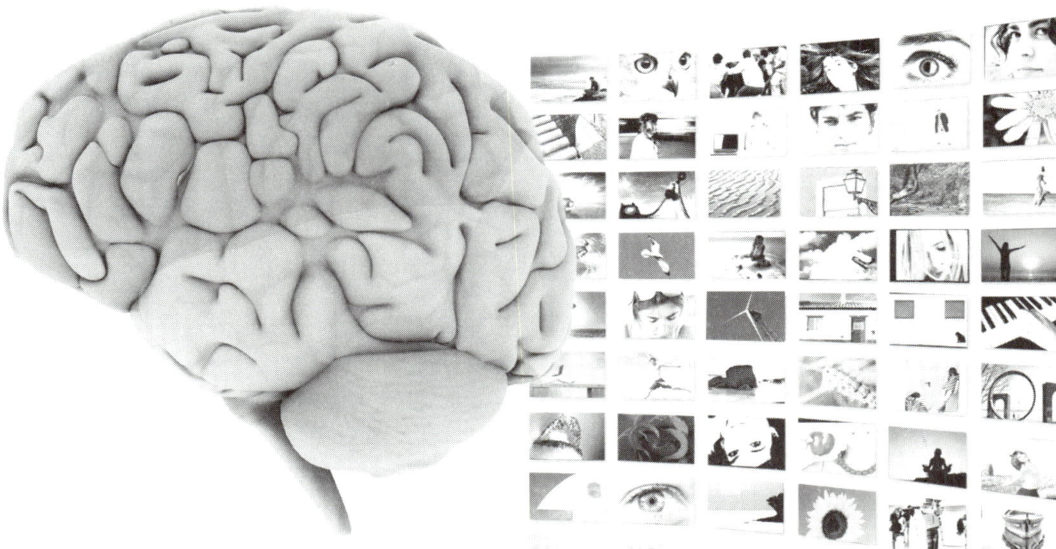

Understanding of Brain

자유아카데미

머리말

20세기가 시작될 무렵 산티아고 라몬 이 카할이 뉴런학설을 주장한 이래, 우리의 뇌에 관한 지식은 실로 상상을 초월할 정도로 발전하였다. 광학현미경과 전자현미경을 이용하여 신경세포의 상세한 구조를 알아볼 수 있게 되었고, 전기생리학적 기법으로 신경세포의 신호발생기전과 신경섬유를 통한 신호전도기전이 알려졌으며, 분자생물학적 기법의 발전으로 시냅스전달기전과 각종 수용체가 밝혀졌으며, 뉴런의 구조와 기능을 조절하는 각종 단백질(수용체, 이온통로, 효소 등)의 합성과 기능이 밝혀졌다. 양전자단층촬영법을 비롯한 각종 영상기법의 발전에 힘입어 뇌 기능지도가 속속 밝혀지고 있다.

그러나 안타깝게도 우리는 뇌의 핵심적 활동기전에 관하여는 아직도 오리무중이다. 생각이라는 것이 뇌의 활동인 것은 틀림없으나 뇌는 어떻게 우리를 생각하게 만드는가? 뇌는 어떻게 외부 자극을 저장(기억)하는가? 망막을 통하여 전달된 시각정보로부터 어떻게 생생한 영상이 만들어지는가? 기쁘고, 슬프고, 괴롭다는 감정은 어떻게 생겨나는 것인가? 의식이란 뇌의 어떤 활동에서 비롯되는가? 수많은 의문이 아직도 실마리조차 잡지 못하고 있다.

이 책은 일반 독자들의 뇌에 관한 이해를 돕기 위하여 지금까지 밝혀진 사실들을 소개하고, 특히 청소년들의 뇌에 관한 관심을 고취시키기 위하여 뇌에 관한 여러 의문들을 질의응답식으로 꾸며 보았다. 부족한 점이 적지 않다고 생각한다. 독자들의 너그러운 이해와 기탄 없는 조언을 바라마지 않는다.

끝으로 이 책을 한국과학기술한림원의 회원저술지원사업을 통해 '석학, 과학기술을 말하다' 시리즈로 출판할 수 있도록 선정해 주신 정길생 원장을 비롯한 모든 관계자분들께 감사드리고, 출판을 맡아 이 책이 빛을 보게 하여 주신 자유아카데미 주정희 사장을 비롯한 편집담당 여러분께 감사드린다. 유난히도 무덥던 여름날에 원고를 꼼꼼히 읽고 내용을 다듬어 책의 모양을 갖추도록 애써 주신 오피에스디자인의 호혜정님의 노고에 특히 감사드린다.

2010. 12.

필자 박찬웅

차례 Contents

제5부 뇌의 기억력과 학습

서론

뇌의 이해

뇌(腦, brain, 골). 두개골 내에 들어 있으며, 전뇌(前腦), 중뇌(中腦), 능뇌(菱腦) 등으로 된 중추신경계로서 배(胚)의 신경관 앞부분에서 발달된 것이다. 동물의 신경계를 통합하는 최고의 중추(中樞)이다.

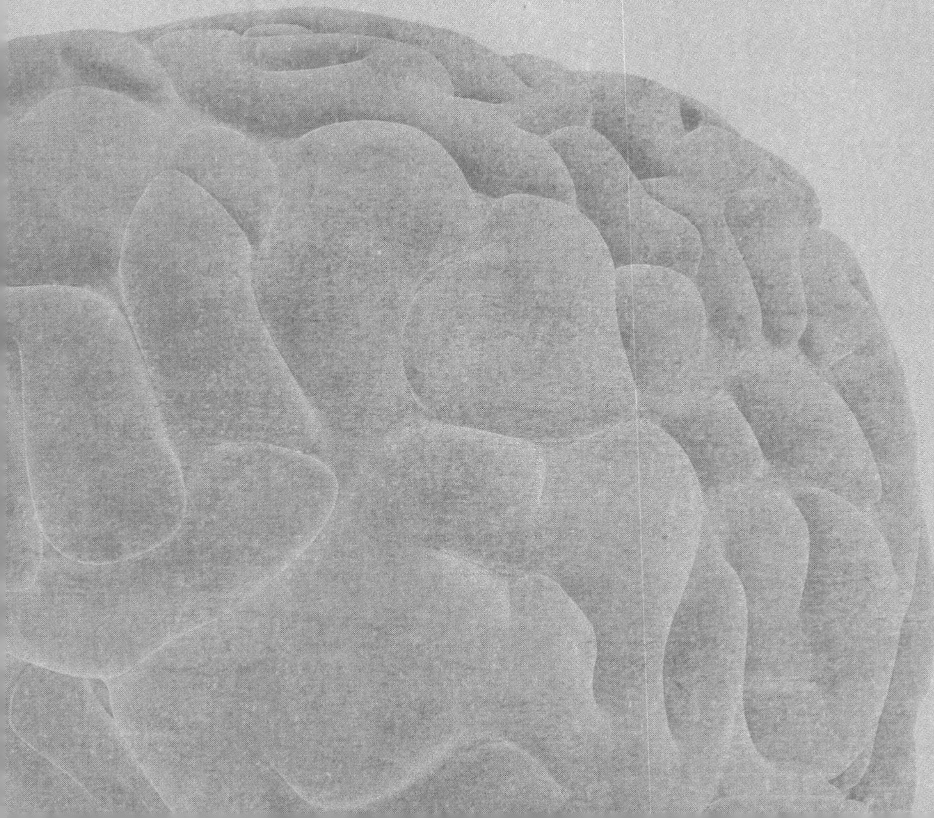

해부학적 구조의 역사

인체 기관 중 가장 위쪽에 존재하고, 각 기관을 관장하는 최고 지배자인 뇌. 그래서인지 뇌는 누구나 궁금해하고, 흥미를 갖는 존재이다. 누구나 평등하게, 크기에는 약간 차이가 있지만, 머리뼈 안에 하나씩 가지고 있다. 그러나 전 세계 어느 한 사람도, 심지어 일란성쌍둥이조차도 뇌 활동은 똑같지 않다. 사람마다 뇌 활동은 달라서 서로 다른 뇌 능력을 나타내고, 또 사람마다 생활환경, 행동, 지능이 달라서 서로 다른 인생을 만들게 된다. 뇌를 연구하는 연구자에게 뇌는 미지의 세계를 탐구하는 흥미의 대상이지만, 일반 사람들에게 뇌는 더 잘 살아가기 위한 정보를 제공해 주는 존재이다.

21세기 과학이 당면한 두 가지 주요 과제는 생명의 기원과 의식적 마음을 밝히는 일이다. 뇌는 다른 장기조직과 마찬가지로 당질, 지질, 단백질 등 기본적인 생화학적 분자들로 이루어져 있다. 이 분자들은 오늘날 살아 있는 모든 생명체에서 발견되는 것과 같은 것이다. 그러나 마음은 아직도 신비에 싸여 있다. 마음과 몸의 문제는 '마음의 철학' 이라는 분야를 연구하는 철학자들이 즐겨 찾는 주제이다. 대표적인 물음은 '무엇이 사람을 구성하는가?' 이다. 사람의 주체는 몸인가? 마음인가? 몸 안에 있는 마음인가? 사람은 인간(人間)이어야 하는가? 모든 인간은 사람인가? 다른 행성에서 온 창조물도 사람일 수 있는가? 인간은 뇌 손상이나 정신이상 또는 도덕 상실에 의하여 개성을 잃을 수 있는가? 생의 어느 시기에 개성이 시작되고 끝나는가? 태아나 유아도 사람인가? 의학적으로 소생의 희망이 없는, 혼수상태에 오랫동안 빠져 있는 사람은 무엇이라 하는가?

특히 마지막 질문은 사회적으로 법률적으로 광범위한 의미를 내포하고 있다. 앞의 질문들도 불완전하나마 합리적인 방법으로 대답이 가능하다. 우리가 사람은 무엇인가를 정확하게 규정할 수 없다면 우리도 사람의 하나인가 아닌가가 조금 문제가 될 수 있을 것이다. 300여 년 전에 존 로크(1632~1704)[1]는 이와 비슷한 것을 마음에 두고, 사람은 "개성은 법의학적으로 적절한 행동 및 그들의 업적 그리고 지적 소유자들에 소속하여, 법과 행복 그리고 고뇌를 분별할 수 있게 한다. 이 개성은 그 자체가 오직 의식에 의하여 현재를 뛰어넘어 과거에까지 확장된다"고 하였다.

뇌과학의 역사

사람들이 뇌에 관심을 갖기 시작한 것은 매우 오래 전부터였다. 서양의학의 아버지라 불리는 히포크라테스(B.C. 460~379)는 우리의 감각과 지능이 뇌에 자리한다고 하였다. 그러나 이와 같은 생각을 당시의 모든 사람들이 받아들인 것은 아니었다. 유명한 철학자 아리스토텔레스(B.C. 384~322)는 지능은 심장에 자리하고, 뇌는 혈액을 식히는 방열기의 역할을 한다고 생각하였다. 반면, 그리스의 의학자 갈렌(A.D. 130~200)은 히포크라테스의 견해를 지지하였는데, 대뇌는 감각을 받아들이고 소뇌는 근육운동을 지배한다고 주장하였다. 이와 같은 갈렌의 생각이 1500년 동안 학계를 지배하다가 르네상스기의 유명한 해부학자 베살리우스(1514~1564)[2]가 뇌실을 포함한 자세한

1) 존 로크(John Locke): 영국의 철학자이자 정치사상가로서 계몽철학 및 경험론 철학의 원조로 일컬어진다. 자연과학에 관심을 가졌고, 반스콜라적이었으며, 《인간오성론》 등의 유명한 저서를 남겼다. 교육에도 많은 관심을 보여 소질을 본성에 따라 발전시켜야 한다고 주장하였다.

2) 베살리우스(Andreas Vesalius): 벨기에의 해부학자. 근대 해부학의 창시자이다. 1543년 저서 《인체해부에 대하여》는 갈레누스의 인체해부에 관한 학설의 오류를 하나하나 지적하여 정정하였으며, 의학 근대화의 새로운 기점이 되었다.

뇌의 구조를 밝히면서 뇌기능의 체액-기계설이 대두된다. 이 가설은 뇌는 기계 같은 것이며 체액이 이를 구동한다는 생각인데, 이 생각을 지지했던 대표적인 학자에는 데카르트(1596~1650)가 있다. 뇌의 활동을 본격적으로 과학적인 탐구를 한 것은 19세기 산티아고 라몬 이 카할(1852~1934)[3)]이라는 학자의 '뉴런 학설'에 비롯되었으며, 이후 여러 학자들이 중요한 발견을 시작하였다.

한편 마음과 신체, 형상과 구조라는 이분법이 시작된 것은 아리스토텔레스 시절부터이나, 이를 좀 더 현대적인 감각으로 생각하게 된 것은 데카르트 시절부터라 하겠다. 데카르트는 신체와 영(靈)을 물질로 보았고, 신체의 속성은 연장(extended)이라 보았으며, 영 즉 마음의 속성은 연장을 갖지 않는 것(unextended) 다시 말해 사유라고 생각하였다.

데카르트는 자신의 철학 원리에서 "물론 실체는 어떤 임의의 속성으로 인식될 수 있는 것이지만, 그러나 실체에는 각각의 본성과 본질을 이루는 하나의 주요 속성이 있으며, 다른 모든 속성은 그것에 의존하고 있다. 그리고 물체에 속하는 일체의 모든 것은 연장을 예상하고 있으며, 그것은 연장하고 있는 사물의 어떤 양태에 불과하다. 마찬가지로 정신 가운데 발견되는 모든 것은 사유라는 양태 안에서만 이해될 수 있다"라고 하였다.

---

3) 산티아고 라몬 이 카할(Santiago Ramon y Cajal): 에스파냐의 신경해부조직 학자. 신경은 서로 접촉하고 있는 독립된 신경단위인 뉴런에 의하여 성립됨을 발견하였으며, 이 발견으로 신경작용에서 뉴런의 기본적인 역할을 이해할 수 있게 되었고, 신경충격의 현대적인 개념을 갖게 되었다.

뇌는 뇌가 하는 일을 모른다

"뇌는 뇌가 하는 일을 모른다"라는 말이 있다. 여기에는 두 가지 의미가 있다. 첫째는 뇌가 뇌 밖에 있는 대상물을 정확하게 파악할 수 있는가라는 의문이다. 예를 들어 사과의 모양, 색깔, 감촉 그리고 신맛에 관한 정보는 뇌가 직접 느끼는 것이 아니라 눈, 손, 혀에 의하여 정보를 전달받는 단편적이고 불완전한 것이므로 그들 정보가 뇌에 전달되더라도 결국 뇌는 뇌 밖에 있는 대상물을 정확하게 파악할 수 없다는 것이다. 철학에서는 이것을 불가지론(agnosticism, 不可知論)[4]이라고 한다. 불가지론에 관한 철학적 논의는 여기서는 피하기로 하겠다.

둘째 의미는, 뇌라는 것은 정신이나 마음을 담고 있는 신비한 것이므로 자연과학의 대상이 될 수 있는가 하는 것이다. 자연이라는 것은 어느 단순한 성질의 것들이 여럿 모이면 그 각각의 단순한 성질로는 생각할 수 없었던 새로운 것을 만들어낸다. 원자가 모여 단백질이나 지방질을 만들고, 단백질이나 지방질이 모여 생명체를 만드는 것이 하나의 예이다. 이와 마찬가지로 신경세포가 모여 뇌를 만들고, 뇌에서는 마음을 만들어낸다. 원자나 분자를 연구하는 물리학이나 화학과 독립적으로 생명체를 연구하는 생물학이 있듯이, 신경조직의 기능을 연구하는 신경생리학과 독립적으로 마음을 연구하는 심리학이 있다. 마음에는 마음의 법칙이 있는데 그 법칙을 연구하는데 신경조직의 활동을 꼭 알아야 할 필요는 없다. 그러나 마음이란 신경세포가 모여서 만들어진 결과물인 뇌가 만들어낸 것이므로, 마음을 신경조직

4) 불가지론: 초경험적(超經驗的)인 것의 존재나 본질은 인식 불가능하다고 하는 철학상의 입장이다.

의 물리학적 및 화학적 성질의 분석을 통하여 알아보려는 생각은 충분히 합리성이 있어 보인다.

뇌 활동 중에서 사람들이 가장 관심을 가지는, 뇌의 활동과 마음의 관계를 과학적으로 연구하게 된 것은 1960년경부터이다. 아직 갈 길이 멀기는 하지만, 그동안의 연구 결과 마음과 뇌의 관계에 관한 많은 의문들에 어느 정도 답할 수 있게 되었다.

이 책은 뇌와 마음의 문제를 질의응답 형식으로 꾸몄다. 뇌의 구조를 살펴보고 뇌의 활동에 관한 여러 질문, 특히 뇌와 마음에 관한 여러 질문을 궁금해하는 사람들에게 많은 도움이 되었으면 한다. 이제 질문들을 하나씩 살펴보자.

제1부
뇌의 구조, 진화, 역할

시간이라는 4차원의 삶을 지각하는 기관인 대뇌피질의 작용 덕분에 인간은 경험을 저장하고 전달할 수 있다. 즉 인간은 현재만을 사는 것이 아니라 과거의 경험을 연장하고 유지하며 산다. 인간은 현재의 시간뿐 아니라 과거의 시간과 미래의 시간을 살 수 있는 유일한 동물이다.
–윈 웽거

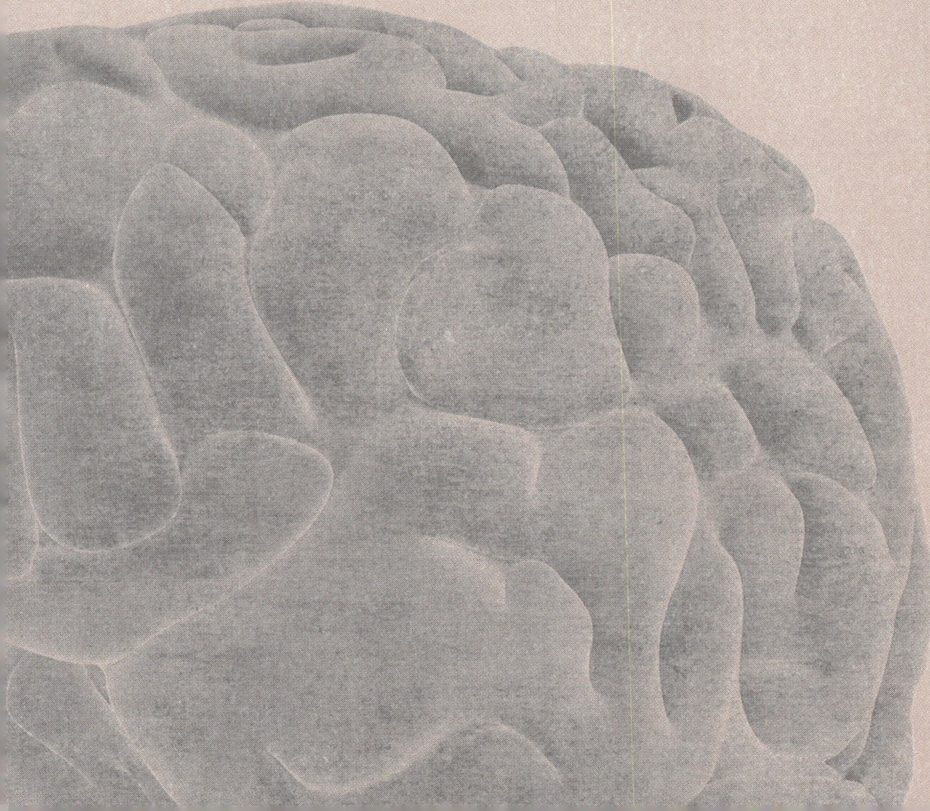

뇌는 역할을 분담하는가?

대뇌의 기능이 부위에 따라 다르다고 생각한 것은 매우 오래전의 일이다. 기원전 3500년경 고대 이집트 시대에 기록된 것으로 알려진 파피루스에는 머리에 외상을 입은 환자에서 운동장애가 나타나는 쪽과 뇌의 외상이 있는 쪽과의 관계가 기록되어 있다고 한다. 기원전 2세기에 살았던 의사 갈레노스(129~199)[5]는 환자의 임상 예와 동물실험에 근거하여 뇌의 기능을 전부, 후부, 뇌실부로 나누었다. 이 같은 생각은 현재까지도 크게 영향을 미치고 있다.

해부학적 구조의 역사

대뇌의 중앙은 앞뒤로 깊은 골이 있어서 좌뇌반구와 우뇌반구로 나뉜다. 좌뇌반구는 몸의 오른쪽 반신, 우뇌반구는 몸의 왼쪽 반신을 지배한다. 즉 신체는 서로 반대쪽의 뇌가 지배한다. 사람의 좌우 대뇌반구 표면은 2.5~3 밀리미터의 피질로 덮여있고, 많은 고랑과 둔덕을 이루면서 복잡하게 주름이 잡혀 있다. 19세기에 접어들면서 두드러진 큰 고랑을 경계로 전두엽, 측두엽, 두정엽, 후두엽의 네 대뇌엽으로 나누게 되었다. 이어서 작은 고랑과 둔덕을 경계로 뇌의 국소적 장소와 기능을 연결하려는 기능국소설을 확인

5) 갈레노스(Claudios Galenos): 고대 로마 시대의 의사, 해부학자이다. 그리스 의학의 성과를 집대성해 방대한 의학체계를 만들었고, 중세 · 르네상스 시대 유럽의 의학 이론 · 실제에 절대적 영향을 끼쳤다.

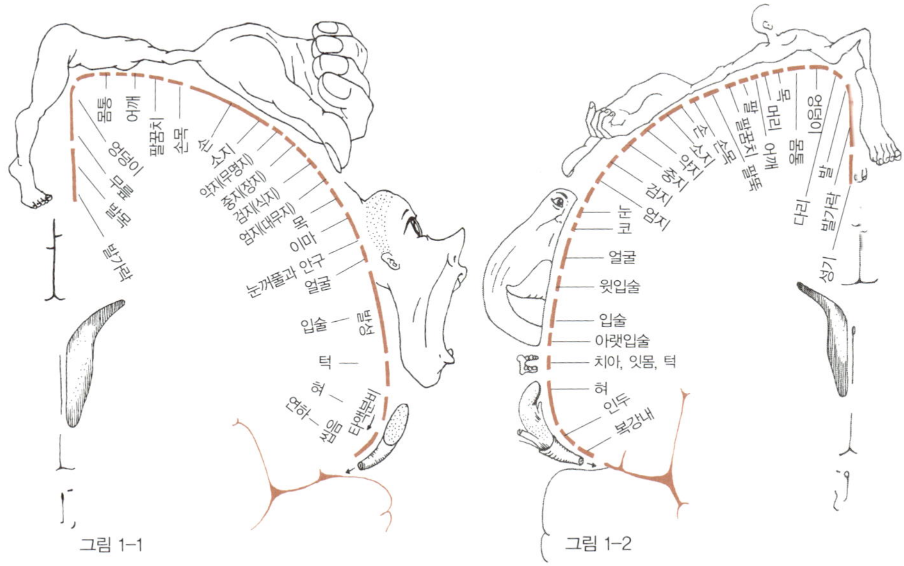

그림 1-1, 1-2 펜필드의 실험에 근거하여 만들어진 대뇌의 체성감각피질과 운동피질이 지배하는 신체 부위의 기능지도를 정자미인(精子薇人, 호문쿨루스)으로 나타낸 모식도이다. 그림 1-1은 감각피질의 지배 영역을 나타낸 것이고, 그림 1-2는 운동피질의 지배 영역을 나타낸 것이다.

하려는 노력들이 있었다.

1861년 브로카(1824~1880)[6]는 좌뇌반구의 전두엽 중앙부에 병변이 있을 것으로 생각되는 언어장애 환자의 임상 예를 보고하였다. 이 환자는 말을 할 수 없었으나 이해할 수는 있었다. 소위 운동성 언어장애이다. 이 환자는 발병 후 10년 뒤에 오른쪽 반신마비가 진행되어 결국 사망하였다. 환자가 사망한 후 부검을 통하여 브로카가 생각했던 대로 좌뇌반구 전두엽 중앙부에서 병변을 확인하게 되었다. 이 병변이 있던 부위를 브로카의 운동성언어야라고 한다. 이 발견은 뇌의 여러 기능을 서로 다른 국소가 담당할 것이라

6) 폴 브로카(Paul Broca): 19세기 프랑스의 외과의사, 인류학자이다. 최초 인류학 학회인 파리 인류학회, 인류학 학교 에콜 드 앙트로폴로지를 창설, 세계 인류학 발전에 영향을 끼쳤다.

는 생각에 크게 영향을 미쳤다.

1870년대에는 대뇌피질에 약한 전기자극을 가하여 한정된 근육들을 수축시키는 대뇌피질 전기자극법을 실시하였다. 이어서 캐나다의 신경외과의사 펜필드는 간질 환자 치료를 위한 뇌수술을 위해 뇌를 노출시켜 뇌 표면에 전기자극법으로 이용하여 전기자극을 가하고, 환자의 반응을 관찰하여 사람에서의 뇌기능의 국재에 관한 지식을 정리하였다(그림 1-1, 1-2).

후두엽은 시각, 측두엽은 청각과 기억, 두정엽은 촉각[7]과 인지, 전두엽은 운동과 생각에 관계되고 브로카의 운동성언어야는 전두엽 중앙부에 있으며, 베르니케의 지각성언어야는 측두엽의 중앙부에 있다.

그러나 뇌의 여러 기능이 어느 국소에서만 전적으로 이루어지는 것은 아니다. 예를 들어 시각, 즉 우리가 본다는 것이 전적으로 후두엽의 시각피질에서만 이루어지는 것은 아니다. 더구나 대뇌피질을 제거한 개는 전신마비를 일으켰으나 살아가는데, 즉 생명을 유지하는데 크게 지장이 없었다는 실험도 있다. 그래서 이 같은 뇌기능의 국재설에 반하여, 단일론 또는 전체론이 대두하였다. 20세기에 들어서면서 운동과 감각 기능의 국재설은 어느 정도 사실로 인정되고 있으나, 생각 같은 뇌의 고차원적 기능은 국재론이 아닌 전체론의 입장에서 생각하게 되었다. 뇌의 기능이 국재론임을 성립하려면 하나의 신경세포 또는 하나의 국소에 있는 한 집단의 신경세포들이 기능을 대표할 수 있어야 한다. 그러나 생각, 기억, 인식, 창조 같은 고차원적 기능을 국재론으로 설명하기는 매우 힘들다. 이는 앞으로 해결해야 할 숙제이다.

---

7) 촉각: 전신의 피부, 근육, 골격, 관절, 결체조직 및 장기에 가해지는 자극을 인식하는 감각을 체성감각이라고 하며, 체성감각은 크게 촉각, 고유감수성감각, 통각 및 온도감각으로 나눈다. 촉각은 피부에 있는 기계적 감수기들에 의하여 자극이 매개된다. 피부에 존재하는 기계적 감수기에는 파치니(Pacini) 소체, 마이스네르(Meissner) 소체, 모근감수기, 메르켈(Merkel) 세포, 루피니(Ruffini) 종말, 촉감수기 등이 있다.

대뇌신피질이란?

대뇌피질에는 새것도 있고 헌것(옛것)도 있는가? 여기서 잠시 뇌의 발생과 발달에 관하여 살펴볼 필요가 있다.

종의 발생

우선 종의 발생부터 살펴보기로 하자. 유전자는 세포가 살아가는 데 필요한 여러 단백질을 구성하는 아미노산 서열에 유전정보를 지니고 있다. 사람의 경우 유전정보를 구성하는 DNA는 약 35억 개의 핵산으로 이루어져 있다. 정상적으로 DNA의 부호는 정확하게 복사되어 세대가 거듭되어도 안정을 유지한다. 그러나 때로는 유전자 부호 내의 돌연변이가 일어날 수도 있다. 이 같은 돌연변이는 대체로 개체의 생존이나 번식에 해로운 것이어서 자연도태 과정에서 제거된다. 다만 드물게 돌연변이가 번식이나 생존에 유리한 경우도 있어서 세대를 따라 전달될 수 있고, 돌연변이를 공유하여 생물계의 생존을 향상시킨다. 이것이 다윈(1809~1882)[8]의 자연선택 또는 적자생존론의 기초 이론이다. 이 같은 점진적인 돌연변이와 자연도태 과정에 의한 선조 집단의 변형으로 새로운 종이 형성된다. 이를 계통발생의 점진성 또는 긍

8) 다윈(Charles Robert Darwin): 생물진화론을 최초로 주장하고 정립한 영국의 생물학자이다. 해군측량선 비글호에 박물학자로서 승선하여, 남아메리카 · 남태평양의 여러 섬과 오스트레일리아 등을 항해 · 탐사했고 그 관찰 기록을 《비글호 항해기》로 출판하여 진화론의 기초를 확립하였다. 1859년에 진화론에 관한 자료를 정리한 《종의 기원》이라는 저작을 통하여 진화사상을 공개 발표하였다.

통 조상적 연속성이라고 한다.

그런데 화석 기록에 의하면 이 같은 점진성은 찾아볼 수 없고, 갑작스런 돌연변이가 있었음이 나타난다. 그래서 한시적 평형설에 의한 타 조상적 종화라는 이론이 발전하게 되었다. 즉, 국소적 소집단이 모집단의 지리적 영역으로부터 변두리로 격리될 때 새로운 종의 발현이 일어날 수 있다는 것이다. 작은 집단은 커다란 모집단의 유전자 흐름에서 격리되었을 때, 분화가 효과적이고 빠르게 일어날 수 있다는 것이다. 그리고 격리집단은 유전자 흐름의 혼합 효과를 감소시키는 효과도 있다는 것이다. 이 한시적 평형설에 의하면 어떤 도태 조절에 앞서 도약적 변화가 일어나고, 새로운 종이 완전하게 형성된 후에 도태 조절기전이 작용할 것이라는 것이다. 즉, 개체발생은 도태에 선행한다는 것이다. 이렇게 해서 사람의 뇌에서 뇌로 진화하여 오늘날에 이르게 된 것이다.

신경관의 발달

뇌의 발달은 외배엽에서 시작한다. 외배엽은 중배엽, 내배엽과 함께 배아를 구성하는 세 배엽 중 하나이다. 여기서 신체의 여러 장기가 만들어진다. 외배엽의 일부가 두꺼워져 신경판이 된다. 이 신경판이 접혀서 신경관이 되고, 신경관의 앞쪽이 부풀려져 뇌가 만들어진다. 동물 운동의 기본형은 전진운동이다. 앞으로 나아갈 때 외부 자극에 대응하여 적절하게 반응함으로써 전진운동을 원활하게 하기 위해서는 감각기관이 앞쪽에 집중되는 것이 유리하다. 그래서 신경관의 앞쪽이 부풀려져 뇌가 된 것이다(그림 1-3).

신경관에서는 신경세포의 전구세포라는 것이 분화하여 뉴런이 된다. 사람

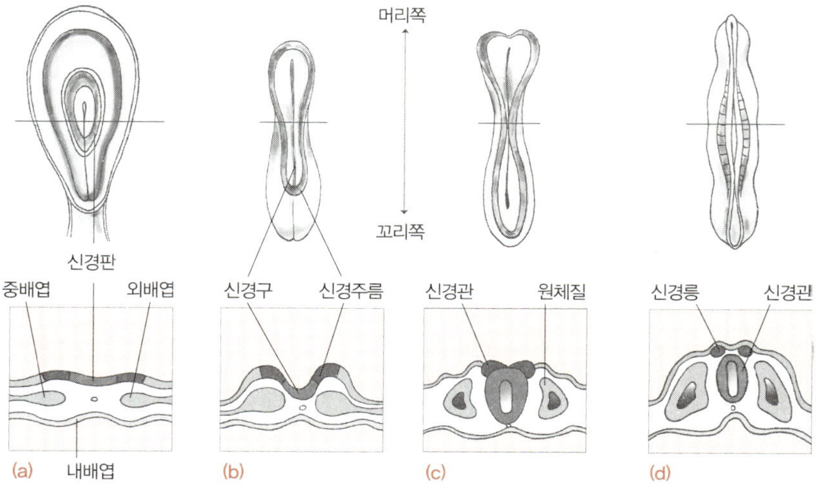

그림 1-3 신경계의 발생. 그림은 초기 배아에서 신경계의 발달을 보여주는 것이다. 그림의 위쪽은 배아를 등 쪽에서 본 것이고, 아래 쪽은 점선을 따라 자른 절단면을 보여준다. 포유류의 배아는 외배엽, 중배엽 및 내배엽의 세 배엽으로 이루어져 있다. 초기 배아에서 신경계는 외배엽에 신경판이 생기면서 시작된다(a). 이 신경판은 중앙이 함몰되어 신경구가 만들어지고, 신경구의 벽을 신경주름이라고 한다(b). 신경주름이 오므러져 융합되면 신경관이 만들어져 장차 중추신경계인 척수와 뇌가 된다(c). 신경외배엽의 일부는 나뉘어 신경릉을 이루고, 이는 장차 말초신경계가 된다(d).

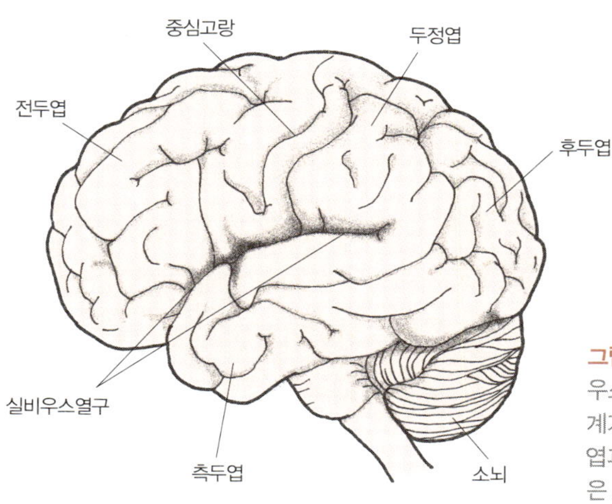

그림 1-4 대뇌엽. 깊은 골인 실비우스열구가 전두엽과 측두엽의 경계가 된다. 그리고 중심고랑이 전두엽과 두정엽의 경계가 된다. 후두엽은 뇌 뒤쪽에 위치한다.

은 대부분의 뉴런이 출생하기 전 수개월 동안에 만들어진다. 뉴런 생성이 가장 활발한 시기에는 1분에 약 250,000개의 뉴런이 만들어진다고 한다. 이 과정은 신경관을 받치고 있는 조직으로부터 확산되어 들어오는 호르몬에 의해 조절된다. 이들 호르몬은 단백질을 만드는 유전자를 활성화하여 전구세포에 의한 뉴런의 생성을 조절한다(호르몬 자체는 배아의 뉴런이 아닌 부분에서 만들어지는 유전자 생성물이다). 뉴런의 생성 초기에 장애가 생기면(예를 들어 알코올이나 약물의 섭취에 의해) 이분척추 또는 무뇌증 같은 선천적 기형이 생긴다. 그러나 모든 선천적 기형이 약물이나 알코올 섭취에 의한 것은 아니다. 그리고 약물이나 알코올 섭취가 반드시 선천적 기형을 가져오는 것도 아니다.

해부학적 뇌 구조

다시 인간의 뇌 해부학으로 되돌아가서 신비한 내부를 잠시 들여다보자. 뇌의 겉모습은 주름 잡힌 공처럼 생겼으나, 안쪽에는 아주 복잡한 각종 기능을 가진 기관이 숨겨져 있다. 대뇌는 중앙에 깊은 골이 있어 뇌를 좌우 둘로 나누는데, 이를 각 좌우대뇌반구라 한다. 이 대뇌반구는 골과 둔덕을 이루며 주름 잡혀 있는데, 바깥층을 대뇌피질이라고 한다. 대뇌반구의 중심골이라고 하는 골의 앞쪽, 즉 이마 쪽을 전두엽이라 하고, 영장류에서 특히 발달하여 대뇌피질의 약 3분의 1을 차지한다. 정수리 쪽을 두정엽이라 하며, 귀 쪽을 측두엽이라 하고, 뒤통수 쪽을 후두엽이라 한다. 대뇌피질은 급속하게 발달하여 크기가 커지는데, 생후 2년에 3배가 되고, 6세가 되면 4배가 되어 거의 어른의 대뇌피질과 크기가 같아진다고 한다. 즉, 대뇌피질의 성장은 6세가 되면 거의 끝난다는 의미이다. 그러나 네 개의 대뇌엽은 각기 성장속

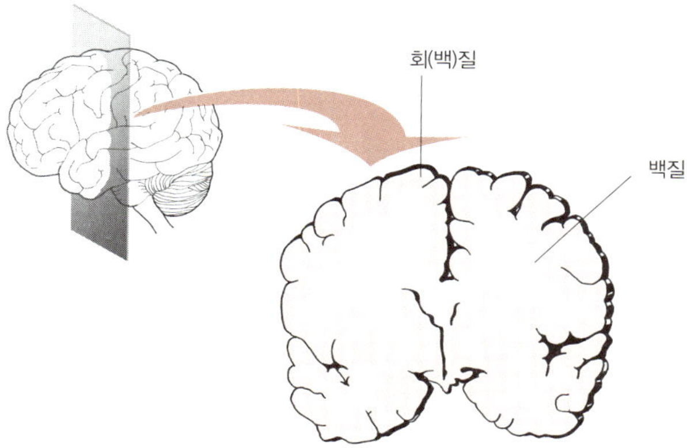

그림 1-5 뇌의 종단면. 뇌는 안쪽의 백질을 회(백)질이 둘러싸고 있다. 회(백)질에는 주로 세포(뉴런)가 모여 있고, 백질은 주로 축삭의 다발들이 있다. 백질의 축삭은 수초라는 지질막으로 둘러싸여 있어서 백색으로 보인다.

도가 달라서 전두엽은 10세까지 성장한다(그림 1-4).

대뇌를 세로로 잘라보면 표면의 회(백)질이 백질을 감싸고 있는 것을 블 수 있다. 표면의 회질을 대뇌피질이라고 하며 신경세포가 모여 있다. 그 아래 백질에는 신경세포에서 뻗어 나온 신경섬유가 있다. 백질이 백색으로 보이는 것은 축삭이라고 하는 신경섬유를 둘러싸고 있는 수초의 미엘린이라는 물질 때문이다(그림 1-5).

대뇌피질은 신피질과 구피질로 나누는데 신피질은 여섯 층으로 되어 있고, 구피질은 서너 층으로 되어 있다. 이들 대뇌피질은 포유동물이 되면서 나타나게 된다. 파충류 같은 하등동물에서 고등포유동물(사람을 포함한)에 이르는 다양한 동물의 뇌에는 하나의 원칙이 있음을 알 수 있다. 즉, 동물이 고등동물이 됨에 따라 뇌가 발달하며 헌것이 새것으로 바뀌는 것이 아니고, 헌것에 새것이 더해진다는 것이다(그림 1-6, 1-7). 원시적 뇌라 할 수 있는 뇌는 파충류에서 나타나기 시작하는데 세 층으로 되어 있으며, 대뇌기저핵이라고 하는 것이 대부분을 차지한다. 이를 대뇌피질이라고 하지는 않는다. 포유동물이 되면 대뇌피질은 발달하면서 신경세포가 분열하여 여섯 층으로 싸여 가면서 구피질을 안으로 밀어 넣게 되는 것이다. 따라서 사람의 대뇌피질은 바로 신피질을 일컫는다. 전두엽, 두정엽, 측두엽 그리고 후두엽이라고 하는 것이 신피질에 해당하는 것이다. 구피질에는 흔히 대뇌변연계라고 하는 것이 포함된다. 기억과 밀접한 관계가 있는 해마라는 것도 구피질에 포함된다.

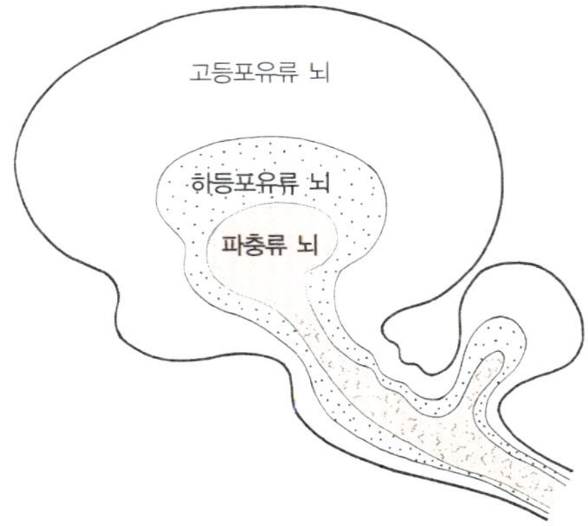

그림 1-6 뇌의 발달. 뇌는 오래된 것을 새로운 것으로 대체하는 것이 아니고, 오래된 것에 새로운 것이 더해지는 방식으로 발달했다. 즉 뇌간, 중뇌, 간뇌에 변연계가 더해지고 다시 대뇌피질이 더해진 것이다. 그래서 마지막에 발달한 대뇌피질을 신피질이라고 한다.

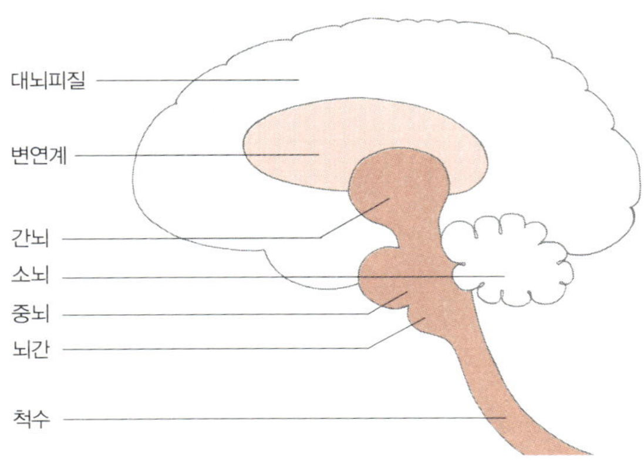

그림 1-7 동물의 발달로 보면 파충류의 뇌에 하등포유류의 뇌가 더해지고, 그 위에 고등포유류의 뇌인 대뇌피질이 더해진 것이다.

사람의 대뇌피질에는 몇 개의 기능부위가 있는가?

전통적으로 육안으로 구분되는 뇌의 다섯 가지 해부학적 부위:

1) 대뇌반구를 포함하는 종뇌
2) 시상과 시상하부를 포함하는 간뇌
3) 상하사구체와 망상체형성을 포함하는 중뇌
4) 뇌교와 소뇌를 포함하는 후뇌
5) 연수

대뇌피질

앞서 말했듯이 대뇌는 전두엽, 측두엽, 두정엽 그리고 후두엽으로 크게 네 대뇌엽으로 나뉜다. 1909년 신경해부학자 브로드만(1868~1918)[9]은 대뇌피질의 세포 모양이나, 그 분포양상을 기초로 하

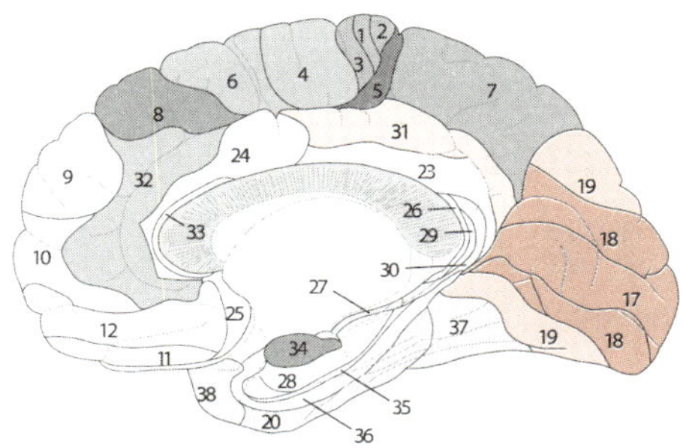

그림 1-8 브로드만 영역. 해부학자 브로드만은 대뇌피질의 세포 모양, 수 등의 특징에 따르는 세포구축학적 방법으로 대뇌피질을 52개의 영역으로 나누었다. 이는 기능과도 상당한 연관성이 있다. 예를 들면 영역1,2,3은 체성감각피질이며 영역4,6은 운동피질에 해당되고 영역17,18은 시각피질이다.

9) 브로드만(Korbinian Brodmann): 독일의 신경생리학자로 대뇌피질 영역의 조직학적 구분에 큰 공헌을 하였다.

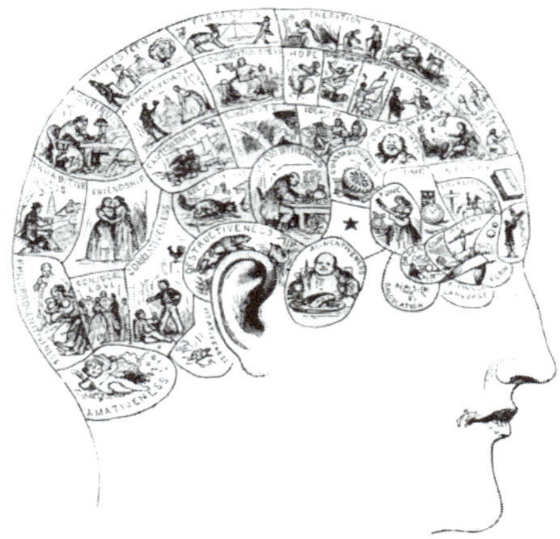

그림 1-9 프란츠 조세프 갈이 생각했던 뇌의 기능지도. 뇌에는 각각의 기능을 담당하는 구역이 있고, 그 구역 안에는호문쿨루스가 들어 있어서 여러 뇌기능을 수행한다고 생각하였다.

는 세포구축학적 방법으로 대뇌피질을 52개의 구역으로 나누었다. 이를 브로드만 영역이라 하며 1에서 52까지 번호를 붙였다. 이 영역들이 특정 기능을 갖고 있는 기능부위라고 할 수는 없으나 현재까지도 대뇌피질의 기능부위를 확인할 수 있는 좌표로 유용하게 쓰이고 있다. 예를 들면 브로드만 영역17은 일차시각피질에 해당한다(그림 1-8).

스트라스부르 대학에서 의학을 공부한, 오스트리아 비엔나의 신경생리학자 프란츠 조세프 갈(1758~1828)[10]은 뇌기능의 국재설을 주창하고, 골상학을 창시하였다. 그는 뇌의 여러 가지 기능적 속성(예; 장렬성, 자비심 그리고 존경심)에 따라 그 소재를 두개골에 부위별로 표시할 수 있다고 생각하였다. 갈의 골상학이란 사람의 두개골 위의 돌기들을 연구하면, 그 사람의 성격을 추측할 수 있다는 것이다. 두개골의 생김새는 그 밑에 있는 대뇌피질의 기능적 속성을 반영하는 것이라는 생각이다(그림 1-9). 그 생각을 지지하는 사람은 현재는 없다.

10) 프란츠 조세프 갈(Franz Joseph Gall): 독일의 의사. 인간의 뇌에는 약 28개의 '기관'이 있으며, 이것들이 두개골의 형성에 영향을 주기 때문에 두개골을 자세히 관찰하면 그 사람을 파악할 수 있다고 주장하였다.

전두엽

전두엽은 영장류에 이르면서 크게 발달한다. 그래서 영장류는 고등해질수록 발달하여 사람에서는 대뇌피질의 3분의 1을 전두엽이 차지한다. 이 전두엽의 기능을 사람에게서 알아보는 방법의 하나는, 수술 부위를 결정하기 위해 뇌 표면을 전기자극하고 그 결과를 관찰하여 기록하는 것이다. 이런 방법으로 전두엽의 가장 뒤쪽인 운동피질이 철저하게 조사되었다. 신체 각 부분의 운동을 일으키게 하는 장소가 질서정연하게 배치되어 있는 것이 밝혀졌다(그림 1-2 참조).

사람의 전두엽의 기능을 알아보는 또 한 가지 방법은 전두엽의 손상 또는 치료목적으로 전두엽의 일부를 절제한 환자의 증상을 관찰하는 방법이다. 이 같은 방법으로 전기자극법으로 조사할 수 없었던 전두엽 앞쪽의 기능을 어느 정도 알아볼 수 있었다. 그래서 다행증[11], 무욕, 무관심, 자발성의 저하, 판단력 또는 추상력의 저하 등의 많은 전두엽 증상이 알려지기는 하였으나, 이들 증상이 전두엽의 특정한 장소에 국재 하는지는 잘 알지 못한다. 20여 년 전 양전자를 방출하는 방사성동위원소를

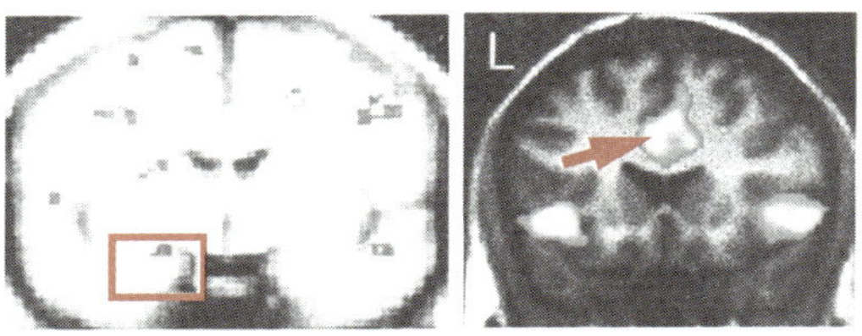

(a) (b)

그림 1-10 양전자방출단층촬영(PET) 뇌 영상. 소리 자극을 주었을 때 활성을 나타내는 부위가 밝게 보인다.

11) 다행증: 감정의 흥분성 장애. 여러 가지 기질적(器質的) 뇌질환(진행마비, 초로기 및 노년기의 정신병, 외상성·중독성 및 전염병 후의 쇠약상태 등)일 때 많이 볼 수 있으며, 가벼운 의식장애나 운동성 불안을 수반하는 경우가 많다.

이용하여 뇌기능을 영상화하는 양전자방출단층촬영법(PET)이 개발되면서 실험동물뿐만 아니라 사람의 뇌 국소에서 일어나는 변화를 추적할 수 있게 되었다. 그래서 방사성탄소(^{11}C)로 표식된 일산화탄소, 방사성질소(^{13}N)로 표식된 암모니아, 방사성크세논(^{133}Xe)의 흡입 또는 동맥주사로 뇌 국소의 혈류 변화를 조사하는 연구가 시작되었다. 그리고 방사성산소(^{15}O)를 흡입시켜 뇌 국소의 산소소비량을 조사하는 방법, 방사성불소(^{18}F)로 표식된 포도당을 이용하여 뇌 국소의 포도당소비량을 조사하는 방법 등이 개발되었다(그림 1-10). 이 같은 방법의 정밀도에는 아직 시간적, 공간적 제한이 있기는 하지만 상당 시간에 걸쳐 일어나는 정신활동을 해석할 수 있을 정도의 결과가 얻어지고 있다. 최근에는 기능성자기공명영상법(fMRI)이 개발되어 사람의 뇌 국소에서 훨씬 짧은 시간 동안에 일어나는 변화를 더욱 정밀하게 추적할 수 있게 되었다.

로란드와 17영역의 전두엽

한편 덴마크의 생리학자이며 내과의사인 로란드(Rowland)는 지금까지 얻어진 결과들을 근거로 전두엽을 17개로 구분하였다(그림 1-11). 로란드의 뇌기능 지도에 따르면 15-17은 운동피질이고, 1-14를 전두전야라 한다. 전두엽의 가장 앞쪽인 영역1은 어느 활동과 일관된 관계를 보이지 않는다. 영역2와 3은 미리 주어진 지시에 따라 뇌가 활동할 때 활성을 나타낸다. 특히 영역3은 분석, 비교, 판단 등 두 가지 이상의 정보를 처리할 때 활성을 보인다. 영역4는 공간적, 청각적, 시각적 판별과제를 수행할 때 활성을 나타낸다. 영역5는 촉각에 의한 판별이나 기억을 되살릴 때 활성을 보인다. 영역6은 청각과제, 영역7은 시각과제가 주어졌을 때 활성을 나타낸다. 영역8은 시각정보의 분석, 영역

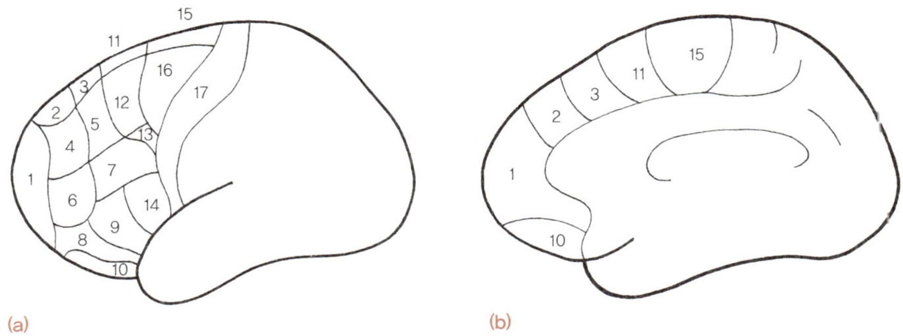

그림 1-11 로란드의 대뇌피질 기능 구획도. 왼쪽 그림(a)은 뇌의 표면이고, 오른쪽 그림(b)은 대뇌를 양분했을 때의 내면이다.

9는 청각정보의 분석과제가 주어졌을 때 활성을 보인다. 영역10은 전두안와야라고 하는 부위인데, 이곳에 손상이 있으면 격렬한 감정 폭발이나 성격변화 같은 정동장애를 일으키는 것으로 알려졌다. 이는 아직 실험적으로 증명되지는 않았다. 영역11은 지각정보의 연속적 분석 또는 안구운동을 할 때에 활성을 나타낸다. 영역12는 시각, 청각, 촉각에 관한 과제가 주어졌을 때, 주의의 방향을 돌릴 때 활성을 나타낸다. 영역13은 책을 읽을 때처럼 추적안구운동이나 하나의 목표점을 주시할 때 활성을 보인다. 영역14는 운동성언어야로 브로카의 언어야로 알려진 곳이다. 자기 자신의 생각으로 말을 할 때나 말로서 주어진 지시나 이야기를 들을 때 활동한다. 운동피질은 세 부분으로 나누어지는데 영역15는 보조운동야라고 하는 곳으로 잘 학습된 복잡한 운동의 계획이나 실행 때 활성을 보인다. 운동전야라고 알려진 영역16은 지각정보에 따라 운동할 때 활성을 나타낸다. 운동전야가 활동할 때는 반드시 보조운동야도 활성을 보인다고 한다. 반대의 경우는 반드시 성립하는 것은 아니다. 마지막으로 영역17은 수의운동[12]을 할 때에 활동하는데 사지 운동일 때 신체의

12) 수의운동: 자신이 의도한 대로 움직일 수 있는 운동이다.

반대측 근육만 활동한다.

앞서 지적했듯이 방사성동위원소를 이용한 뇌기능지도에는 시간적, 공간적 정밀성의 한계가 있어 로란드의 17영역 구분은 아직은 단지 영역 구분에 지나지 않으며, 앞으로 더욱 새로운 실험조건에서 심도 있게 연구되어 기능부위가 다듬어져야 할 것이다.

대뇌연합야란?

대뇌의 활동은 감각을 받아들여 운동하게 되는 활동과 이보다 고차원의 정신활동으로 구분할 수 있다. 이 중에 고차원의 정신활동에 관계하고 있는 것이 대뇌연합야이다.

대뇌연합야의 기능

대뇌연합야는 운동피질, 감각피질, 시각피질 그리고 청각피질의 네 개의 뇌 영역을 제외한 대뇌 신피질 영역을 말한다. 이를 다시 구분하면 전두엽의 앞쪽에 있는 전두연합야(전두전야라고도 함), 운동피질 앞쪽에 있는 운동연합야, 두정엽에 있는 두정연합야, 후두엽에 있는 후두연합야(시각전야라고도 함) 그리고 측두엽에 있는 측두연합야의 다섯으로 구분할 수 있다. 이들은 각각 독특한 기능을 담당하고 있다.

전두전야(전두연합야)는 주의, 사고, 의욕, 정동과 관계가 있어 사람에게 이곳에 장애가 있으면 주의집중이 안 되고, 고집을 부리는 경향이 있어 어느 하나의 행동을 반복하게 되고 다른 행동으로 바꾸기가 어려워진다. 그리고 자발적 행동이 줄어들고 자신이나 주변에 무관심해진다. 또 이 부위는 우리 의식 중 짧은 시간 동안 머무는 단기기억이 저장되는 장소로서, 치료목적으로 전두엽이 절제된 사람은 짧은 시간 동안에 일어난 사건에 대한 시간적 순서의 기억, 다시 말해 어느 쪽이 먼저 일어난 사건이고 어느 쪽이 나중에 일어난 사건인지를 기억하지 못하게 된다. 이 기억은 행동의 순서를 전두전야가 계획할 때 필수적인 과정이다. 좌뇌반구의 전두전야에는 말하기에 필수적인 브로카의 언어야가 있어서 이곳에 장애가 있으면 음식물을 씹기 위하여 입을 움직일 수는 있으나 말은 하지 못하게 된다.

운동연합야는 운동전야와 보조운동야를 합친 영역을 말한다. 이곳은 순서가 정해진 운동을 할 때, 그 운동의 계획을 짜서 운동피질로 보내는 역할을 한다. 이곳에 손상이 있으면 예를 들어 엄지손가락을 먼저 식지(둘째손가락)에 대고 다음 중지(셋째손가락)에 그리고 다음에 약지에 대는 것 같은 순번 동작이 되지 않는다.

두정연합야는 체성감각피질에 도달한 피부로부터의 감각정보를 받아 이를 자신을 중심으로 한 공간적 위치나 움직임의 정보로 변환하여 팔다리의 운동을 조절한다. 또 그 정보를 시각정보와 연결하여 팔다리나 몸의 운동을 시각적으로 조절한다. 이곳에 장애가 있으면 글씨를 쓸 수 없게 되고(실서증), 계산을 할 수 없으며, 지금 보고 있는 손가락이 어느 손가락인지를 알아보지 못하게 된다.

우뇌반구에서 두정연합야와 후두연합야 그리고 측두연합야가 서로 맞닿아 있는 곳은 공간인식과 관계가 있다고 한다. 이곳에 장애가 있으면 자기 주변의 공간을 정확하게 파악할 수 없으며, 시야의 왼쪽 반을 무시하는 편측무시라는 증상이 생긴다. 이 같은 환자를 네거리에 세우고 앞에 보이는 건물들을 말해보라고 하면 오른쪽에 있는 건물들만 대답한다고 한다. 때로는 자신의 몸 왼쪽 반의 존재를 의식하지 못하게 된다. 침대에 누웠는데 남의 다리가 옆에 있어 밀어내었더니 자신이 침대에서 떨어졌다는 환자도 있다.

후두연합야는 시각피질에서 받아들인 신호를 분석하고 종합하여 여러 가지 고차원의 시각기능이 이루어지게 한다. 이곳에 장애가 있으면 눈앞에 있는 물체의 이름을 대지 못한다. 그러나 그 물체를 만져보거나 그 물체의 냄새로 그 물체가 무엇인지는 알 수 있다. 또 여러 가지 색깔을 구별할 수는 있으나 색깔의 이름을 대답하지 못한다.

측두연합야 중에서 청각피질 근처에는 베르니케의 감각성언어야라는 것이 있다. 듣거나 말하여진 언어의 이해에 관계되는 영역이다. 여기에 장애가 생기면 말은 할 수 있으나 내용이 잘못되었거나 때로는 전혀 무의미한 것을 지껄여도 본인은 그것을 알아차리지 못한다. 또한 이 곳은 청각성 단기기억이 저장되는 장소이기도 하다. 치료목적으로 측두엽을 절제한 사람은 눈으로 보고 기억한 것은 잊어버리지 않으나, 귀로 들어서 기억한 것은 곧 잊어버리게 된다. 양전자방출단층촬영법(PET)으로 뇌의 혈류 상태를 조사했더니 도형을 보고 판별할 때 측두연합야 뒤쪽의 활성이 높아졌다고 한다. 따라서 측두연합야에는 시각적으로 형태를 구별하는 기능을 담당하는 장소도 있다고 생각된다.

뇌는 이중으로 만들어졌는가?

뇌를 가로로 절단해보면 얇은 층을 이루고 있는 회백질의 대뇌엽을 확실하게 볼 수 있다. 인류에게 대뇌반구는 생존을 위한 싸움에 가장 중요한 기관이며 동물과는 다른 특별한 곳이다. 즉 이곳이 사고나 인식, 기억, 연합, 학습, 망각이 일어나는 부분이다. 평면도를 보면 깊게 패인 경계로 분리되어 있는 것처럼 보이나 사실은 완전하게 이분되어 있는 것은 아니다. 이는 신경섬유로 된 뇌량(corpus callosum, 좌우의 뇌를 연결하는 다리)에 의해 상호 연결되어 있다.

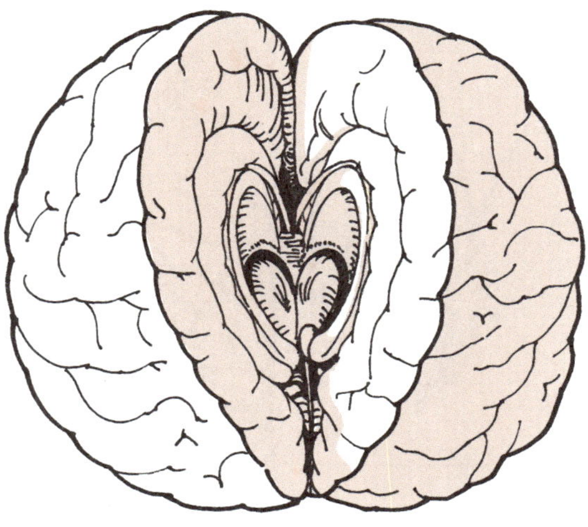

그림 1-12 뇌량. 우리 뇌의 대뇌피질은 오른쪽과 왼쪽으로 나누어져 있다. 두 대뇌반구는 뇌량이라는 것이 연결해준다. 좌뇌와 우뇌에 대한 연구는 뇌량을 제거한 환자들을 조사하면서 시작되었다.

좌우대칭 VS 비대칭

인간의 대뇌는 소뇌나 뇌간의 대부분과 함께 겉보기에 이중으로 만들어져 있다. 표면적인 좌우대칭은 인체의 다른 부분에서도 볼 수 있다. 예를 들어 눈도 두 개이고, 귀도 두 개이다. 팔다리도 두 개이고, 콩팥도 두 개이다. 이들과 비슷하게 뇌에는 두 개의 운동중추가 있다. 여기서 입으로 깨문다거나, 공격한다거나, 걷는 행위 따위의 모든 운동이 일어나고, 또 두 개의 감각중추에서 근육의 접촉자극과 관절의 위치자극 따위를 감지한다. 그리고 두 개의 시각중

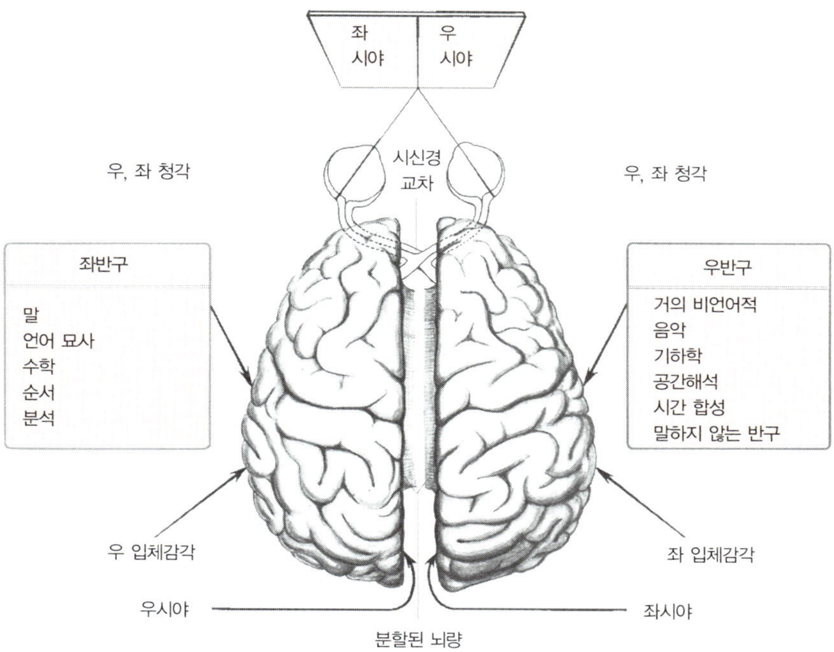

그림 1-13 양반구를 위에서 내려다 본 모습. 대뇌피질의 양반구를 모식도로 그린 것으로 좌우반구의 주요기능의 일부를 나타내고 있다. 뇌량에 의한 양반구의 대규모 연결을 유의한다. 위쪽의 두 눈은 입체적 깊이를 지각할 수 있도록 수렴하는 선에 초점을 맞추고 있다.

추와 청각중추도 있다. 이렇게 해서 좌우의 신체부분이 대칭적으로 뇌에 일치시켜 위치하는 것이다.

그러나 이 대칭성은 시종일관 일어나는 것은 아니다. 뇌가 나이 들어감에 따라 발달하면 좌우의 대뇌반구의 역할에 치우침이 생긴다. 예를 들면 사람의 90~95%는 좌반구에 능동적 언어중추, 즉 말하는 언어중추가 있고, 수동적 언어중추, 즉 듣는 언어중추는 우반구에 있다. 또 재미있는 것은 우측의 청각중추는 좌측의 중추보다 음악이나 물건 소리를 잘 감지하고, 이에 비해 언어발음중추는 우측보다 좌측이 잘 발달되어 있다.

이런 종류의 비대칭성의 예를 또 하나 들어 보기로 한다. 후두엽의 우반구와 좌반구에는 눈에서 오는 정보의 특별한 신경전달 피질 영역이 있다. 이를 시각피질이라 하며, 이 시각중추는 구조적으로는 대칭적이지만 기능적으로는 비대칭적이다. 예를 들면 좌측의 피질 영역은 거의 문자(단어나 활자)를 담당하고 우측의 피질은 도형을 담당하는 도입부이다.

뇌활동과 지도

그러나 위에서 말한 도입부의 소재는 그렇게 중요한 것은 아니고, 지각은 여기저기 분산되어 저장된다는 것이 일찍이 알려졌다. 입력된 신호는 각 도입부에 받아들여진 후 다시 상위로 전송된다. 즉 다양한 결합을 거쳐 뇌 전체에 흩어져 저장되는 것이다.

말하기나 운동을 지배하는 영역, 만지하거나 듣고 보는 도입부는 거의 확실하게 지도로 나타낼 수 있다. 그러나 대뇌 모든 영역을 지도로 나타내는 것은 그리 쉽지 않다. 그래서 명확하게 정리되지 못한 부분이 있는 것이다. 대뇌피질에서 운동을 담당하는 부위를 운동야라 하고, 신체의 감각(체성감각)을 담당하는 곳을 감각야라 하며, 이들 부위는 비교적 확실하게 지도로 나타낼 수 있다. 그러나 연합야(운동야, 감각야 이외의 대뇌 영역, 고등한 정신작용을 통합하는 것으로 생각된다)에 관해서는 확실하게 알지 못한다. 각각의 사고나 정보를 상호 결합하여, 계획, 회상, 지각, 입안, 무시하는 따위의 다양한 뇌활동을 지도로 나타내는 것은 힘든 일이다.

연합야 중에 전두전엽에 있는 전두연합야는 주의, 사고, 욕구, 정서와 관련이 있는 부위이다. 사람에서 이 부위에 장애가 있으면 주의집중이 안 되고, 고집스러워지며, 어떤 한 가지 운동을 반복하게 되고, 자발적 행동이 줄어들고 자신이나 주변에 대하여 무관심하게 된다. 그리고 단기기억과도 관련이 있다.

좌우대뇌반구

좌뇌반구의 전두전야에는 브로카 영역이라고 하는 운동성언어야가 있다. 이곳에 장애가 있으면 음식을 먹기 위해 입을 움직일 수는 있으나 말을 할 수 없다. 운동야 앞에 있는 운동연합야에는 운동전야와 보조운동야가 있다. 이곳에서는 순서가 정해진 운동의 프로그램을 짜서 운동야에 전달하여 실행토록 한다. 두정엽에 있는 두정연합야는 체성감각야에 도달한 피부의 감각정보를 받아 공간적 위치나 움직임 등 의미 있는 정보로 해석한다. 그리고 시각정보와 연관하여 손발의 움직임을 통제한다. 두정연합야에 장애가 있으면 글씨 쓰기의 장애(실서증), 산술적 계산의 장애(계산무능증), 지시하는 손가락을 알아보지 못하는 손가락실인증이 생긴다.

앞에서도 살펴보았듯이 우뇌반구의 두정연합야, 후두연합야 그리고 측두연합야는 서로 근접해 있어서 공간인식에 관계하며, 이곳에 장애가 있으면 편측무시 같은 자신의 주위 공간에 관한 인식의 장애를 나타낸다. 자신이 누워 있는 침대에 남의 다리가 있어서 그 다리를 밀쳐냈더니 자신이 침대에서 굴러 떨어졌다는 이야기는 편측무시 환자의 대표적인 예이다.

후두엽에 있는 후두연합야는 시각전야라고 하며 시각야에서 받아들인 빛의 신호를 의미 있는 시각장면으로 처리한다. 이곳에 장애가 있으면 물체를 보고 있어도 그것이 무엇인지 알아보지 못한다. 그러나 손으로 만져보고는 그것이 무엇인지 알 수 있다.

측두엽에 측두연합야에는 베르니케 언어야라는 것이 있다. 감각성언어야라고도 하며, 이곳에 장애가 있으면 말소리를 알아듣지 못한다. 따라서 남의 말을 이해하지 못하게 된다. 그리고 측두연합야는 청각에 의한 단기기억이 저장되는 장소라고 한다. 이곳에 장애가 있으면 보았던 것은 기억하나 들은 것은 기억하지 못한다. 시각으로 모양을 구별하는 데도 관여한다고 한다.

'뇌지도 그리기' 란?

뇌지도를 그리는 이유

신경과학의 궁극적인 목적은 생각이나 창의성 같은 뇌의 고위활동인 인지기능을 신경생물학적으로 밝히는 것이다. 이 목표는 의식은 뇌로부터 생겨나는 것이고, 행동은 신경의 신호처리과정이라는 가정에 근거하는 것이다. 최근

PET, MRI, SPECT 같은 뇌영상기법의 발달로 뇌활동에 연관된 대뇌피질의 활동을 관찰할 수 있게 되었다. 이 같은 영상기법들을 이용하여 뇌의 여러 활동과 연관이 있는 대뇌피질을 비롯한 뇌의 각 영역들을 영상화하는 것을 '뇌지도 그리기' 라고 한다. 특히 기능적자기공명영상기법(fMRI) 같이 비침습적으로 뇌의 기능을 영상화할 수 있는 기술이 개발됨으로써 살아서 활동하는 사람의 뇌를 들여다볼 수 있게 되었다. fMRI는 특정한 정신활동, 즉 보기, 듣기, 느낌, 운동, 말하기, 생각하기 등의 활동에 연관된 뇌의 부위들을 볼 수 있는 독특한 기술이다.

뇌지도의 역사

뇌의 특정 부위가 특정한 행동과 연관이 있으리라는 생각은 일찍이 특정 부위의 뇌손상 또는 특정한 기능장애에 관한 의학적인 보고에서 비롯되었다. 1841년 브로카는 왼쪽 전두엽에 특이적인 손상이 있는 환자의 언어생성장애를 보고하였다. 이어서 1874년에는 베르니케가 왼쪽 측두엽의 특정한 부위에 손상이 있는 환자에서 언어의 이해와 표현의 장애를 보고하였다. 그 이후로 브로카 영역과 베르니케 영역은 언어의 생성과 이해에 연관된 대뇌피질 지역으로 확립되었다. 그로부터 한 세기가 지나 1950년에 몬트리올의 신경학 연구소에서 펜필드는 뇌를 수술하는 동안에 대뇌피질을 직접 자극하는 방법을 개발하여, 언어를 비롯하여 여러 가지 운동과 감각 기능에 연관된 대뇌피질의 영역들을 확인하고 국소지도를 작성하였다.

한편 뇌의 기능과 정신적 현상을 연결하는 관계에 있어 핵심 원리는 신경활성과 뇌 혈류와의 관계이다. 즉 대뇌 특정 영역의 혈류는 해당 지역 뉴런의 신진대사, 다시 말해 뉴런의 활성 정도와 관련될 것이라는 가정이다. 1881년에 생리학자 안젤로 모소(Angelo Mosso)는 두개골에 손상을 입은 환자를 관찰한 일이 있었다. 두개골의 손상은 다행히도 혈류를 관찰할 수 있는 모양이었다. 그래서 특정한 인지활동과 관계 있는 왼쪽 전두엽의 혈류 변화를 관찰할 수 있었다. 결론적으로 모소는 정신적 현상은 뇌의 혈류와 연계된다고 결론지었다. 이어서 로이와 쉐링톤은 개에서 직접 측정하는 방법으로 신경 활성과 뇌 혈류의 연관성을 제창하였다.

최근에는 $H_2{}^{15}O$(방사성 산소)를 추적자로 이용하여 사람의 뇌에서 혈류를 측정하여 뇌의 특정 부위에서의 신경활성과 혈류의 관계를 확인할 수 있었다. 이어 크세논(^{133}Xe)을 추적자로 이용하여 사람의 뇌를 해부하지 않고도 방사선 감지장비로 외부에서 혈류를 측정할 수 있게 되었다. 크세논은 뇌에 해를 주지 않으면서 혈관에 주입했을 때 빠르게 씻겨나가는 성질이 있다. 그래서 이것을 혈관에 주사하면 혈류가 더 많은 지역에서 더 많은 크세논이 감지될 것이다. 그 농도를 색깔로 나타내면 대뇌 혈류가 지역별로 차이를 나타내는 생생한 영상을 얻을 수 있다. 그래서 뇌가 하는 일에 관련된 아름다운 영상을 대뇌 혈류 연구방법으로 만들어낼 수 있게 되었다. 예를 들면 사람이 말을 하는 동안에는 측두엽과 전전두엽 그리고 운동피질과 감각피질의 후두와 입에 해당하는 영역이 밝게 빛난다. '소리 내지 않고 독서' 할 경우와 '소리 내어 독서' 할 경우 또는 '의도적인 동작' 을 할 경우 등에 따라 서로 다른 패턴을 보이는 영상을 만들어낸다. 이것이 사람이 특정한 기능을 수행하는 동안에 대뇌피질의 활성을 영상화하는 양전자방출단층촬영법(PET)의 계기가 되었다. 불행히도 PET 영상은 해상도가 매우 낮아서 이를 개선한 자기공명영상법(MRI) 기법이 개발되어 뇌의 기능과 연관된 뇌의 여러 지역들을 알아볼 수 있게 되었다. 이를 근거로 '뇌지도 그리기' 가 활발하게 연구되기에 이르렀다. 공상과

학소설에는 종종 기계장치를 머리에 씌워 사람의 두려움, 계획 또는 은밀한 생각을 알아내는 장면을 볼 수 있다. 현재 사용하고 있는 기법이 그 정도에는 미치지 못하지만 두개골을 열지 않고도 뇌의 활동을 상당한 수준까지 볼 수 있게 되었다.

대뇌피질의 구조와 기능을 연관 지으려는 연구와 임상적 응용에 따르는 대전제는 뇌의 특정한 부위가 동작, 감지, 인지, 의식, 감정 등 행동의 특정한 측면과 관련이 있다는 것이다. 인지기능 같은 뇌의 고위기능에 관한 뇌의 신경과학적 기전의 이해는 언어, 감각 및 운동 그리고 시각 기능에 비해 훨씬 미치지 못하고 있다. 가장 큰 이유는 동물을 이용한 연구가 거의 불가능하다는 것이다.

최근에 자기공명영상기법 같은 비침습성 뇌영상기법이 개발됨으로써 사람을 대상으로 하여 주의, 작업 기억, 실행 과정, 의식 등 뇌의 특정 기능과 관련된 신경과학적 연구가 활발하게 이루어지고 있다. 자기공명영상기법에 있어 혈류에 근거한 기능과 연관된 신경해부의 영상화에 획기적으로 발전한 것 중 하나는 미국 벨연구소의 물리화학자 오가와가 개발한 '혈액 산소농도 의존적(BOLD)' 신호의 발견이다. 자기공명 신호는 신경활성과 연계된 혈액의 산소화된 혈색소의 변화와 관계가 있다고 오가와 교수는 주장하였다. 이후 BOLD를 적용한 기능적자기공명영상(fMRI)은 사람의 뇌에서 신경활성을 가시화하는데 널리 쓰이는 도구가 되었다.

사람의 뇌 진화의 역사는?

사람은 누구나 머리뼈 안에 한 개씩의 뇌를 가지고 있다. 사람에 따라 발휘되는 능력에는 차이가 있으나 사고 능력은 상상할 수 없을 정도로 무한하다. 생물학적 진화 과정 중에서 가장 중요한 창조 과정인 뇌의 진화는 900만~1000만 년의 세월을 통하여 유인동물 조상에서부터 걸출한 창조력을 지닌 인간의 뇌에 이르게 하였다.

화석 기록으로 보기

우선 인간의 진화를 화석 기록을 중심으로 살펴보려고 한다. 이집트 사막의 화이움 평원이라는 곳에서 지금으로부터 3000만~3500만 년 전의 것으르 추정되는 이집토피테쿠스(*Aegyptopithecus*)라는 화석이 발견되었다. 이것이 현대의 폰지드(pongid, 유인원)와 유인류에 대한 공통의 조상으로 여기는 것이다. 분자시계 연구방법에 의하면 호미니드(hominid, 인류의 조상)와 폰지드의 분파 시기를 지금으로부터 500만~1000만 년 전으로 예상하고 있다. 아프리카에서 발견되는 오스트랄로피테신(Australopithecine)의 골격은 두발 걷기를 하였음을 나타낸다고 한다. 그래서 오스트랄로피테신은 호미니드 진화의 첫 주자로 간주될 수 있고, 다음 주자인 호모 하빌리스(*Homo habilis*)로 이어진다. 호모 하빌리스 시기에 석기문화가 시작되어 올도완 문화[13])를 만들었고 체구는 현저하

13) 올도완 문화(Oldowan culture): 딱딱한 망치로 때려 제작된 뗀 조각이나 찍어내는 도구를 특징으로 하는 석기 문화이다.

게 커지지 않았으나 뇌는 현저하게 커졌다. 다음의 커다란 진화는 호모 에렉투스(*Homo erectus*)로의 발전이다. 이들의 화석 발견 장소로 미루어 호미니드의 첫 번째 대이동이 있었다고 추측한다. 그리고 좀 더 발달한 아슐리안 석기문화를 이루었다. 동아프리카에서는 10만 년 이상에 걸쳐 호모 하빌리스가 독자적 석기문화를 가지고 호모 에렉투스와 공존하였을 것이라고 한다. 1856년에 호모 사피엔스(*Homo sapiens*, 인간)에 속한다고 생각되는 화석이 독일의 네안데르 지방에서 발굴되었다. 이를 네안데르탈 또는 호모 사피엔스 네안데르탈렌시스(*Homo sapiens neanderthalensis*)라고 하는데 유럽과 근동(유럽인의 입장에서 유럽에 가까운 동방지역) 여러 지역에서 대단히 유사한 화석들이 발견되었다. 이는 호모 사피엔스의 중요한 조상일 것으로 인정되는 것이다. 이어서 현대인을 통칭하는 호모 사피엔스 사피엔스(*Homo sapiens sapiens*)로 대치되는데, 그 발생 장소는 아직도 의문으로 남아 있다.

지난 300만 년 동안에 있었던 뇌의 현저한 진화적 팽창은 진화의 한시적 평형 과정에서 유전자가 도약적으로 변화한 결과라고 생각한다. 그리고 뇌기능의 점진적 증가는 자연도태 과정에서 중심적 역할을 했다고 여긴다.

뇌의 부위별 크기 지수로 보기

이 같은 뇌의 진화를 뇌의 각 부위별 크기 지수로(식충동물을 기준으로 영장류의 뇌 부위별 크기와 비교한 지수) 살펴보면 대체적으로 뇌의 진화적 발달은 정량적인(일정 부위의 상대적 크기의 변화) 것이고, 정성적인(질적인 변화) 것은 아닌 것으로 보인다. 즉 뇌에서 척수를 거쳐 운동신경을 이루는 척수로의 기본 원리는 유인원이나 원숭이의 뇌와 크게 다를 것이 없다. 그러나 골격 변화를 가져온 중요한 진화적 발달로는 직립자세를 들 수 있다. 화석 기록으로 미루어 호미니드인 오스트랄로피테신의 척추, 골반 및 뒷다리의 골격 구조는 이미 직립자세에 적합하도록 발달되었다. 두발걷기는 사람 특유의 것으로 지면 위를 효과적으로 이동하는 방법이다. 오스트랄로피테신이 직립자세를 취하기 위해서는 대단히 복잡한 중추신경계의 변화가 있었을 것이다.

오스트랄로피테신이 두발걷기를 함으로써 앞다리(팔)가 보행의 의무로부터 해방되어 다양한 활동에 이용할 수 있게 되었을 것이다. 이는 손의 변화에서 뚜렷하게 알 수 있는데, 엄지가 발달하여 회전이 가능해졌고 정확하게 물건을 잡을 수 있게 되었다. 그러나 오스트랄로피테신은 석기를 만들어 쓰지 않았다고 여겨진다. 그들의 뇌는 능숙한 손재주로 석기를 다듬을 만큼 발달하지 못하였을 것이다. 폰지드도 잘 조절된 악력을 가지고 있으나 손재주보다 대뇌의 능력이 부족하였을 것으로 생각한다. 이 대뇌의 능력이 호모 하빌리스, 호모 에렉투스, 호모 사피엔스로 진화하면서 각 단계마다 특유의 형태와 멋을 가진 석기문화로 발달하게 하였다. 즉 대뇌반구의 진화적 발달에 의하여 운동 능력과 창의력이 점차로 향상되었기 때문이라 생각한다.

호미니드 진화에서 언어의 발달 과정은 대단히 중요한 의미를 갖는다. 언어 발달은 사람 이외의 다른 종에게는 능력밖의 일임이 여러 연구자들에 의해 거듭 확인되었기 때문이다. 사람의 뇌에는 좌측 대뇌피질에 언어에 관계되는 두 개의 커다란 영역이 있다. 베르니케의 후방 언어중추는 언어의 관념화에 특히 관계가 있고, 브로카의 전방 언어중추는 운동성 언어중추라고 할 수 있다. 오랑우탄이나 침팬지의 뇌에는 사람의 언어 수준에 이르는 특수한 대뇌피질 영역이 없거나 충분히 발달되어 있지 않다. 중요한 것은 사람의 언어영역은 출생 전에 이미 형성되고 쉽게 언어를 배울 수 있도록 개체발생학적으로 발달한다는 것이다.

고등 영장류에서 호모 사피엔스에 이르는 진화과정은 대뇌피질에서 일차 및 이차 청각영역에 해당하는 청각 계통에는 진화적 변화가 별로 없었다고 여긴다. 그러나 브로카의 전방 언어영역에 해당하는 영역은 유인원에는 없다. 이 같은 계통발생학적 과정의 각 단계는 두개골 화석의 내부충전('내부를 채우는') 자료에서 찾아볼 수 있다. 오스트랄로피테신의 뇌는 앞으로 브로카 영역이 될 부위의 작은 흔적만 보일 뿐이고, 호모 하빌리스에서는 뚜렷하여 언어 영역의 계통발생학적 발달이 시작되었음을 나타내고, 호모 에렉투스에서는 전방 및 후방 언어 영역의 발달이 진전되어, 네안데르탈인에 이르러서는 호모 사피엔스 사피엔스의 수준에 이른다고 한다. 베르니케의 언어 영역에서 영역 39, 40(브로드만 영역)은 사람의 뇌 진화 과정에서 유일하게 새롭게 나타나는 구조라고 한다. 호모 하빌리스의 뇌는 40%나 커지고 전방 및 후방 언어 영역의 존재는 큰 유전적 변화이며, 호모(*Homo*)라는 새로운 속의 시작이라 할 수 있다.

호미노이드로부터 호모 사피엔스에 이르는 시각-운동계의 진화적 발달은 유인원의 뇌를 대상으로 대단히 많은 연구가 이루어졌다. 마카크 원숭이의 시각계에 관한 연구가 가장 철저하게 이루어졌다. 이는 호미니드 진화 초기의 시각계 모델로 간주할 수 있는 것이기 때문이다. 이들 연구결과에 따르면 호미니드 진화 초기에 대단히 효율적인 시각 계통을 물려받았다고 생각된다. 다만 사람의 대뇌피질에서 시각 활동에 의하여 활성화되는 영역은 원숭이에 비하여 훨씬 크다는 것이다. 다시 말해 전체 시각피질 영역은 유인원에 비해 사람이 세 배 이상 크지만 실제 기능이나 설계에 있어서는 근본적인 진화 발달은 없었을 것이라고 한다.

호모 사피엔스 사피엔스의 구석기 시대(약 3만 년 전) 초기에 이르러 인식체계라는 놀라운 발전을 이루었을 것이라고 한다. 한 가지 증거는 프랑스의 브랑카드에서 발견된 판화이다. 두 달 이상에 걸친 달 모양의 변화를 뼛조각에 눌러 그린 판화이다. 판화를 그리기 위한 정교한 도구의 발달, 주기성의 개념, 나아가 부호화된 문자언어까지도 생각했던 것이다. 사람에서 인지적 기억능의 엄청난 증가를 고려할 때 두 가지 중요한 요인을 생각할 수 있다. 첫째, 연합피질 특히 전두피질이 크게 증가하였다. 브로드만(1912)에 의하면 전두전엽의 전체 신피질에 대한 비율은 호모의 경우 29%이고, 침팬지는 16.9%이며, 마카크는 11.3%라 하였다. 둘째, 언어의 역할이다. 사람의 인지적 기억은 대부분 언어로 작성된다. 호미니드 진화에서 호모 하빌리스는 뇌가 증대하고, 언어 영역이 발달하여, 가장 큰 진화적 도약을 이루었다고 본다. 이는 석기문화를 창시하였고, 이 문화는 인지적 기억의 개선에 의존하였을 것임을 짐작할 수 있다.

요컨대 뇌는 호미니드 진화 과정에서 한편으로는 우연하게 유전적 돌연변이가 중심 역할을 하고, 다른 한편으로는 자연도태의 체계를 이용한 표현형의 걸러짐이 핵심적 역할을 한다는 철저하게 다윈적인 결과라 할 수 있다.

후생유전적 조절은 어떻게 일어나는가?

후생설 VS 전생설

생물의 발생 단계에서 단순한 상태에서 복잡한 상태로 발달이 일어나 여러 가지 구조가 새롭게 생겨난다고 하는 것을 후생설이라 한다. 주로 개체발생에 대하여 사용하는 용어이나 계통발생에 적용하는 경우도 있다. 후생설과 전생설의 대립은 발생학 또는 생물학의 역사에서 중요한 의미가 있다.

일찍이 아리스토텔레스는 일종의 후생설적 입장을 천명한 바 있었다. 이어서 17세기에 윌리엄 하비[14]가 후생설을 주창했으나, 17~18세기에는 전생설이 우세하였다. 18세기 중엽이 되어 월프가 닭의 초기발생을 연구하여, 장 등 각종 기관은 발생 초기부터 존재하는 것이 아니고, 처음에는 동일하게 보이는 배층 내에서 점차적으로 형성된다는 것을 확인하면서, 후생설에 실증적인 근거를 제공하였다. 19세기에는 폰 바에르 등에 의해 비교발생학의 기초가 만들어졌고, 특히 배엽 개념의 확립에 의해 낡은 형태로써의 전생설은 일단 부정되었다.

14) 윌리엄 하비(William Harvey): 영국인 의사로 제임스 1세와 찰스 2세의 주치의이며 혈액순환의 발견자이다.

후생유전학

최근 분자생물학의 급속한 발전에 힘입어 후생유전적 유전자 발현 조절에 대한 관심이 높아지면서 후생유전학(epigenetics, 에피제네틱스)이라는 새로운 학문 분야가 대두하였다.

후생유전학이란 DNA 서열에 직접적인 변화를 초래하지 않으면서(기도, 명상, 마사지, 운동, 기수련 등으로) 유전자 발현, 세포주기 조절, 세포분화 및 배아 발생 등 거의 모든 생명현상에 영향을 미치는 원리를 다루는 학문이라 할 수 있다.

모든 유전정보는 DNA라는 물질에 A, T, G, C라는 염기서열로 암호화되어 있다. 이들 유전정보를 담고 있는 정보도서관을 게놈(genome)이라 한다. 이 정보도서관의 유전정보를 어떻게 활용하는가에 따라 각 조직 장기를 이루는 다양한 세포로 분화하게 되는 것이다.

후생유전자 발현의 조절에 있어 핵심적인 단백질 중의 하나가 히스톤단백질이라는 것이다. 진핵생물의 세포핵은 호염기성 물질인 DNA와 염기성핵단백질(히스톤)의 복합체를 주성분으로 이루어져 있다. 여기에 비히스톤단백질 및 소량의 RNA를 포함하는 집합체를 염색질(크로마틴, chromatin)이라고 한다. 이 크로마틴은 염기성색소에 물들기 쉬운 물질이라는 의미에서 붙여진 형태학적 용어이다.

세포분열시 세포주기의 각 시기에서 유전자의 활성상태에 따라 그 구조가 현저하게 변한다. 세포주기는 크게 분열기(M기)와 간기로 구분하는데 M기에서는 고차구조체로서의 염색체가 되고 간기에서는 분산된다.

DNA

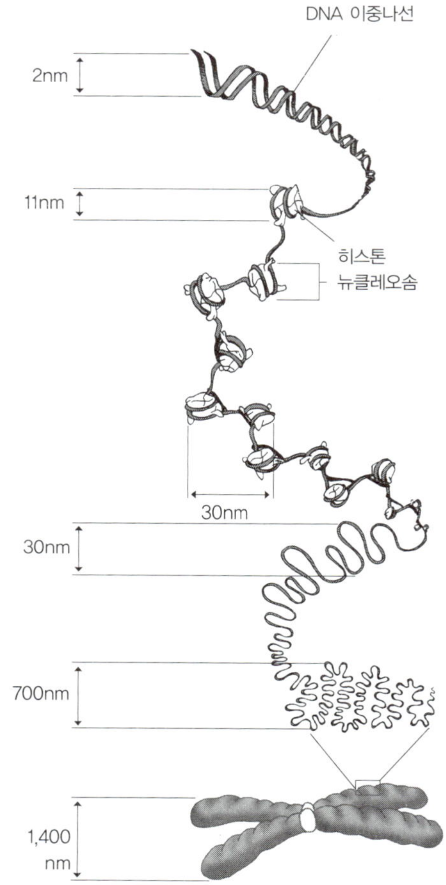

그림 1-14 DNA가 응축하여 진핵세포의 염색체를 만드는 단계.

사람의 세포 하나에는 46개의 염색체가 있으며, 그 안에 있는 DNA를 한 줄로 늘어세우면 그 길이가 약 2미터에 달한다. 이것이 지름 2~4마이크로미터(1마이크로미터는 1,000분의 1밀리미터)인 세포핵 안에 들어가려면 정교하게 응축되어야 한다. 이 선형 DNA의 응축의 중심에 히스톤단백질이 있다. 한편 히스톤단백질의 아미노산 잔기들은 번역 후 변형이라는 과정을 거쳐 새로운 기능을 갖는 히스톤으로 만들어진다. 결국 이 같은 변형과정은 히스톤으로 하여금 염색질 구조의 변화를 조절하는 분자스위치 역할을 가능하게 하는 것이다.

생체조직의 발달과정에서 핵심은 세포 분화와 분열이라 할 수 있다. 발생 초기에 어떤 조직 세포로도 분화가 가능한 전능성 세포가 다양한 조직으로 분화되기 위해서는 위에서 설명한 분자스위치에 의해 특정한 기능의 수행에 필요한 유전자는 발현되고 반면에 다른 조직세포에 특이적인 유전자 발현은 억제되는 소위 세포 운명 결정과정이라는 것이 핵심이라 할 수 있다. 신경세포의 분화과정에서도 이러한 발현조절과정이 결정적 역할을 한다. 신경계를 컴퓨터의 전문용어로 표현하면, 태아기와 생후 최초 수개월에 이루어지는 해부학적 배선은 "하드웨어"이고, 그 후 추가되는 정보는 "소프트웨어"라 할 수 있다. 신경계에서의 이 같은 후생유전적 조절은 뇌의 발달과정 중 신경세포의 분화에 결정적 역할을 할 뿐만 아니라 성숙한 신경망에서의 시냅스 가소성에 이르기까지 다양한 역할을 한다. 신경세포로의 분화가 완성된 비분열성 뉴런(신경세포는 일단 분화가 완성되면 분열하지 않는다)의 후생유전적 조절은 매우 역동적이라 한다. 그린버그 박사가 이끄는 연구진의 연구결과에 의하면 신경활성 의존적 발현에 대단히 중요한 Bdnf[15]의 발현이 MeCP2라는 인자에 의해 조절된다고 한다. MeCP2는 뇌 발달과정 및 출생 후 성숙과정에서 전사억제 기능을 하는 전사인자이다. 다시 말하면 신경세포의 활성이 증가하면 NMDA 수용체 등의 이온통로를 통하여 칼슘이 세포 내로 유입되어 세포 내 칼슘농도가 증가한다. 이 칼슘 이온은 칼모듈린 의존성 인산화효소 CaMKII를 활성화하고 이는 MeCP2를 인산화하여 MeCP2가 DNA로부터 해리되면 Bdnf의 전사발현이 일어나게 된다는 것이다.

15) Bdnf(Brain-derived neurotrophic factor): 신경세포 영양인자. 모든 뇌 세포에서 생성되고, 뇌 세포가 활성화될 때 분비된다. 기적의 뇌 성장인자로도 불리는데, 신경세포의 거름이 된다는 의미이다.

제2부
뇌의 신경, 신호전달과 화학물질

Medicus curat, Natura sanat.(자연이 치료하고 의사는 이것을 보완할 뿐이다.) – 히포크라테스

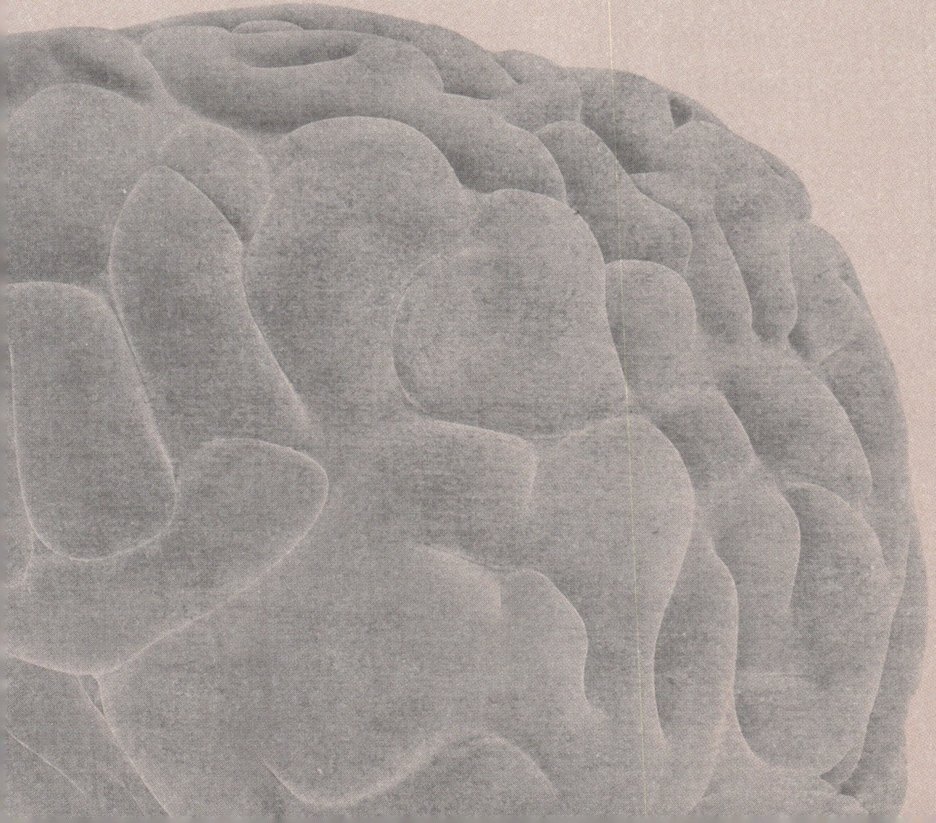

뇌는 어떻게 신체의 모든 부위와 교신하는가?

어찌 보면 너무나 분명하고 당연한 일이기 때문에 별로 언급되지 않는 뇌에 관한 한 가지 사실이 있다. 즉 뇌는 신체의 일부로 붙어 있으면서 신체의 모든 부위와 교신한다는 것이다. 신경계통은 신체에 있는 여러 가지 전환장치(감각기)로부터 정보를 받는다. 전환장치는 빛, 소리 또는 압력 등의 화학적 또는 물리적 영향을 전기화학적 신호로 전환시킨다. 이들 전환장치의 일부는 대체로 신체 외부에서 오는 신호에 반응하기도 한다. 눈의 광수용체가 빛에 대하여 반응하는 것과 같은 이치이다. 이들은 외부 환경을 감시한다. 다른 일부의 전환장치는 신체 내부의 활동에 반응한다. 위에 복통이 있을 때 또는 혈액의 산도 등에 반응하는 것들이다. 이들은 내적 환경을 감시하는 것이다. 신경계통의 운동출력은 신체의 여러 근육의 운동을 조절한다. 뇌는 또한 신체 내에서의 여러 가지 화학물질의 유리에 영향을 미친다. 특정 호르몬의 분비 같은 것이다.

깃털이 손에 닿으면 감각신경이 이를 감지하여 깃털 특유의 감각을 느끼게 된다. 말초신경에서의 신호는 어떻게 뇌로 전달되어 특유의 느낌과 접촉한 위치를 알게 되는 것일까? 고정된 물건을 응시하면서 머리를 움직이면 머리의 움직임을 보상하기 위하여 눈이 움직인다. 어떤 경로를 통하여 이와 같은 일이 일어날까?

이런 의문들을 해결하기 위하여 신경해부학자들은 말초 그리고 척수와 뇌에서 뉴런의 경로를 탐색한다. 초기 연구는 주로 두 가지 방법을 이용하였다. 뉴런이 받아들이는 특수한 염료를 주사하는 방법 그리고 뉴런에 손상을 입히고 시간이 지난 후 신경이 퇴행하는 경로를 추적하는 방법이다.

최근에는 방사성 동위원소로 표식한 아미노산을 뉴런에 투여하여 단백질에 결합하게 하고 그 단백질이 축삭을 따라 이동하는 경로를 추적하는 방법이 개발되었다. 이 방법에서 때로는 표지물질이 뉴런의 접합부를 넘어 접합 후 뉴런으로 옮겨갈 수도 있다. 다른 방법으로는, 양고추냉이 과산화효소라는 효소를 사용하는 것으로 신경에 흡수되면 축삭 흐름을 거슬러 올라가는 특징이 있다. 그래서 이 효소를 축삭 말단에 투여하면 흡수되어 축삭을 따라 거꾸로 올라가서 세포체를 채우고 뉴런 전체의 가지들까지 채우게 된다. 이 두 가지 방법을 동시에 이용한 이중표식법으로 뉴런들의 자세한 경로를 검출할 수 있다. 뉴런의 한쪽에 전기자극을 가하고, 다른 쪽에서 반응을 기록하는 전기생리학적 방법도 해부학적 방법과 병행하여 이용된다. 이런 방법들로 중추신경계 내의 많은 운동 및 감각신호의 신경로를 밝힐 수 있었다.

감각신호를 중추신경계로 송출하는 체성감각계통은 크게 두 가지 경로를 이용한다. 첫째는 융모대계통이라는 것으로 머리카락의 움직임, 가벼운 접촉, 심부 압박, 그리고 사지의 위치 등 다양한 감각의 감지에 동원되는 것이다. 이 계통은 척수의 분명하게 식별되는 신경로를 따라 올라가서 시상의 특정 영역에서 시냅스를 이루고 대뇌피질의 특정 영역에 이르게 된다.

둘째는 척수시상계통으로 주로 동통자극[1]과 온도를 감지하는 것에 관여할 것으로 생각되는 것이다. 이 신경로는 척수의 또 다른 부위를 따라 올라가 시상의 고유한 구역에서 시냅스를 이루고 대뇌피질로 신호를 투사하는 것이다.

사람의 운동을 조절하는 신경로에는 뇌에서 척수를 거쳐 운동신경을 이루

1) 동통자극: 통증을 유발하는 자극. 예를 들면 피부를 바늘로 찌르는 것 같은 자극이다.

는 추체로가 있다. 운동신경의 축삭은 척수의 전근을 통하여 근육에 전기충격(임펄스)을 전달하여 근육의 수축을 일으킨다. 대뇌피질에는 발가락에서 입술까지 띠 모양을 이루고 있는 운동피질이 있다. 이를 브로드만 영역4라 하는데 중심고랑(롤란도) 앞쪽에 위치하고 바로 뒤쪽으로 인접하여 감각피질(브로드만 영역3,1,2)이 운동피질과 마찬가지로 띠 모양으로 배열되어 있다. 영역4에는 많은 추상신경세포가 있고 축삭은 추체로를 따라 내려가서 근육을 지배하는 운동신경과 접합한다. 추체로는 교차하므로 왼쪽 운동피질의 엄지손가락 영역에서 시작하는 축삭은 반대쪽 경수의 운동신경으로 가서 오른쪽 엄지손가락을 움직이게 하는 근육을 지배하는 운동신경을 이룬다.

간단한 운동을 하고자 할 때, 예를 들어 발가락으로 서려고 하면 대뇌피질의 보조운동 영역(SMA) 같은 고위중추가 하고자 하는 의도에 의하여 우선 활성화된다. 이어서 운동피질의 해당 신경세포가 활성화하여 그 신호가 추체로를 따라 운동신경에 이른다. 결국 발목 관절의 신근(장딴지근, 가자미근)이 수축한다. 이는 신경활동의 기본에 지나지 않고 활동에는 뇌의 기타 여러 계통이 참여하게 된다. 즉 운동피질의 추상세포가 추체로를 따라 임펄스를 방출하기 전에 소뇌와 기저핵은 반응을 조절하므로 과거의 경험과 현재 진행되고 있는 운동을 고려하여 서 있는 자세가 유지되도록 한다.

추체로 이외에도 척수를 따라 운동신경에 이르는 또 다른 신경로가 있다. 그러나 진화과정에서 추체로가 유리하도록 이 같은 신경로의 일부는 소멸하였다. 예를 들면 뇌간의 적핵으로부터 척수로 하강하는 신경로인 적핵척수로는 사람의 척수에서는 대단히 쇠퇴되어 있다. 전정핵에서 나오는 전정척수로는 중요한 신경로의 하나이다. 이것은 내이의 전정기구에서 머리의 움직임에 관한 감각 정보를 전달한다. 또 한 가지 사람 뇌의 대뇌척수로는 뇌간의 그물핵에서 시작하는 그물척수로이다. 이것은 운동신경에 작용하기 전에 척수 내의 한 개 또는 그 이상의 신경계를 통하여 정보를 전달하는 것이다.

뇌의 고위중추에서 기시하는 이 같은 신경로에 더하여 근수축 및 운동이 수행되는 동안 순간순간의 정보를 뇌로 전달하는 신경로가 있다. 전정안구반사는 머리가 움직이는 동안에도 사물을 놓치지 않고 볼 수 있도록 하는 것이다. 이 반사운동의 회로는 내이에 있는 전정기구에서 시작하여 뇌간의 전정신경핵에서 안동신경과 시냅스를 만들고 이 안동신경은 안구를 움직이는 안구근육에 분포한다. 즉 전정기구와 안구근육 사이의 뉴런들은 세 개의 시냅스를 거쳐 안구운동을 조절하는 것이다.

시각계통의 신경로는 대단히 자세하게 연구되었다. 시각계통에는 크게 두 가지 신경로가 있다. 망막에서 윗둔덕을 거쳐 피질에 이르는 것과 망막에서 외측슬상핵을 거쳐 피질에 이르는 것이다. 양쪽 안구에서 시작되는 시신경은 시각교차에서 둘로 갈라져, 반은 반대쪽 피질로 가고 나머지 반은 같은 쪽 피질로 간다. 즉 양쪽 눈의 오른쪽 시야에 해당하는 신경섬유는 왼쪽 시각피질로 연결되고 왼쪽 시야를 담당하는 신경섬유는 오른쪽 피질로 연결된다. 외측슬상핵은 여섯 개의 층을 이루고 있는데 망막에서의 출발위치에 따라 정해진 층에서 시냅스를 만든다. 대부분은 영역17 또는 일차시각피질이라고 하는 줄무늬피질에 투사된다. 시각피질과 외측슬상핵 사이에는 많은 신경섬유를 주고받는다.

신경로는 축삭이 유리하는 신경전달물질에 따라 노르아드레날린계통, 도파민계통 또는 세로토닌계통 등으로 분류할 수도 있다. 뇌간에 있는 청반핵에서 나오는 축삭은 노르아드레날린을 유리한다. 그리고 이 축삭은 대뇌피질, 척수 및 소뇌 등 뇌에 광범하게 투사된다. 이는 청반핵이 뇌기능의 총체적인 조절기능을 할 것이라는 것을 짐작하게 하는 것이다.

도파민 학설이란?

도파민 학설이란 뇌에서 도파민수용체의 활성이 지나쳐 정신분열의 증상을 나타내게 한다는 학설이다. 정신병을 뇌 안의 구체적인 신경세포와 관련지었다는 의미에서 대단히 중요한 학설이다.

도파민

도파민수용체란 무엇인가? 한마디로 도파민이라는 화학물질을 신경전달물질로 사용하는 신경세포이다. 도파민은 티로신이라는 아미노산으로부터 합성되는 카테콜아민이라는 화학물질의 일종이다.

도파민신경세포는 중뇌에 몇 개로 무리지어 있다. 대표적인 것은 흑질이라는 곳의 A9라는 무리와 복측피개라는 곳에 있는 A10이라는 무리이다. A9 도

카테콜아민 핵

도파민과 노르에피네프린 등을 카테콜아민이라고 한다. 카테콜아민을 신경전달물질로 이용하는 세포들이 모여 있는 것을 카테콜아민 핵이라 하며 A핵(nucleus)이라고도 한다. A핵은 연수에서 뇌교에 이르는 후뇌부에 A1-A7핵, 중뇌에 A8-A10핵, 간뇌에 A11-A15핵이 있으며, 후각계에 A16핵, 망막에 A17핵이 있다. 17쌍의 핵 중 A1-A7 핵이 노르에피네프린 핵이며, A8-A17 핵이 도파민 핵이다. 카테콜아민 핵들 중 잘 알려진 핵으로는 A6 핵이 청반(locus ceruleus)이고, A9핵이 흑질(substantia nigra), A10핵이 복피개세포(ventral tegmental area)이다.

파민신경세포는 주로 대뇌기저핵이라는 곳으로 신경섬유를 보내고, A10 도파민신경세포는 대뇌변연계와 대뇌피질의 전두전야로 신경섬유를 보낸다. 이들 신경섬유의 말단에서는 도파민을 방출하여 그 도파민은 표적세포에 있는 도파민수용체에 결합하여 작용을 나타낸다. 안타깝게도 뇌에서 도파민의 역할은 아직 잘 알려지지 않았다. 그러나 A9의 도파민신경세포는 운동조절에 관여하는 것으로 생각한다. 예를 들어 파킨슨씨병에서의 수전증 같은 증상은 A9 도파민신경세포의 활동이 약해져서 나타나는 것으로 생각한다. A10의 신경세포는 기억이나 인식 또는 운동수행 같은 고차원의 뇌기능 그리고 불안이나 공포, 쾌감이나 행복감 같은 감정과 관계가 있는 것으로 생각한다(그림 2-1).

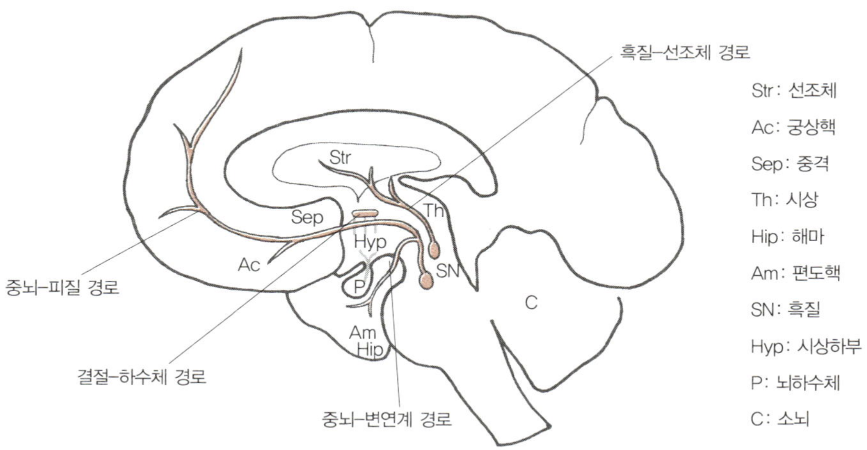

그림 2-1 도파민

도파민 학설

정신분열병이 도파민신경세포 활동의 과잉과 관계가 있다고 생각하는 도파민 학설에는 몇 가지 근거 사실이 있다. 할로페리돌이라고 하는 정신병 치료제는 도파민수용체를 차단하여 도파민이 도파민수용체에 작용하지 못하도록 하는 것이다. 뇌에서 도파민의 작용을 강화하는 것으로 알려진 암페타민 같은 약물은 정신분열병과 비슷한 증상(예; 환각)을 유발한다. 또 뇌의 도파민 양을 증가시키는 것으로 알려진 엘도파[2]라는 약물을 대량 투여하면 정신장애를 일으킨다. 한편 정신분열병 치료에 효과를 나타내는 약물들은 부작용으로 파킨슨씨병과 비슷한 운동장애를 일으킨다. 다시 말해 도파민의 작용을 강화하는 약물들에 의하여 정신분열병과 비슷한 증상이 나타나고 반대로 도파민의 작용을 약화하는 약물에 의하여 정신분열병의 증상이 가벼워지므로 정신분열병과 도파민신경세포의 활성이 관계가 있을 것이라고 추측할 수 있다.

도파민 학설이 제안된 후 20여 년이 되었으나 대체로 옳은 가설이라고 여겨진다. 예를 들면 정신분열병 환자가 사망한 후의 뇌의 생화학적 분석 결과를 보면 도파민신경세포의 도파민 합성이 높았고, 도파민수용체의 수가 많아졌다는 것을 알 수 있다. 최근에 개발된 새로운 정신분열병 치료제도 도파민과 관계가 있는 화합물들이 대부분이다. 흥미 있는 것은 운동장애 같은 부작용이 적게 나타나는 정신분열병 치료제(예; 설피라이드)는 A10 도파민신경세포에 선택적으로 작용한다는 것이 동물실험으로 알려진 것이다. 따라서 정신분열병은 A10의 도파민신경세포와 전두전야, 대뇌변연계에 있는 신경세포의 활성 이상으로 생기는 것으로 생각된다.

2) 엘도파(L-dopa): 아미노산의 하나이다. 도파민 결핍으로 인해 발병되는 파킨슨씨병의 치료에 쓰인다.

기타 신경전달물질

앞서 정신분열병과 도파민의 관계를 설명하였지만 다른 정신병도 특별한 신경전달물질과 관계가 있다. 예를 들면 우울증은 노르아드레날린 또는 세로토닌과 관계가 있는 것으로 보인다. 이처럼 특정한 신경전달물질과 관계가 있는 신경계가 특정한 뇌기능을 담당할 것이라 생각된다. 실제로 원숭이의 전두전야에서는 도파민이나 아드레날린이 특정한 신경활동과 관계가 있다는 것이 최근의 실험으로 알려졌다. 요컨대 서로 다른 신경전달물질이 서로 다른 뇌기능과 관계가 있다는 것은 틀림이 없다고 생각한다.

변연계 학설이란?

파페즈 회로

변연계라는 것은 1878년에 프랑스 신경학자 폴 브로카가 대뇌피질 변두리의 조직이라는 의미로 처음 사용한 데서 비롯된 해부학적 용어이다. 이 정의에 따르면 변연계는 좌우 대뇌반구를 연결하는 신경섬유 다발인 뇌량을 둘러싸고 있는 여러 조직이 포함된다. 즉 대상회, 해마를 포함한 측두피질의 안쪽면이 해당된다. 브로카가 변연계를 언급했을 당시에는 이 조직과 감정과의 관계는 언급하지 않았다. 변연계가 감정과 관계가 있는 중요한 부위로 알려지기 시작한 것은 1930년대에 이르러서이다. 미국의 신경학자 제임스 파페즈가 시상하부와 연결된 대뇌피질 안쪽 면에 감정계통이 있다고 제안하면서 시작되었다. 파페즈는 감정은 대상회에서 감지되고, 이는 해마를 거쳐 시상하부를 통하여 감정반응이 표출되고, 시상하부의 효과는 대상회를 거쳐 대뇌피질에 이르러 감정반응이 다듬어진다고 믿었다. 이 같은 신경회로를 파페즈 회로라고 한다(그림 2-2). 그러나 아직도 변연계를 구성하는 조직들은 학자에 따라 의견을 달리하고 있으나, 여러 학자들이 언급하고 있는 조직들을 정리하면 앞으로 이야기할 것과 같을 것이다.

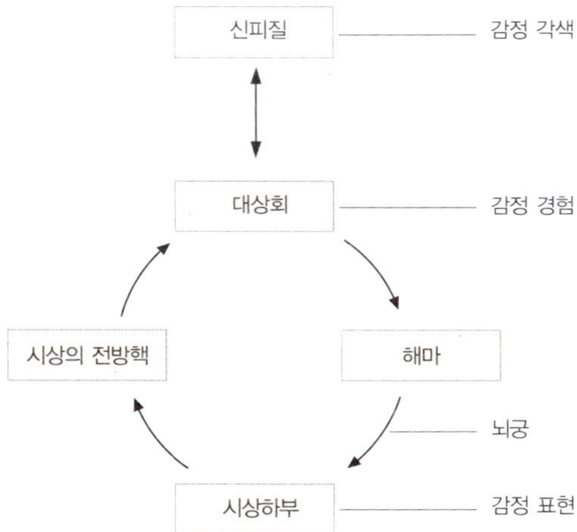

그림 2-2 파페즈 회로. 감정을 느끼게 되는 것은 대상회의 활성에 의하여 결정된다고 파페즈는 믿었다. 대상회에서 처리된 감정의 경험은 해마를 거쳐 원개를 통하여 시상하부에 이르러 감정이 표출되고, 그 정보는 시상의 전방핵과 대상회를 거쳐 신피질에서 각색되어 대상회로 되먹임[3]한다고 생각하였다.

변연계를 구성하는 조직

변연계는 신경핵의 복합체 그리고 신경핵 사이의 소통 회로로 이루어졌다. 신경핵이란 뇌 안에 신경세포들이 모여 있는 곳이다. 대뇌피질의 안쪽에 위치

3) 되먹임(feedback): 생체 내의 대사 과정 가운데 물질의 합성이나 분해 과정에서 생성된 중간 산물이나 최종 산물에 의하여 대사 과정이 조절되는 작용.

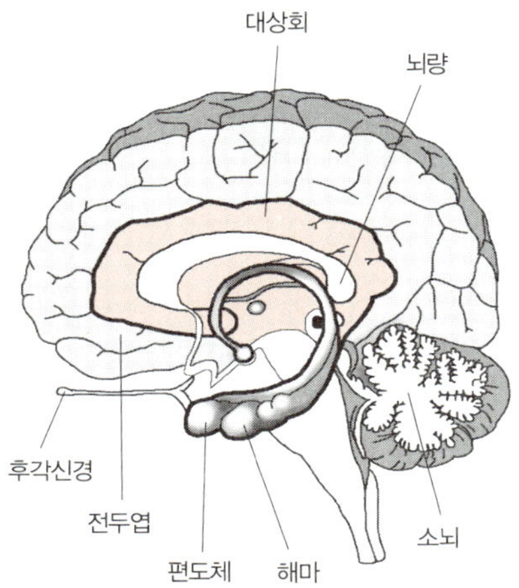

변연계

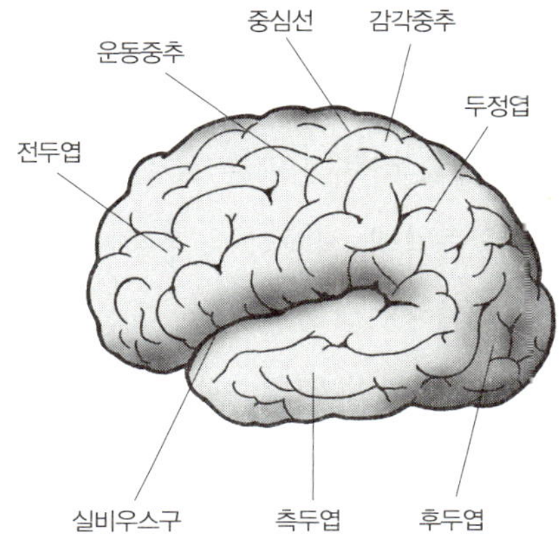

대뇌피질

그림 2-3 변연계와 대뇌피질

하고 있어 겉에서는 잘 보이지 않으나 대뇌를 중심선을 따라 절개하면 내측에 일부가 보인다. 편도체라고 하는 신경핵의 집합체가 작용의 중심이라 할 수 있다. 이것은 목에 있는 편도처럼 생겼기 때문에 붙여진 이름이다. 시상하부로 직접 신경섬유를 보내고 분계선조라는 곳을 거쳐 간접적으로도 투입한다. 편도체는 피질내측군과 기저외측군으로 세분한다. 또 편도체에서 중격핵들로 가는 회로도 있다. 후구라는 곳으로부터 직접 또는 조롱박피질이라는 곳을 거쳐 편도체로 입력되는 회로도 있고, 여러 시상핵들로부터 그리고 대뇌피질부로부터도 편도체로 입력된다. 중격핵이라는 곳은 교통의 중심이다. 특히 중요한 것은 내측전뇌속이라는 것으로 이는 피개라는 것과 시상하부 사이에 쌍방 교통을 이룬다. 시상하부는 감정이나 성적 반응을 나타냄에 있어 매우 중요하고 자율신경계의 중추신경절이라고 할 수 있다. 심혈관계와 내장을 조절하며 뇌하수체의 분비도 조절하여, 그 분비물은 신체 전체를 통하여 화학적 전달물질로 작용하는 것이다.

기타 몇 가지 중요한 회로에는 뇌궁이라는 것이 있는데, 1백만 개 이상의 신경섬유로 이루어진 큰 신경로이다. 이것은 해마에서 시작하여 뇌량 밑을 싸고돌아 중격핵, 시상하부, 유두체에서 끝나는 회로이다. 유두체에서 출발하는 신경섬유는 시상으로 가서 대상회로 뻗어, 결국 신피질에 이르게 되는 것이다. 여러 신피질 영역에서 변연계로 가는 몇 가지 회로도 있다. 이들 회로는 신피질과 변연계 사이의 상호 정보 교환에 대단히 중요한 의미가 있을 것으로 생각되며, 감정의 표현과 발달에 중요한 것으로 생각된다. 이제 이들 구조와 감정의 관계를 살펴보도록 한다.

동물을 대상으로 한 변연계와 감정의 연구

변연계를 자극하거나 제거하였을 때 나타나는 여러 반응들은 신경과학자 헤스(1932)의 선구적 연구로 의식이 있는 동물에서 처음 계통적으로 밝혀졌다. 자극 전극을 마취 상태에서 미리 수술을 통하여 변연계의 여러 곳에 심어 두었다. 자극 부위를 극소화하기 위하여 세심한 주의를 기울였다. 이렇게 해서 헤스는 자극에 의하여 동물의 정서 행동인 으르렁거림, 위협적 치찰음, 입모(털 세우기) 등의 공포나 방어반응을 일으킬 수 있었고, 필요 여부에 불구하고 먹기, 마시기, 토하기, 배변, 배뇨, 성 행위 등을 일으킬 수 있었다. 그 이후로 시상하부나 변연계를 자극하거나 제거했을 때의 효과에 대한 연구가 대단히 광범하게 이루어졌다. 때로는 상반된 결과도 보고되었다. 이 부위는 뇌의 대단히 복잡한 부분인데 다양한 신경핵들이 근접하게 위치해 있고, 이들은 서로 다르게 때로는 정반대의 작용을 하기 때문이다. 또 동물 종간의 상당한 차이도 있기 때문이다.

장기적으로 전극을 심어놓는 기술을 이용하여 전극을 중격핵 또는 내측 전뇌 속을 자극하도록 심어놓고 쥐가 스스로 누름막대를 누름으로써 쾌락을 느끼는 자극을 받도록 장치하였다. 그래서 한 시간에 7000번까지도 자기 자극을 받도록 누름막대를 누르는 광적 행동을 유발할 수 있었다. 쾌락 중추의 자극에 의한다고 해석되는 행동반응이었다. 또 어떤 다른 부위의 자극으로는 기피반응을 일으킬 수 있었다. 고양이에서는 편도체의 자극으로 대부분 기피반응을 일으켰다. 그러나 자극하면 공격행동을 억제하는 부분도 있었다.

양측 중격핵의 제거는 대체로 쾌락 자극에 반대되는 결과를 보였다. 즉 신경질이나 공격성을 보였다. 양측 편도체를 제거하면 동물은 온순해지고 성 행위가 증가하며 때로는 이상한 성 행위를 보인다. 변연계(편도체 및 중격핵)는 시상하부의 조정에 의하여 공격적이거나 공격성이 억제되는 작용을 하는 것으로 생각된다.

사람을 대상으로 한 변연계와 감정 연구

드물게 변연계에 이상이 있는 환자가 연구 대상이 되었다. 사람을 대상으로 한 실험은 비교적 동물실험의 결과와 매우 유사하였다. 18세 때에 뇌염을 앓았던 편도체 이상이 있는 20세 여자에게서 주목할 만한 경우가 보고된 일이 있다.

> "그녀의 주된 사회적 문제는 빈번하고 예측할 수 없이 극도로 난폭한 분노 발작이었다. 환자는 형사상 광기로 입원하였고 신경학적 이

상을 조사하기 위하여 해마와 편도체에 전극을 심었다. … 그리고 해마와 편도체 모두에서 심한 전기적 이상을 보이고 있음을 확인하였다. … 환자의 자발적 분노 발작과 비슷한 난폭한 행동을 우측 편도체의 전파자극으로 일으킬 수 있었다. 그녀는 기타를 내던지고, 난폭하게 벽을 들이박고, 몇 분 동안 마루를 뛰며 돌고, 차츰 조용지자 원래의 명랑한 상태로 회복되었다. 이 같은 소견은 국소적 응고법에 의한 단계적 치료를 선정할 때 임상적으로 매우 중요한 것이었다."

이와 비슷한 보고가 더 있다. 조절되지 않는 난폭을 수반하는 측두엽 간질이 있는 두 명의 환자에서 편도체를 수술로 제거하여 치유 효과를 보았다는 보고도 있다. 다수의 정신분열병 환자에게 중격핵에 심어 놓은 전극으로 자극하여 성적 충동이 커지는 느낌을 일으킬 수 있었고, 어떤 환자는 스스로 자극하게 되었다는 보고도 있다. 세 명의 정신운동성 간질환자의 편도체에 전극을 심고 자극하였더니 지나치게 친근한 행동을 보이는 즐거운 기분을 유발할 수 있었다는 보고도 있다.

지금까지 정동(情動)에 관계되는 변연계 및 관련 구조에 관하여 검토하였다. 그러나 정동이라는 것은 의식적 경험이다. 따라서 정동이란 일부 특정한 시공간의 패턴으로 신피질 내 기본 단위가 활성화되는 것과 관계되는 것이다. 변연계와 신피질 간의 연결 회로는 정서와 정동의 의식적 체험에 있어 필수적인 연결선을 제공한다. 세로토닌, 카테콜아민, 노르아드레날린, 도파민은 변연계와 시상하부에 관계되는 신경전달물질이다. 따라서 행동에 영향을 미친다. 노르아드레날린과 도파민은 특히 각성, 공격성, 자기 자극 및 느낌과 관계가 있고 세로토닌은 이완, 수면과 관계가 있다고 한다. 다만 한두 가지 생리적 아민의 활성으로 정서 상태를 설명하려고 시도하는 것은 무리라 생각한다. 이들 아민은 복잡한 신경망의 결정적 접합부에서 각기 독립적으로 또는 협동적으로 작용하여 정서 상태를 나타내게 된다고 생각한다. 이 같은 협동작용은 여러 정동의 공통적인 특징과 원초적 성질이지만 이들 각 상태의 특이적인 성질은 아마도 개인의 경험에 기초한 감지 및 인지 인자를 나타내는 신경망으로 확장될 때 유도될 것이라고 생각한다.

뉴런 학설이란?

카할 VS 골지

그림 2-4 골지와 카할

뇌도 심장이나 간처럼 세포-뇌의 세포는 뉴런이다-로 이루어졌다는 것을 처음 주장한 사람은 19세기 말엽 에스파냐의 산티아고 라몬 이 카할이라는 학자였다. 세포란 세포핵과 세포질을 포함한 모든 세포 내용물이 완전하게 세포막으로 둘러싸인 것을 말한다(신경원설). 그 시절 이탈리아의 골지라는 학자는 뇌는 독립된 세포들로 만들어진 것이 아니고, 세포질이 돌기를 통하여 서로 연결된 그물처럼 생겼다고 주장하였다(신경그물설). 그래서 두 학자 사이에는 격론이 벌어졌다고 한다. 카할은 골지가 창안한 염색 방법으로 뇌에서 적은 수의 신경세포만을 염색하여 관찰하고 뉴런 학설을 창안하였으나 애석하게도 염색 방법의 창안자인 골지는 그물망을 고집하여 빛을 보지 못하였으니 아이러니가 아닐 수 없다. 물론 당시에 사용했던 광학현미경으로는 뇌세포가 완전하게 세포막으로 둘러싸여 세포와 세포 사이에 간격이 있다는 것을 명확하게 볼 수는 없었다. 결국 카할이 주장한 뉴런 학설, 즉 뇌는 독립된 뉴런(neuron)이라는 신경세포를 기능단위로 이루어졌다는 것이 증명된 것은 20세기 중반에 이르러서부터이다. 전자현미경이 등장하여 시냅스 간격을 확인함으로써 돌기를 통하여 서로 교통하고 있는 것이 아니라는 것이 밝혀졌다. 결국 뉴런 학설이 옳았다는 것이 비로소 증명된 것이다. 현재는 어떤 동물의 신경계이건 신경세포, 즉 뉴런이 기능단위라는 것이 밝혀졌다.

카할은 어릴 때부터 경쟁심이 강했고, 카할은 헬름홀츠(1821~1894)[4]와 마찬가지로 그들의 장래 결정에 아버지의 영향을 강하게 받았다고 한다. 카할은 의사 수업을 받고 병리학자가 되었다. 예술적 소질도 있었다. 주로 세포와 조직의 구조에 관심을 가지고 신경계를 해부학적으로 연구하였다. 염색된 신경세포와 신경망을 그린 그의 그림

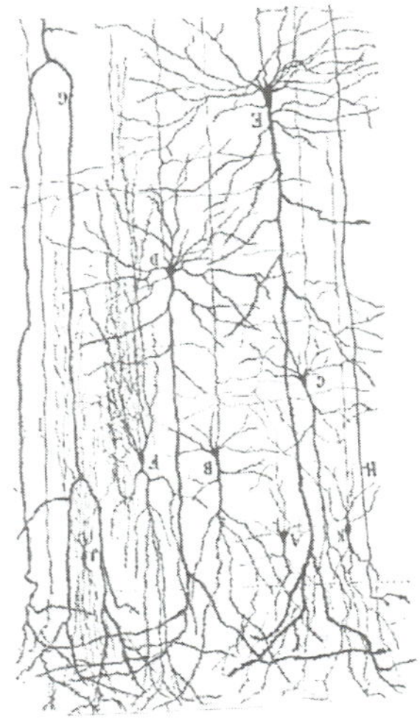

그림 2-5 카할이 스케치한 뉴런들

4) 헤르만 폰 헬름홀츠(Helmholtz): 독일의 생리학자이자 물리학자이다. 생리학자로서 신경 자극의 전파에 관한 연구를 하였으며, 생리광학과 생리음향학에 독자적인 분야를 개척하였다.

은 과학적이면서 뛰어난 예술품이라고 할 수 있다(그림 2-5).

골지의 방법을 이용하여 카할은 뇌에 관한 개념을 혁신하였고 마음이 무엇인가를 암시할 수 있었다. 뇌는 무수히 많은 신경세포가 모여 질서 있게 신경망을 이루고 전기적 신호라는 언어를 이용하여 서로 교신하는 것이라고 생각하였다. 이들 신경망의 활동 또는 처리에 의하여 사람은 감지하고 기억하며 느끼고 계획하고 결정하며 행동할 수 있는 것이라고 생각하였다. 마음의 생물학적 및 물리학적 기초가 보이기 시작한 것이다. 카할은 하나의 뉴런이 가지를 뻗어서 그 끝은 다른 뉴런의 특정 부위와 접촉하고 있음을 관찰하였다. 이것은 현재 우리가 알고 있는 신경접합 또는 시냅스라고 하는 것이다. 카할은 이 접합부를 통하여 신호가 전달된다고 생각하였다.

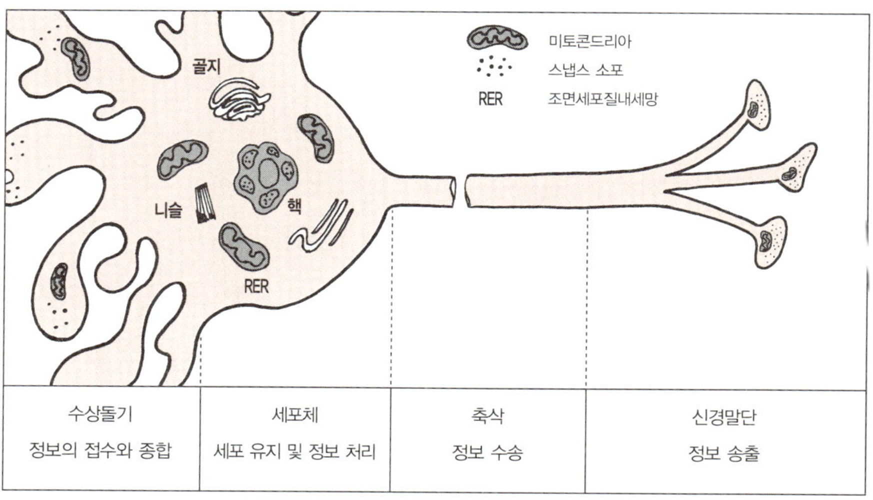

수상돌기	세포체	축삭	신경말단
정보의 접수와 종합	세포 유지 및 정보 처리	정보 수송	정보 송출

그림 2-6 신경세포(뉴런). 신경세포를 뉴런이라고 한다. 뉴런은 세포체에 두 가지 돌기가 있다. 수상돌기는 나뭇가지 모양으로 많은 가지를 치고 신경신호(정보)를 받아들이고 통합하는 역할을 한다. 축삭은 신경신호를 전달하는 신경섬유이고, 축삭의 말단에는 시냅스 소포가 있어서 신호를 송출한다. 세포체는 정보를 처리하며 세포핵, 미토콘드리아, 조면세포질내세망 등의 세포 내 소기관들이 있어서 세포의 활성을 유지하기 위한 에너지 생성, 단백질 합성 등이 이루어진다.

신경세포는 세포체에 두 가닥의 돌기가 있다. 그 하나를 수상돌기라 하고 다른 하나를 축삭이라 한다. 각각의 돌기는 나뭇가지 모양으로 많은 가지가 있다. 즉 세포체와 수상돌기 그리고 축삭으로 이루어진 신경세포를 뉴런이라 하고, 이것이 신경계의 기능단위인 것이다(그림 2-6).

신경세포

신경세포(뉴런)는 일반적으로 태어난 후에는 분열하여 증식할 수 없는 것으로 알려져 있다. 대체로 성장하면서 그 수가 줄어든다. 누구의 말인지는 확실하지 않으나 '신경세포는 하루에 10만 개씩 죽어나간다' 고 한다. 신경세포의 수와 연령과의 관계를 조사한 연구는 여러 가지 있었으나 뇌의 전체 신경세포 수를 세는 것은 불가능하므로 어느 연구에서나 특정 장소의 신경세포 수를 기준으로 한 것에 지나지 않다. 예를 들어 대뇌피질의 운동 영역이라는 부위의 20미크론 이상의 크기를 갖는 대형 신경세포 수는 연령에 따라 점점 줄어들어서 90세에 이르면 20세 때의 신경세포 수보다 거의 반으로 줄어든다고 한다. 마찬가지로 청각피질이나 시각피질의 대형 신경세포도 거의 반으로 줄어든다고 한다. 이에 비해 이들 영역의 소형 신경세포 수의 감소는 대형 신경세포 수처럼 심하지는 않아서 20세 때의 3분의 2 정도가 된다고 한다.

대뇌피질에는 소형 신경세포가 훨씬 많기 때문에 신경세포의 총수는 90세가 되면 3분의 1 정도 줄어든다고 할 수 있다. 대뇌피질의 총 신경세포 수는 20세에 약 140억 개로 추산하고 있으므로 90세가 될 때까지 70년 동안에 약 46억 개가 줄어드는 셈이다. 이를 하루로 계산하면 약 18만 개가 되므로 '신경세포는 하루에 10만 개씩 죽어나간다' 는 말은 크게 틀린 말은 아닌 것이다.

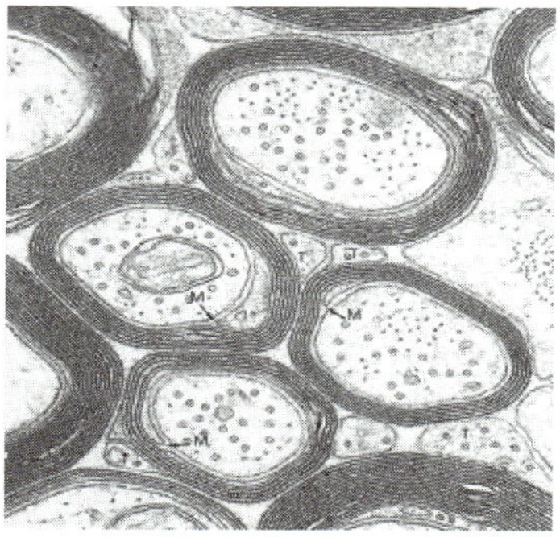

그림 2-7 신경섬유(축삭)를 둘러싸고 있는 수초의 전자현미경 사진.

신경세포 수는 대뇌피질의 영역에 따라 줄어드는 수가 일정하지 않은 것으로 알려졌다. 예를 들어 고도의 정신활동에 관계하는 연합야의 신경세포 수의 감소는 감각피질이나 운동피질에 비해 더 심하다고 한다. 주목할 것은 뉴런 수가 감소함에 따라 교세포가 증가한다. 이는 죽어나간 신경세포의 분해 청소에 교세포가 관여할 것임을 말해 준다.

신경세포 수가 나이가 들면 왜 줄어드는지에 대해 정확히 밝혀진 사실은 아직 없다. 나이가 들면 귀가 잘 들리지 않거나 물건을 잘 잃어버리는데 이것이 신경세포가 줄어드는 것과 직접 관계가 있는지도 확실하지 않다. 신경세포가 줄어들어도 기억이나 학습능력이 줄어드는 것은 아니므로 연령에 따라 신경세포가 줄어든다고 해서 비관할 필요는 없다. 뇌의 대단히 고차원적 활동인 학습이란 신경세포와 신경세포의 연결인 시냅스의 가소성 변화로 이루어지는 것이라고 추측하고 있다. 시냅스의 가소성 변화로 이미 존재하는 시냅스의 효율이 변할 수도 있고 새로운 시냅스가 만들어질 수도 있다. 그래서 신경세포 수는 감소하더라도 시냅스 수가 증가하면 더 복잡한 신경회로가 만들어질 수 있는 것이다. 나이가 들어 필요한 것은 시냅스 수를 증가시키고 효율을 높이는 것이다. 그러기 위하여 일이나 운동을 계속하고 의욕적으로 새로운 일을 계획하여 꾸준히 뇌에 자극을 주는 것이 필요하다.

뉴런의 기본적인 역할은 신호를 주고받는 일이다. 축삭을 통하여 주어진 신호를 수상돌기를 통하여 받아들이는 것이다. 즉 축삭과 수상돌기가 연결 부위인 시냅스를 통하여 신호를 주고받는다. 축삭은 다른 신경세포나 근육세포 같은 조직세포에 신호를 전달하는 전도로이다. 축삭은 미엘린막(수초라 함)으로 둘러싸인 것을 유수섬유라 하고 수초로 싸여 있지 않은 축삭을 무수섬유라 한다(그림 2-7).

신경과 전기

1770년대에 이탈리아 의학자 루이지 갈바니(1737~1798)[5]는 연못에 둘러쳐진 철망 끝에 개구리의 척수가 꿰었는데 그 개구리가 번개가 칠 때 경련을 일으키는 것을 보았다. 그 후 개구리의 다리를 잘라 쇠갈고리에 걸어 쇠격자에 매달아 놓았더니 번개가 칠 때에 개구리 다리에 경련이 일어나는 것을 관찰하였다. 그리고 그는 상처 속의 신경과 발에 쇠붙이를 접촉시킴으로써 언제나 원할 때 개구리의 다리를 차올르게 할 수 있음을 발견하였다. 이것이 축전지 발견의 시초이다. 갈바니는 쇠붙이가 개구리 다리로부터 생기를 전도했다고 결론지었다. 소위 동물전기는 과학적 현상이 아니라 초자연적인 현상이라고 생각하였다. 이어서 독일에서는 요한 뮬러와 에밀 뒤부아-레이몽은 신경에서의 전기 전도를 신비의 세계에서 과학적 연구 분야로 끌어내었다.

당시에 세웠던 가정은 신경은 전선과 같이 전기를 전도한다는 것이었다. 그러나 뒤부아-레이몽의 제자 중 하나인 헬름홀츠는 다른 생각을 가지고 실험을 하였다. 그는 여러 길이의 신경을 전기적으로 자극하여 근육이 경축을

5) 루이지 갈바니(Luigi Galvani): 이탈리아의 의학자 · 생리학자 · 물리학자이다. 개구리의 해부실험 중에 나타난 현상으로 '동물전기'의 존재를 주장하게 되었다. 갈바니전기에 관한 논문은 당시 학계에 큰 자극을 주었으며, 전기생리학 · 전자기학 · 전기화학 발전의 계기가 되었다.

일으킬 때까지 걸린 시간을 측정함으로써 개구리의 신경섬유에서 전기의 전도속도를 계산하였다. 전도속도는 빨랐으나-초당 약 40미터-전기처럼 빠른 것은 아니었다.

이 단순하고 유익한 실험을 통하여 신경은 특수한 방법으로 전기를 전도한다는 것이 분명해졌다. 신경에서 전기는 전선에서처럼 피동적으로 흐르는 것이 아니다. 신경을 통한 전기충동의 전도는 전기화학적 반응에 의하여 이동하는 생물학적 파급이다. 이 과정은 전선을 통한 피동적, 물리적 전도보다 시간이 많이 걸린다.

신경에서 생물학적으로 파급되는 전기충동을 활동전압이라고 한다. 이 전기현상은 정상적으로는 축삭이 세포체에서 뻗어 나오는 곳에서 시작한다. 일단 촉발되면 파도처럼 축삭을 따라 말단으로 이동한다. 일종의 신경도미노 효과처럼 파급된다. 즉 축삭 막 한 부위에서의 전기 변화가 인접한 부위에서 유사한 변화를 유발한다. 이렇게 해서 축삭말단에까지 도달하게 된다. 이 같은 활동전압의 전도를 축삭전도라고 한다. 활동전압은 신경섬유를 전기적으로 자극하여 인공적으로 촉발시킬 수도 있다. 그래서 실험적으로 알아보기 쉽다. 그러나 정상적으로는 시냅스를 통한 신호 입력이 도달하면 세포에서 발생한다. 이 활동전압이 바로 신경이 이용하는 유일한 신호이다. 쉐링톤과 아드리안은 뉴런에서의 신호전달방식은 일종의 전기적인 현상이라는 뉴런의 활동에 관한 업적으로 1932년에 노벨상을 수상하였다. 그리고 에르랑게르와 가세르는 활동전압을 정확하게 기록하는 방법을 고안함으로써 1944년에 노벨상을 수상하였다.

많은 신경과학자들에 의한 선구자적 연구로 축삭에서의 전기적 파급의 기본 원리가 밝혀졌고 이는 오늘날 우리가 알고 있는 뉴런 활동의 기초가 되었다. 이 연구의 대부분은 오징어의 거대 축삭을 이용하여 이루어졌다. 오징어

거대 축삭은 전기적 전도 연구를 쉽게 할 수 있을 정도로 충분한 크기를 가지고 있다. 특히 주목할 업적은 1940년대 영국의 알란 호지킨과 앤드류 헉슬리가 수행한 연구이다.

옴의 전기법칙을 이용하여 그들은 축삭에서 전기 전도의 기본 방식 성질을 정확하게 수학적으로 규명하였다. 호지킨-헉슬리의 공식은 오늘날까지도 축삭에서의 전류, 전압 및 저항을 계산하는 데에 이용하고 있다.

뉴런 이해하기

그러면 뉴런은 무엇으로 만들어졌는가? 여러 가지 면에서 뉴런은 사람 또는 다른 동물의 신체에 있는 다른 세포들과 같다. 따라서 뉴런의 유전자는 DNA로 이루어졌다. DNA는 염색체라는 형태로 만들어져 핵이라고 하는 세포 내 특수 구조에 포함되어 있다. 세포에는 그 밖의 특수 구조도 있다. 세포의 에너지 발전소인 미토콘드리아 같은 것은 자체의 DNA를 갖고 있다. 신체의 거의 모든 세포에는 각각의 부모에게서 하나씩 받은 두 벌의 유전정보를 가지고 있다. 각 세트에는 방대한 수의 독특한 유전자가 있는데, 약 10만 개에 달할 것으로 생각한다. 이들 유전자 모두가 우리들 세포에서 활성을 갖는 것은 아니다. 어떤 것은 간에서 더 활성이 있고 어떤 것은 근육에서 더 활성을 갖는다. 뇌의 여러 부위에서는 더 많은 유전자가 활성을 가질 것으로 생각한다. 하지만 뇌의 활성유전자를 모두 합하면 다른 어떤 기관보다도 많을 것으로 생각한다.

이들 유전자의 대부분은 여러 가지 단백질을 합성하기 위한 정보를 부호화하고 있다. 하나의 세포를 공장이라고 한다면 단백질은 공장이 돌아가게 하기 위한 예민하고 빠른 기계장치이다. 전형적 단백질의 크기는 보통 세포 크기의 10억 분의 1보다 작다. 그리고 너무 작아서 광학현미경으로는 보이지 않는다. 그러나 정밀한 원자구조까지는 아니지만 대략의 모양은 전자현미경을 이용하여 볼 수 있다. 단백질의 각 유형은 수천 또는 수만 때로는 수십만의 원자들이 특징적 양상으로 연결된 고유의 정밀하게 정해진 분자구조를 갖고 있다.

세포에 포함된 모든 성분은 어느 정도 유동성인 지질막으로 둘러싸여 있다. 이 지질막은 세포 활성에 필수적인 물질들이 세포 밖으로 유출되는 것을 방지한다. 이 막에 있는 특정 단백질은 정교한 펌프 또는 통로로 작용한다. 그 통로를 통하여 여러 가지 분자들이 정교한 조절기전에 의하여 세포를 출입한다. 간단히 말해 이것은 수십억 년에 걸쳐 자연도태에 의하여 진화한 하나의 대단히 작은 공간 속의 화학적 기작이다.

축삭은 어떻게 그들의 목표지역을 찾아갈까?

유전자는 안내인

뇌의 수십억 개의 뉴런은 복잡하게 연결되어 세속적(호흡 조절 같은) 및 신비한(창조력 같은) 일을 하게 된다. 뇌의 발달은 타고난 자질과 환경의 영향 사이에 있는 다툼의 장이라 할 수 있다. 간단하게 말해 정신과 행동의 특성은 유전자의 영향을 더 받는가 아니면 환경의 영향을 더 받는가 하는 것이 논란의 대상이 된다. 정신활동과 행동은 뇌의 기능이고 뇌의 기능은 시냅스로 연결된 회로에 의하여 영위된다는 입장에서 타고난 자질과 환경의 영향에 대한 논란은 발달과정에서 회로가 어떻게 구축되느냐는 질문으로 압축할 수 있다.

뇌가 경험에 의하여 채워지기를 기다리는 백지상태로 태어난다고 생각하는 사람은 아무도 없다. 또한 뇌는 유전적으로 미리 정해져서 생각과 행동과 느낌의 경향은 변하지 않는다고 생각하는 사람도 없다. 오히려 뇌의 회로는 유전적 및 비유전적 영향을 받고, 뇌의 구축은 타고난 자질과 환경의 영향을 받는다는 의견이 양분론보다 더 널리 인정받고 있다.

배아기 뇌 발달 초기에 일어나는 일들, 즉 그 생성물과 그것들이 존재하게 될 화학적 환경은 대체로 유전자에 의하여 조절된다. 유전자가 하는 일은 단백질을 만드는 것이다. 그 단백질은 여러 측면에서 뇌의 발달을 조절한다. 어떤 단백질은 효소로서 화학반응을 촉발하고 또 어떤 단백질은 또 다른 단백질을 만드는 유전자를 유도한다. 또 어떤 단백질은 많은 세포들의 운동을 제한하거나 유도하는 장벽을 형성하고, 어떤 단백질은 세포들이 종착지에 도달하는 길을 만들 때 다른 세포에 매달리는 접착면을 제공한다.

모체로부터 공급받는 태아

감각계가 없는 배아 초기에는 대체로 외부 환경과의 직접적 · 지각적 접촉으로부터 격리되어 있다. 그러나 발달 초기라 하더라도 유전자가 외부 환경으로부터 완전하게 독립적으로 작동하는 것은 아니다. 태아의 화학적 환경은 필연적으로 모체의 화학적 환경과 직접적으로 접촉한다. 태아는 뇌와 신체 발달에 필요한 단백질을 만드는데 사용할 아미노산을 자체적으로 공급하지는 못한다. 그 아미노산들은 모체로부터 공급받아야 한다. 모체는 음식물을 섭취하여 공급받는다. 모체가 섭취하는 음식물은 독소나 음식물의 화학적 첨가물 같은 별로 필요 없는 물질도 제공할 수 있다. 호흡한 공기, 섭취한 약물(처방약이나 기호품) 그리고 흡연도 별로 필요 없는 물질의 공급원이 될 수 있다. 모체는 스트레스의 정도에 따라 호르몬의 상태가 영향을 받는다. 이는 태아에 영향을 미칠 수 있고, 모체에 생성된 항체는 감염을 격퇴할 수 있다. 뇌의 대체적인 설계는 유전자 설계에 의하여 만들어지나(모든 사람의 뇌는 비슷하게 보이고 비슷하게 활동한다) 이 설계는 뉴런들이 자라게 될 내부적 · 화학적 환경의 특정 조건을 필요로 한다. 이 유전자와 환경의 상호작용이 교란되면 정상적인 뇌의 발달에도 지장이 초래된다. 타고난 자질과 생육환경은 시초부터 상호작용하는 것이다.

계속해서 생성되는 뉴런

전통적인 지식으로 성인의 뇌에서는 새로운 뇌세포가 만들어지지 않는다고 알려져 있다. 그래서 태어날 때 가지고 나온 뇌세포는 여러 가지 이유로 살아가는 동안에 잃게 되는 것을 뺀 나머지 대부분을 죽을 때까지 가진다고 생각하였다. 그러나 전통적 견해에 도전하여 수행한 최근의 연구 결과에 의하면 성인의 뇌에서도 일부 지역에서는 뉴런이 계속하여 생성됨이 증명되었다. 현재로써는 새로운 뉴런 생성이 어느 범위에 이르는지 알 수가 없다. 대단히 드물 것이라고 생각한다. 그러나 이 결과는 현재 불치병인 척추손상이나 뇌졸중 또는 알츠하이머병에 대한 새로운 뉴런의 성장을 이용한 치료방법이 언제인가는 뇌과학자들에 의하여 개발될 수 있을 것이라는 희망의 불빛이 될 것이다. 여기서 신경 생성과 시냅스 생성을 구별할 필요가 있다. 시냅스 생성은 죽는 순간까지 일어나는 흔한 현상이다.

출생 직후부터 뉴런은 분리되기 시작하여 성장하는 신경관의 여러 부위에서 후뇌, 중뇌 및 전뇌로 운명 지어진 세포들이 자리 잡게 된다. 세포의 분리는 특수한 유전자 세트인 체절결정유전자라는 것의 직접적 조절로 이루어진다. 체절결정유전자는 세포의 위치를 조절하는 단백질을 만든다. 세포의 이동을 제한하거나 유도하는 경계를 마련해주는 단백질 그리고 세포들이 한데 어울리도록 하는 접착성 표면을 마련해주는 단백질을 만든다. 체절결정유전자의 기능은 초파리를 연구하던 중에 발견되었다. 그리고 초파리와 토양선충을 이용한 연구로 다듬어졌다. 사람이 파리나 선충과 같을 것이라고 생각하기는 힘들지만, 사실은 이 유전자를 포함하여 여러 유전자는 오랜 진화 역사에 걸쳐 보존되어 왔다.

분리된 세포는 종국에는 분화한다. 즉 서로 다른 모양과 크기를 갖게 되고 서로 다른 전달물질과 조절물질을 갖게 된다. 분화 과정은 기본적으로 유전자의 조절을 받지만 전적으로 유전자에 의하여 결정되는 과정은 아니다. 세포가 분화하기 전에 뇌의 한 지역에 있는 세포를 다른 동물의 뇌의 다른 지역에 이식하면 세포를 제공한 지역의 성질을 나타내는 것이 아니고, 세포를 이식받은 지역 성질을 나타낸다는 것이 실험적으로 증명되었다. 특정 국소의 화학적 인자가 세포의 종국적 표현형을 결정하는 것으로 생각되는 것이다. 그러나 이 같은 변환은 생의 초기에만 일어나고 일단 세포의 형이 결정되고 나면 운명은 바뀌지 않는다. 이는 세포형이 엄격하게 유전자에 의하여 결정되는 것은 아니고 환경의 영향을 강하게 받는다는 것을 암시하는 것이다. 이 경우 생물체의 외부 환경 전체가 영향을 미치는 것이 아니라 세포를 둘러싸고 있는 국소의 화학적 환경이 영향을 미친다는 것이다. 이 국소의 인자는 단백질이고,

이는 유전자에 의하여 만들어지는 것이다. 그래서 세포 분화에 대한 유전자 외적 영향은 유전자의 영향에 훨씬 미치지 못하는 것이다.

발달이 진행됨에 따라 신경관은 확장되고 부풀려져 결국 뇌의 형태를 갖추기 시작한다. 신경관에서 초기에 분리되어 자리 잡았던 세포는 신경관이 성장함에 따라 분리되어 자리 잡았던 곳을 떠나서 성장하는 뇌의 최종 목적지에 도달한다. 이 같은 이주에 의하여 성인의 신피질을 만들게 될 여러 지역들은 그들 각각 영역의 기능을 수행하는데 필요한 적정한 형태와 수의 세포를 신경관으로부터 받게 되는 것이다.

목적지를 찾아가는 이주세포

이주세포가 그들의 목적지를 찾아가는 정확한 기전은 완전하게 밝혀지지 않았으나, 대뇌피질의 발달을 연구하는 학자들의 연구결과에 의하면 아교세포에 의하여 형성되는 경로를 따라간다고 한다(아교세포는 뇌에 있는 비신경세포로서 뇌의 발달과 여러 측면의 뇌의 기능에 중요하게 관여한다). 아교세포도 유전자와 그들이 만드는 국소의 화학적 인자에 의하여 유도된다. 그 화학물질은 분자적 신호등의 역할을 하며 이동을 제한하는 장벽을 만들고 접착성 표면을 제공한다. 발생된 뇌의 크기가 커짐에 따라 아교세포의 섬유가 증식지역(완전히 분화되기 전의 전구세포가 뉴런과 아교세포를 만드는 장소)으로부터 뻗어 나와 뇌의 표면(피질을 만들기 위하여 뉴런이 가야할 곳)으로 간다. 이 아교세포의 경로를 타고 올라 어린 뉴런이 그들의 목적지를 찾아가게 되는 것이다.

일단 뉴런이 목적지에 도달하면 축삭이 돋아나오기 시작한다. 이 돋아나온 섬유는 그것의 표적, 즉 시냅스를 형성할 뉴런을 찾아가야 한다. 그 표적은 근처에 있을 수도 있고 멀리 떨어진 지역에 있을 수도 있다. 소위 뉴런의 길 찾기는 부채 모양으로 자라나는 축삭 끝에서 돋아나오는 구조인 생장추체라는 것이 담당한다. 생장추체의 끄트머리는 주변 공간에 있는 특수한 단백질에 대한 친화성이 있다. 즉 특정한 단백질에만 부착하고 다른 단백질은 배척한다. 성장추체 끄트머리의 하나가 올바른 물질을 찾으면 그것에 부착한다. 그래서 서서히 그리고 단계적으로 성장추체가 화학적 경로를 따라 목적지에 도달할 때까지 축삭은 앞으로 나아간다. 목적지에 도달하면 아직 특성이 잘 알려지지 않은 모종의 신호에 의하여 축삭의 성장이 멈춘다. 선도자인 첫 축삭이 경로를 따라 길을 유도하면 동일한 영역으로 가는 다른 신경섬유들이 따라가게 된다고 한다. 신경섬유의 길 찾기는 세포가 아교세포 경로를 따라 이주하는 것과는 다르다.

축삭이 목적지에 도달하여 성장을 멈추게 하는 신호를 받으면 성장추체는 시냅스후 세포(서로 연결되어야 할 세포)와 시냅스 연결을 만들도록 축삭말단에 역할을 넘겨준다. 앞서 설명한 뇌 발달의 여러 초기 현상과 마찬가지로 초기 연결은 대체로 유전적 및 기타 내재적 인자에 의하여 이루어진다. 그러나 뇌는 완전하게 내재적인 인자로만 이루어지는 것은 아니고, 뇌 구축의 최종 단계는 뇌가 역할을 수행할 수 있도록 연결을 정교하게 조정하는 단계를 거치게 되는 것이다.

신경세포의 흥분 또는 억제란?

뇌는 흥분되어야 한다

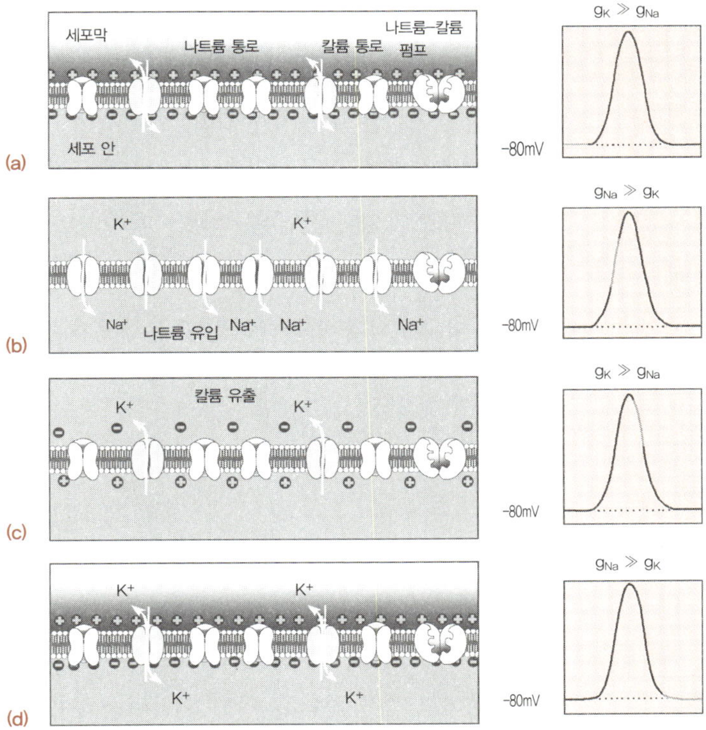

그림 2-8 활동전압. 세포막을 경계로 하여 세포 밖은 나트륨 이온 농도가 높고 세포 안은 칼륨 이온 농도가 높다. 자극이 없는 안정상태의 세포막은 칼륨 이온만 투과시킨다. 따라서 칼륨 이온이 농도구배에 의하여 세포 밖으로 이동하여 세포 안이 상대적으로 음전위를 띠게 되므로 세포 밖의 칼륨 이온을 안으로 끌어들이게 된다. 이같이 칼륨 이온의 농도구배에 의한 세포 밖으로의 이동과 전위차에 의한 세포 안으로의 이동이 평형을 이루어 -80mV로 분극된 안정막 전압을 이룬다(a). 그래서 안정막 전압을 평형전압이라고 한다. 세포가 자극되면 나트륨 이온 통로가 열려서 세포 안으로 나트륨 이온이 쏟아져 들어와 탈분극됨으로써 활동전압이 발생한다(b). 이어서 나트륨 이온통로가 닫히면 칼륨 이온통로를 통하여 칼륨 이온이 밖으로 유출되면서 재분극되고(c) 세포 안팎의 칼륨 이온이 평형을 이루면 안정막 전압으로 되돌아간다(d).

신경세포의 흥분 또는 억제라는 것은 신경세포에서 일어나는 현상을 설명하기 위한 중요한 신경생리학적 용어이다. 이 용어를 모르면 뇌의 활동을 설명할 수 없다고 하여도 과언이 아니다.

신경세포막에는 특수한 현상이 있다. 세포막으로 둘러싸인 세포 안쪽은 바깥쪽에 비해 −70~−80밀리볼트(mV)의 전압차를 나타내는 분극상태를 나타낸다. 이 전압을 막전압이라고 한다. 이 세포막이 자극되면(신호가 도달하면) 순간적으로 탈분극되어 0볼트 정도로 전압차가 변한다. 이 한순간의 전압 변화를 활동전압이라고 한다(그림 2-8). 이 같은 활동전압이 발생하였을 때 신경세포가 흥분되었다고 한다. 신경세포에 활동전압을 발생시키는 것을 신경세포를 흥분시켰다고 한다. 신경세포의 활동전압은 축삭을 따라 전도되어 시냅스라는 곳에서 다음 세포에 입력신호로 전달된다. 신경정보라는 것은 이 활동전압이 모여 만들어내는 것이다. 즉 뇌가 활동하려면 흥분세포가 흥분되어야 한다.

두 가지 입력신호

신경세포는 입력신호가 없으면 흥분되지 않지만 입력신호에는 두 가지가 있다. 하나는 흥분성 입력신호이고 다른 하나는 억제성 입력신호이다. 흥분성 입력신호는 활동전압이 발생할 수 있도록 하는 것이고, 억제성 입력신호는 활동전압이 발생할 수 없도록 하는 것이다. 실제로 신경세포는 수백, 수천 개의 신경세포로부터 입력신호를 받으므로 그 신경세포가 활동전압을 발생할 것인지 아닌지는 흥분성 입력신호가 많은지 억제성 입력신호가 많은지에 의하여 결정된다. 우리 몸에서 이 같은 흥분작용 또는 억제작용이 있는 세포를 흥분성세포라고 한다. 신경세포와 근육세포(심장을 포함하여)가 이 같은 흥분성세포이다. 흥분작용은 신경세포에 활동전압을 발생시켜 다음 세포로 정보를 전달하고 근육세포는 근육을 수축시킨다. 예를 들어 우리가 팔을 굽히려고 하면 팔을 굽히게 하는 상완이두근의 운동신경이 흥분하여 근육이 수축하고 팔을 펴게 하는 근육인 상완삼두근의 운동신경은 억제되어 근육이 수축하지 못하도록 한다. 만일 상완이두근과 상완삼두근이 동시에 수축하면 팔을 굽힐 수가 없다. 이처럼 흥분 또는 억제라는 것은 외부세계에 감응하여 우리 몸이 활동할 수 있게 하기 위하여 뇌가 사용하는 기본적인 신호인 것이다.

뇌나 신경이 활동하려면 무엇인가가 신경을 따라 흐를 것이라는 생각은 아주 오랜 전부터 있었다. 그리스 시대의 유명한 철학자 아리스토텔레스는 뇌가 운동이나 감각의 중추라고 생각했으며, 운동이나 감각은 동물영기(프노이마)의 전달에 의하여 이루어진다고 생각하였다. 동물영기 같은 실체를 알 수 없는 어떤 것이 전달된다는 생각은 18세기에 이르기까지 아무도 이상하게 생각하지 않았다.

몸에서 발생하는 전기

전기가 동물의 몸에서 발생된다는 것을 처음 밝히려고 도전했던 사람은 갈바니였다. 그의 도전은 집 뜰에 있던 연못에서의 관찰에서 비롯된다. 연못에 둘러쳐진 철망 끝에 개구리의 척수가 꾀었는데 그 개구리는 번개가 칠 때 경련을 일으켰다. 그런데 어느 날은 그 개구리가 번개가 치지 않는 맑은 날에도 경련을 일으키는 것을 보게 되었다. 그래서 갈바니는 실험에 착수하였다. 실험실에서 개구리의 척수를 노출시키고 뜨개바늘을 꽂아 넣고 개구리를 철판

위에 올려놓았더니 놀랍게도 실험실 밖에서 보았던 것처럼 근육이 수축하는 것이었다. 1791년의 일이었다. 그래서 갈바니는 옛날의 프노이마(Pneuma)에 해당하는 동물전기가 근육에 있다고 생각하였다. 이 실험은 여러 사람들의 흥미를 끌게 되어 실험이 반복되던 중 볼타는 두 가지 금속을 접촉시키면 금속전기가 발생한다는 것을 알게 되어 볼타전지가 만들어지는 계기가 되었다. 결국 근육의 동물전기는 신경에도 있다는 것이 알려지게 되었고, 신경세포가 활동하기 위하여 전기가 발생하고 그것이 신경정보를 전달한다는 사실이 20세기 중엽에 이르러 확실하게 밝혀졌다.

신경세포가 전기를 발생시키는 것은 세포막을 경계로 존재하는 전압차에 의한 것이다. 이 전압차를 안정막전압이라고 한다. 세포막의 안쪽과 바깥쪽의 이온농도차 때문에 생긴다. 세포가 활동할 때는 세포막에 있는 이온통로가 열려 이온이 소통하면서 활동전압이 발생하게 되는 것이다. 활동전압은 세포막을 따라 달려서 다음 세포에 도달하게 된다. 이를 축삭전도라 하며 속도가 빠른 것은 대략 초당 120미터이고, 느린 것은 초당 1미터 정도이다. 신경에 따라 다양하다.

운동신경과 활동전압

뇌의 활동이라는 것은 다름 아닌 바로 이 활동전압의 활동이다. 팔다리를 움직인다거나, 운다거나, 기뻐하는 일 모두가 뇌에서 활동전압의 복잡한 활동으로 생기는 일이다. 따라서 뇌가 죽으면 활동전압이 모두 사라지게 된다.

어떤 사람은 운동신경이 둔하다거나 신경이 예민하다고 말하기도 한다. 이는 과학적인 표현이라 할 수는 없다. 어떤 학생이 이 같은 말을 했다면 "바보 같은 소리 마라. 너는 신경생리학의 기초지식도 없나?"라고 핀잔받기 쉬울 것이다.

우리가 보통 신경이라고 하는 것은 신경세포에서 뻗어 나와 다른 신경세포나 근육세포를 연결하고 있는 축삭이라고 하는 긴 돌기를 말한다. 즉 운동신경이라는 것은 운동신경세포에서 뻗어 나온 축삭을 말하는 것으로 활동전압을 근육세포에 전달하는 역할을 한다. 운동신경세포는 뇌나 근육으로부터 정보를 받아 활동전압을 발생시킨다. 이것이 근육에 전달되어 근육이 수축하게 된다.

운동신경은 수초로 둘러싸인 유수섬유로써 지름 20~50미크론(1미크론=1,000분의 1밀리미터) 정도이다. 신경의 활동전압 전도속도는 대략 신경섬유의 지름에 정비례한다. 신경은 많이 사용한다고 해서 다시 말해 활동전압을 전달하는 횟수가 늘어났다고 해서 전도속도가 변하는 것은 아니다. 따라서 운동신경이 둔해지는 일은 없다. 흔히 전도속도가 느린 것이 아니라, 운동신경이 둔하다고 말하는 것은 운동의 조절능력이 떨어져서 목적에 맞는 운동을 원활하게 할 수 없는 것을 의미한다. 이같이 운동의 조절능력이 둔한 것은 소뇌에서의 조절능력이 떨어지기 때문이다. 그리고 신경이 예민하다는 것은 감수성이 섬세하다는 의미로 이는 대뇌 변연계의 활동과 관계가 있는 것이다.

신경전달물질

신호(활동전압)를 발사하는 뉴런의 역할은 회로 내에서 다음 뉴런을 활성화하는 것이다. 즉 신호발사 뉴런 축삭의 활동전압은 화학물질(신경전달물질이라고 한다)의 유리를 촉발하고, 그 화학물질은 시냅스 간격을 건너가서 시냅스후 세포에서 활동전압이 발사되도록 한다. 그래서 흥분성 또는 억제성 신호를 발사하려면 뉴런은 두 가지 성질의 화학적 신경자극 전달물질을 이용할 필요가 있는 것이다. 먼저 전달물질은 시냅스후 작용부위에서 신속하게 작용할 수 있다. 그렇지 않으면 우리의 감각이나 정신상태가 빠르게 변하는 사건들을 따라잡을 수가 없다. 이 전달물질은 또한 시냅스후 세포의 전기적 상태를 변화시켜 활동전압이 발생되기 쉽도록 해야 할 것이다. 이 두 가지 조건(속도와 흥분성)은 아미노산 신경전달물질인 글루타메이트가 만족시킨다. 이 전달물질은 뇌 전반에 걸친 신호발사 뉴런의 주된 전달물질이다.

글루타메이트는 신체기능에 있어 두 가지 역할을 한다. 뇌에서 신경전달물질로 작용하는 것 외에 신체에서 끊임없이 일어나는 생명유지를 위한 대사과정의 주요 부분에도 작용한다. 예를 들면 살아 있는 조직의 기본적 구성성분인 펩티드나 단백질의 기본요소이다. 그리고 뇌에서는 특정 화학반응의 자연적 부산물인 암모니아의 해독을 돕는다.

한편 억제성 뉴런은 축삭말단에서 아미노산 GABA(감마아미노부티릴산의 약자)를 분리시킨다. 글루타메이트와 달리 이 억제성 전달물질은 시냅스후 세포에서 활동전압의 생성을 억제한다.

GABA는 글루타메이트보다 훨씬 이전에 신경전달물질로 알려졌다. 글루타메이트는 GABA 합성에 필요한 기본적 화학성분임이 잘 알려져 있었으므로 GABA 생성에서 글루타메이트의 대사기능이 글루타메이트의 신경전달물질로서의 역할을 발견하는데 장애가 되었다.

글루타메이트와 GABA는 모두 뇌에서의 신경자극전달에 중요하다. 이들 화학물질이 하는 일을 이해하게 되면 시냅스 기능의 상당 부분을 이해할 수 있게 된다. 이들 전달물질들은 시냅스후 세포의 수용체라고 하는 분자에 결합함으로써 작용을 나타낸다. 수용체는 선택적으로 전달물질분자를 식별하여 결합한다. 글루타메이트 수용체는 글루타메이트와 선택적으로 결합하나 GABA는 무시한다. GABA수용체도 마찬가지로 선택적이다. 그러면 글루타메이트와 GABA의 그들 수용체와의 결합이 어떻게 흥분과 억제를 유도할까?

글루타메이트(시냅스전 말단에서 유리된)가 시냅스후 수용체에 결합하면 수용체의 이온통로가 열려 활동전압을 생성하게 된다. 한편 GABA가 GABA수용체에 결합하게 되면 이온통로를 통하여 음이온 특히 염소(Cl^-) 이온이 세포 안으로 유입되어 세포 안쪽이 더 음전위가 된다. 이를 과분극이라 한다. 이는 시냅스후 세포에서 활동전압을 촉발하기 힘들게 한다. 즉 활동전압의 생성은 글루타메이트(흥분성)와 GABA(억제성)의 상호관계로 결정되는 것이다. 그리고 어느 하나의 세포는 다른 여러 세포로부터 많은 흥분성 및 억제성 입력을 받기 때문에 어느 한순간에 흥분 발사는 모든 흥분성 및 억제성 입력의 크기에 따른다.

그리고 GABA에 의한 억제가 없으면 뉴런은 글루타메이트의 영향을 받아 연속하여 활동전압을 내보내게 되어 결국 불타 사멸하게 될 것이다. 이 같은 효과는 인공적으로 GABA의 작용을 차단한 실험에서 증명되었으며, 자연상태의 GABA 농도에 의한 억제를 능가하는 강력한 글루타메이트 유사 화합물을 투여한 실험으로도 증명되었다. 글루타메이트의 과도한 활성 그리고 이에 따른 뉴런의 손상은 뇌졸중이나 기타 뇌혈관 장애는 물론 간질병이나 알츠하이머병에서 중요한 역할을 할 것으로 생각한다. 사람들은 중국음식을 섭취한 후 글루타메이트 독성을 경미하게 경험하기도 한다. 식품첨가물로 사용하는 모노소디움글루타메이트(MSG)는 두통, 이명 및 기타 신체적 증상을 일으킬 정도로 체내의 글루타메이트 농도를 높일 수 있다. GABA성 억제의 조절은 정신병 치료약의 작용기전의 하나이다. 예를 들어 불안 치료제인 바리움은 글루타메이트의 작용을 조절하는 GABA의 자연적 능력을 증강시키는 것이다.

흥분성 입력은 불안 회로에서 활동전압을 발사하여 자연상태에서 불안을 일으킬 수 있고, 바리움이나 이와 관련된 약물들은 이를 억제한다.

뇌에는 왜 화학물질로 넘쳐나는가?

시냅스의 신호전달

앞서 설명했듯이 뇌 속을 누비고 있는 신경세포의 축삭을 따라 활동전압이 연속적으로 이어달린다. 그래서 하나의 신경세포에서 다음 신경세포로 전기적 신호가 전달된다. 그런데 축삭 말단이 막혀 있어서 활동전압은 이곳에서 멈추게 된다. 따라서 다음 신경세포로 전기적 신호가 전달되려면 화학물질을 이용하는 신호전달 방식이 필요하게 된다. 이를 체액성 시냅스 전달이라고 한다.

감각신경과 운동신경에서의 전기충동은 분명히 반사에 관여한다고 생각된다. 무릎반사를 예로 들어보자. 감각신경이 무릎 타격을 감지하면 이 전기충동이 전도되고 운동신경의 전기충동이 되어 다리를 차올리게 한다. 그러면 감각신경은 어떻게 운동신경과 정보를 교환하는가? 쉐링톤은 감각신경의 전기자극이 운동신경의 전기적 반응을 유발하는데 반해, 운동신경의 자극은 감각신경의 반응을 유발하지 못한다는 것을 실험적으로 보여주었다. 그래서 그는 세포 사이의 접점, 즉 '시냅스는 판막(밸브) 같은 성질이 있어 오직 한 방향으로만, 다시 말해 감각신경에서 운동신경으로만 전달된다' 고 결론지었다. 이는 특히 골지의 '신경그물설' 에 대한 의미 있는 공격수단이었다. 만일 뉴런들이 연속적으로 연결되었다면 그리고 전기전도에 의해서만 정보교환이 이루어진다면 감각신경이 운동신경에 영향을 미쳤던 것처럼 운동신경도 감각신경에 상당한 정도의 효과를 유발해야 했을 것이다. 그래서 쉐링톤은 시냅스에서는 특수한 신호전달방식이 있을 것이라고 생각하였다.

체액성 신호전달물질

이 생각을 극적으로 증명한 것은 독일의 생리학자 오토 뢰비(1873~1961)[6]였다. 그는 두 마리의 개구리에서 심장을 적출하고 심장의 박동을 기록하는 장치를 마련하였다. 심장은 자동기관으로 스스로 운동을 하는 장기이므로 몸밖으로 적출하더라도 적당히 영양이 공급되면 스스로 수축할 수 있다. 그래서 하나의 심장(공여 심장)에 영양액을 공급하고 다른 하나의 심장(수용 심장)은 공여 심장을 관류하여 영양액을 받아 수축할 수 있도록 하였다. 그리고 공여 심장에는 미주신경(심장을 지배하는 부교감신경)이 달려 있게 하였고, 수용 심장의 미주신경은 제거하였다. 그렇게 해서 두 심장이 박동하는 동안에 공여 심장의 미주신경을 전극을 이용하여 자극하였더니 공여 심장의 박동이 억제되었다. 그리고 바로 이어서 수용 심장의 박동도 억제되었다.

이는 무엇을 의미하는가? 공여 심장의 미주신경을 자극하였을 때 심장의 박동을 억제하는 물질이 분비되어 그 관류액이 수용 심장에 작용하여 수용 심장의 박동을 억제하였다는 것을 의미한다. 다시 말해 미주신경을 자극하였

6) 오토 뢰비(Otto Loewi): 독일 출생의 미국 약리학자이다. 신경의 자극전도에 관한 연구를 하여, 신경의 자극이 근육에 전달되는 것은 화학물질을 생산하기 때문임을 확인하였다.

을 때 미주신경으로부터 어떤 체액성 물질이 분비되어 미주신경과 근육세포 사이의 시냅스에서 신호를 전달하였다는 것을 의미한다(그림 2-9).

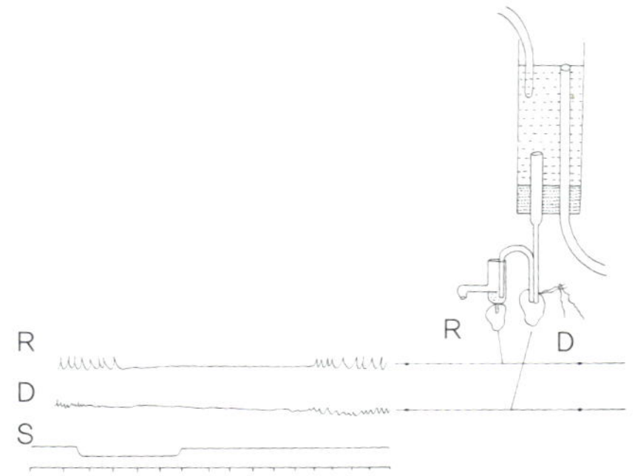

그림 2-9 오토 뢰비의 실험 개념도. 오토 뢰비는 두 개의 심장을 관류장치에 장치하였다. 심장 D는 미주신경이 완전한 상태로 적출하였고, 심장 R은 미주신경이 제거된 상태로 적출하여 심장 D의 관류액을 받아 수축하도록 하였다. 심장의 박동은 카이모그래프라는 기록장치로 기록하였다(그림의 하단). 박동 기록의 R은 심장 R의 박동 기록이고, D는 심장 D의 기록이다. S는 전기자극을 나타낸 것이다. 미주신경을 자극하였을 때 심장 D의 박동이 억제되고, 이어서 심장 R의 박동이 억제되는 것을 볼 수 있다.

뉴런의 축삭 말단은 약간 부풀려져 있다. 이것이 다음 뉴런의 수상돌기와 시냅스를 만들고 축삭과 수상돌기 막 사이의 간격은 약 50,000분의 1밀리미터 정도이다. 축삭 말단의 부풀려진 부분에는 시냅스 소포라고 하는 작은 주머니가 있다. 그 주머니 속에 앞서 오토 뢰비의 실험에서 설명한 체액성 물질(화학물질)이 들어 있다. 활동전압이 축삭 말단에 도달하면 시냅스 소포가 터져 그 안에 있던 체액성 물질이 시냅스 간격으로 분비된다. 이 화학물질은 시냅스 간격을 확산하여 수상돌기 막의 특수한 부위에 작용하여 시냅스 전압을 발생시키고, 그 시냅스전압이 활동전압을 만들어 시냅스전 뉴런의 활동전압이 시냅스후 뉴런으로 전달되게 된다(그림 2-10). 이 체액성화학물질을 신경전달물질이라 하며 신경전달물질이 작용하는 수상돌기 막의 특수한 부위를 수용체라고 한다. 뇌에서 작동하는 신경전달물질은 수십 종이 알려져 있다. 크게 세 부류로 나눌 수 있다. 첫째, 아민계 물질로는 아세틸콜린, 노르아드레날린, 아드레날린, 도파민, 세로토닌 등이 있다. 둘째, 아미노산계 물질로는 글루타민산, GABA, 글리신 등이 있다. 마지막 펩티드계 물질로는 엔돌핀, 엔케팔린, 콜레치스토키닌 등이 있다. 대

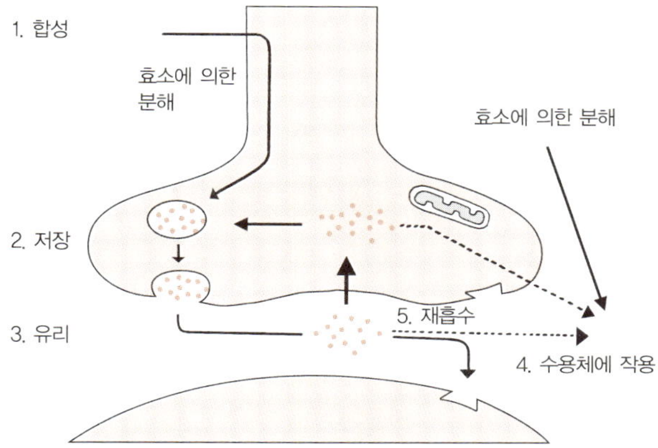

그림 2-10 신경전달물질에 의한 시냅스 신호전달 과정. 신경전달물질에 의한 신호전달 과정은 신경전달물질의 합성으로부터 시작된다(1). 합성된 신경전달물질은 역할이 주어지기 전까지는 시냅스 소포에 저장된다(2). 시냅스 소포에 저장된 신경전달물질은 신경이 자극(활동전압)되면 시냅스 간격으로 유리된다(3). 시냅스 간격으로 유리된 신경전달물질은 시냅스후막에 있는 수용체에 결합하여(4), 시냅스후막에 활동전압을 유도한다. 수용체에 작용하여 신호전달의 역할을 다한 신경전달물질은 시냅스전막으로 재흡수 되거나(5) 효소에 의하여 분해됨으로써 신호전달 과정이 끝나게 된다.

부분의 경우 이들 각각의 신경전달물질은 신경세포마다 고유의 한 가지만을 가지고 있어서, 예를 들어 도파민을 신경전달물질로 가지고 있는 뉴런을 도파민성뉴런이라고 한다. 그리고 수상돌기 막에서 도파민이 결합하는 수용체를 도파민수용체라고 한다.

하나의 신경세포에는 여러 개의 시냅스가 있다. 여러 개의 축삭이 하나의 신경세포에 시냅스를 만들기도 하고, 하나의 축삭이 가지를 쳐서 여러 시냅스를 만들기도 하기 때문이다. 또 신경세포는 전달물질과는 역할이 다른 화학물질도 분비한다. 신경세포의 대사활동을 변화시키는 물질도 있고 혈관에 영향을 미치는 물질도 있다. 이 같은 화학물질들은 장시간에 걸쳐 신경활성에 영향을 미칠 수 있으며 이를 조절물질이라 한다.

요컨대 신경세포는 활동전압에 의하여 전달물질을 분비하여 화학신호를

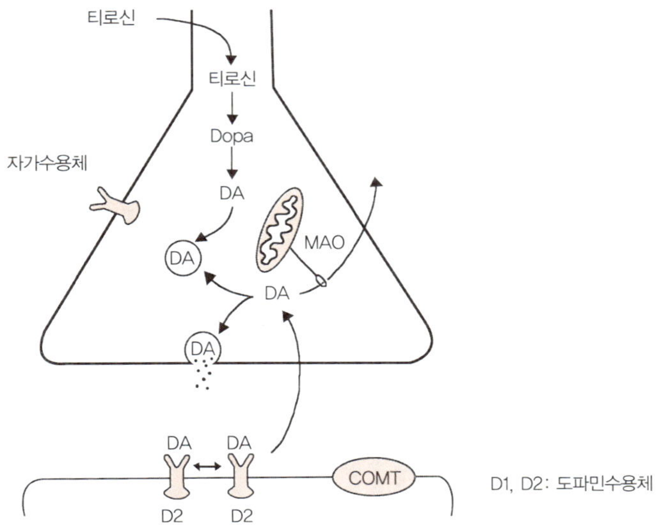

그림 2-11 도파민과 도파민 수용체

발생하게 되는 것이다. 이것이 신경세포의 특징이라 할 수 있다. 신경세포가 분비하는 화학물질은 수십 종이 된다. 하나의 신경세포가 여러 가지의 화학물질을 분비하는 경우도 있으나 보통은 하나의 신경세포는 한 가지만 분비한다. 신경세포의 종류에 따라 전달물질도 다르다. 뇌가 활동할 때 뇌의 여러 부위에서 여러 가지 전달물질 또는 조절물질이 분비되어 전기신호를 전달하거나 신경세포의 대사활동을 변화시키고 혈관에 영향을 미치게 되는 것이다. 뇌에는 활동전압이 축삭을 따라 돌아다니는 동시에 화학물질의 복잡한 흐름도 있는 것이다.

뇌는 축삭이라는 도선으로 이루어진 전기회로 같아 컴퓨터와 비슷한 화학기계라고 할 수 있다. 즉 뇌의 기능단위인 뉴런은 전기신호(활동전압)와 화학신호(전달물질)를 사용하여 활동하는 복잡한 체계를 이루고 있는 것이다.

뇌가 만드는 마약

뇌는 신비한 존재이지만 더 놀라운 일이 있다. 마약인 아편의 주성분으로 알려진 모르핀과 비슷한 작용을 하는 화학물질이 뇌에서 발견된 것이다. 지금의 마약은 환각제, 흥분제, 각성제 등으로 쾌락을 좇거나 정신적으로 현실에서 도피하고 싶어 하는 사람들이 허가되지 않은 약품을 불법적으로 투약 및 흡입하는 것이다.

마약은 아주 오래전부터 의약품으로 사용되어왔다. 의학의 아버지로 알려진 히포크라테스(기원전 400년경)도 의약품으로 마약을 사용했다고 한다. 마약은 강력한 진통효과가 있고, 쾌감을 일으킬 수 있다. 그러나 잘못 사용하게 되면 중독에 빠져서 인격이 황폐해지고 의존성이 생겨 마약의 투약을 중단하면 심각한 금단증상이 나타나는 지경에 이를 수 있다. 그 마약과 비슷한 물질을 뇌가 만들고 있다니 놀라운 일이 아닐 수 없다.

발견의 실마리는 1973년에 얻어졌다. 뇌에 마약(모르핀)과 결합하는 수용체가 밝혀진 것이다. 모르핀을 주사하면 이것이 뇌에 들어가 그 수용체에 결합하여 작용을 나타내는 것이다. 뇌에 모르핀과 결합하는 수용체가 있다는 것은 무엇을 의미하는가? 그것은 틀림없이 뇌에 모르핀과 비슷한 작용이 있는 물질이 있어야 함을 의미하는 것이다. 왜냐하면 뇌에 모르핀과 비슷한 작용이 있는 내인성물질(우리 몸에서 만들어지는 물질)이 존재하지 않는데 모르핀과 같은 외인성화합물질(우리 몸에 존재하지 않고 몸 밖에서 투여되는 물질)에 결합하는 수용체가 존재한다는 것은 발생학적으로 심각한 문제가 되는 것이기 때문이다. 즉 언제 우리 몸에 작용할지도 모르는 이 세상에 존재하는 모든 물질에 대한 수용체들을 미리 가지고 태어난다는 것은 상상하기 매우 힘든 것이다. 그래서 뇌에 존재할 것이 틀림없다고 생각되는 물질을 여러 가지로 탐색한 끝에 그

물질을 발견하게 되었다.

놀랍게도 그 물질은 모르핀과는 달리 아미노산이 연결되어 만들어진 펩티드였다. 수십 종이 밝혀졌는데, 크게 엔도르핀과 엔케팔린의 두 종류가 있다. 그 중에서 베타엔도르핀은 31개의 아미노산으로 되어 있고, 엔케팔린은 8개의 아미노산으로 되어 있다. 이 뇌내 오피오이드(마약과 비슷한 작용이 있는 물질)는 신경세포에서 만들어지고 분비된다. 따라서 신경전달물질 또는 조절물질로 작용할 것으로 생각한다.

뇌는 세포이다

뇌는 다른 장기와 마찬가지로 세포로 이루어졌으므로 유전정보에 관계되는 DNA, RNA, 세포의 구성성분인 단백질, 지방질 및 당질 그리고 세포의 활동에 필요한 ATP, 포도당 및 기타 대사산물 그리고 물 등 다른 장기의 세포들에 있는 모든 물질이 뇌에도 있다. 이 중에서 가장 많은 성분이 물이다. 전체 성분의 50~60%가 물이다.

뇌의 한 가지 특징은 다른 장기에 비해 지방질이 대단히 많다는 것이다. 지방질은 물을 제외한 뇌 중량의 약 2분의 1을 차지한다. 주로 콜레스테롤과 인산이 결합된 인지질이다. 이처럼 지방질이 많은 것은 세포막이 두 겹의 지질막으로 이루어졌으며(이중지질막이라 함), 신경세포의 축삭이 여러 겹의 수초로 둘러싸여 있기 때문이다. 수초는 축삭의 신호 전달 속도를 빠르게 하는 역할을 한다.

뇌의 또 한 가지 특징은 여러 가지 신호전달물질의 수용체를 포함하는 뇌 특유의 단백질들이 수십 종이 있다는 것이다. 그들 단백질의 구조와 기능이 모두 밝혀지지는 않았으나, 단백질은 DNA에서 전사된 mRNA를 번역하여 만들어지는 것이다. 최근 눈부시게 발전한 유전공학 기법을 이용하여 뇌에는 약 3만 개의 mRNA가 있다는 사실을 밝혔다. 이들 mRNA가 모두 번역된다는 가정하에 3만 개의 단백질이 만들어질 것이다. 이들 단백질과 그 기능은 앞으로 밝혀야 할 일이다. 전사된 mRNA가 모두 단백질로 번역되는 것은 아니지만 세포생물학적인 내용이므로 여기에서는 언급하지 않는다.

수용체란?

수용체의 정의

수용체의 개념은 에를리히(1845~1915)[7]와 랭글레이(1852~1925)의 연구에서 시작되었다고 할 수 있다. 수용체라고 하는 것은 무엇보다도 항원-항체 반응에서 보이는 고도의 선택성과 시냅스의 신경전달과정을 설명하는데 크게 도움이 된다. 에를리히는 화학적으로 합성된 여러 가지 화합물이 세균들에 대하여 선택적으로 작용하고 있는 것을 관찰하였다. 그래서 세포에는 약물이 세포에 선택적으로 작용할 수 있는 화학적인 반응군이 존재할 것이라고 생각하고, 약물과 특이적으로 반응하는 세포의 반응군을 수용체라고 하였다.

7) 파울 에를리히(Paul Ehrlich): 독일의 세균학자 · 화학자이다. 아닐린 색소 응용실험에서 일정한 조직에 대한 일정한 색소의 친화성의 상관이 있음을 밝혔고 디프테리아의 혈청요법을 완성하였다.

한편 니코틴이라는 약물을 투여하면 골격근이 수축한다. 랭글레이는 이 같은 니코틴 투여에 의한 골격근 수축은 쿠라레[8]라는 약물에 의하여 억제됨을 관찰하였다. 그런데 골격근의 직접적인 전기자극에 의한 수축은 쿠라레에 의하여 억제되지 않았다. 이 실험을 통하여 랭글레이는 니코틴과 쿠라레는 골격근 내의 같은 장소에 작용하며, 그곳에는 니코틴과 쿠라레가 작용할 수 있는 수용물질이 있어, 그 수용물질과 약물 사이의 상호작용으로 생리적 효과가 초래된다고 하였다. 이와 같은 생각은 현재 사실로 밝혀졌다.

이상의 예에서와 같이 투여된 약물 또는 몸에서 생성된 물질(예, 호르몬 또는 신경전달물질)에 특이적으로 반응하는 세포 성분(주로 세포막 성분)을 수용체라고 한다. 수많은 수용체들이 확인되고 유전자 클로닝 기법으로 이들 수용체 단백질의 아미노산 서열이 밝혀졌다.

일반적인 개념에서 여러 가지 형태 또는 종류로 수용체를 정의할 수 있다. 소위 생리학적 수용체라고 하는 것은 펩티드와 스테로이드 호르몬, 생체 내 아민 등 여러 가지 신경전달물질의 효과를 중개하는 것이다. 한편 효소나 수송단백질 또는 이온통로도 여러 가지 약물의 수용체가 될 수 있다. 또 세포골격이나 핵산도 수용체가 될 수 있다.

수용체의 종류

수용체는 각 물질에 특이적으로 반응하므로 각각의 물질에 대한 수용체가

8) 쿠라레(curare): 남아메리카의 아마존 강이나 오리노코 강 유역에 사는 토인이 독화살 끝에 바르는 독극물질이다. 우라리 또는 우라레라고도 하며, 그 지역의 언어로 '독'이라는 뜻을 갖고 있다.

따로 있다. 예를 들어 니코틴에 반응하는 수용체를 니코틴성수용체라 하고, 신경전달물질인 도파민과 반응하는 수용체는 도파민수용체라고 한다. 우리 몸에서 현재까지 알려진 수용체는 크게 네 종류가 있다(그림 2-12). 즉

1) 리간드조절성 효소
2) 수용체조절성 전사인자
3) G단백연관 수용체
4) 수용체개폐성 이온통로

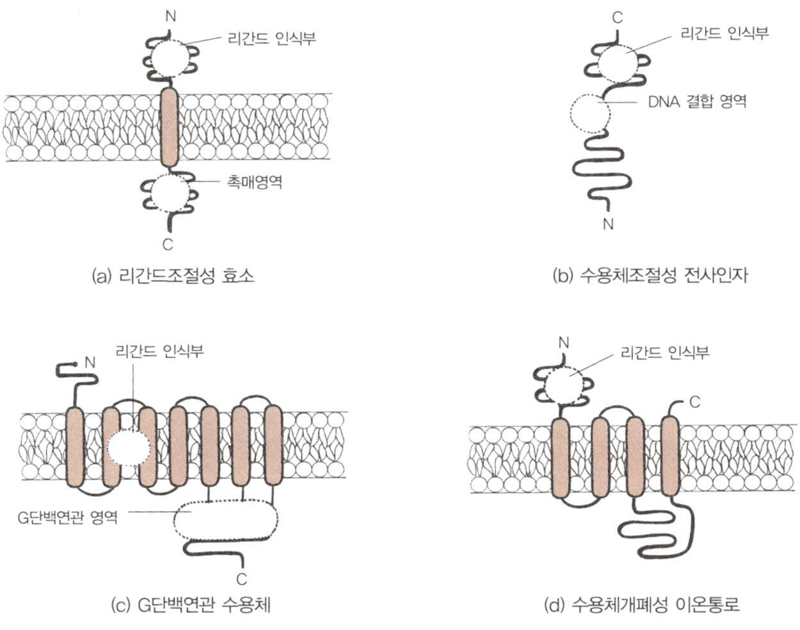

그림 2-12 네 가지 수용체의 모식도. (a) 리간드조절성 효소는 수용체 자체가 효소로서 세포 바깥쪽에 리간드 인식부가 있고, 세포 안쪽에 촉매 영역이 있다. (b) 수용체조절성 전사인자는 세포 안에 있는 수용체로서 수용체에 리간드 인식부와 DNA 결합 영역이 있다. (c) G단백연관 수용체는 세포막을 관통하는 수용체의 바깥쪽에 리간드 인식부가 있고, 세포 안쪽에 G단백연관 영역이 있다. (d) 수용체개폐성 이온통로는 세포막을 관통하는 이온통로의 세포 바깥쪽에 리간드 인식 부가 있다.

리간드조절성 효소라는 것은 세포막에 있는 티로신 키나아제라는 효소를 통한 신호변환과정이라 할 수 있다. 그 과정을 살펴보면 인슐린, EGF(표피성장인자), PDGF(혈소판유래 성장인자), ANF(심방나트륨이뇨성인자), TGF-β(형질전환성장인자-베타) 등의 성장인자가 수용체에 결합하면 티로신 키나아제가 활성상태로 바뀌고, 성장인자들의 여러 가지 세포 내 반응을 유도하게 되는 것이다. 여기서 티로신 키나아제 자체가 수용체이다. 티로신 키나아제는 세포막을 관통하며 세포 밖에 리간드(수용체에 작용하는 물질) 인식부가 있고 세포 안쪽에 촉매영역이 있다. 그래서 리간드 인식부에 효능제(활성을 나타내는 리간드)가 결합하면 티로신 키나아제가 활성화된다.

수용체조절성 전사인자라는 것은 세포에 작용하는 물질들 중에서 지용성이 높아 쉽게 세포막을 통과할 수 있는 물질들이 세포 속에 있는 수용체를 통하여 DNA와 상호작용하는 것이다. 레티놀산, 부신피질호르몬, 비타민 D 그리고 갑상선호르몬 등이 그 예이다. 예를 들어 부신피질호르몬 수용체는 세포질에서 hsp90라는 단백질과 복합체를 이루고 있는데, 부신피질호르몬이 수용체에 결합하면 hsp90이 분리되면서 부신피질호르몬이 결합된 수용체는 DNA의 촉진 부위에 있는 GRE(글루코코르티코이드반응군)라는 반응군에 결합하여 유전자의 전사를 유도하게 된다.

G단백연관 수용체는 cAMP(환상아데노신인산), 칼슘 이온, IP3(이노시톨삼인산염) 등의 세포 내 제2 전달자를 통하여 세포 내 반응을 유도하는 수용체이다. G단백연관 수용체도 세포막을 관통하고 있어서 세포 밖의 리간드 인식부에 효능제가 결합하면 세포 내면의 G단백이 활성화됨으로써 효소 또는 이온통로 등의 효과기가 활성화된다. 그 결과 세포 내 제2 전달자의 농도가 변하게 된다. 예를 들어 노르아드레날린이 아드레날린성수용체에 결합하면 Gs라는 G단백이 활성화하고, 이는 효과기 효소인 아데니릴시크라아제를 자극하여

세포 내 cAMP 농도를 증가시킨다.

수용체개폐성 이온통로는 이온통로 자체가 수용체이다. 신경전달물질을 포함한 많은 물질들은 세포막을 통한 이온의 흐름을 조절한다. 잘 알려진 내인성 리간드로서는 아세틸콜린, GABA, 그리고 글루타민산이 있다. 수용체개폐성 이온통로 역시 세포막을 관통하므로 효능제가 수용체의 리간드 인식부에 결합하면 이온통로가 열리고, 길항제가 리간드 인식부에 결합하면 이온통로가 닫힌다.

이온통로란?

이온통로의 정의

신경세포나 심장의 근육 또는 골격근 같은 활동전압에 의하여 그 기능을 나타내는 세포를 흥분성세포라고 한다. 흥분성세포에는 안정막전압의 유지와 활동전압의 발생에 필요한 이온통로가 있다. 즉 칼륨 이온, 나트륨 이온 그리고 칼슘 이온 등은 각각 고유의 이온통로를 통하여 세포막을 드나든다. 이온통로는 단백질로 만들어져 있고, 세포막을 관통하여 박혀 있다.

이온통로의 종류

이온통로에는 크게 네 종류가 있다.

1) 비개폐성통로
2) 전압개폐성통로
3) 화학물질개폐성통로
4) 이온개폐성통로

비개폐성통로는 이온통로를 개폐하는 특정한 기전이 없는 통로로써 수동성 이온통로라고도 한다. 안정막전압을 유지하기 위하여 칼륨 이온이 들고나는 통로가 그 예이다.

전압개폐성통로는 세포막 전압의 변화에 의하여 열리거나 닫히는 이온통로이다. 신경전달물질은 시냅스 소포가 세포막과 융합하면서 시냅스 소포가 터져 세포 밖으로 유출된다. 이를 세포외유출이라고 한다. 시냅스 소포가 세포막과 융합하려면 칼슘 이온이 필요하며, 이 칼슘 이온은 활동전압에 의하여 칼슘 이온통로가 열려 세포 내로 유입되는 것이다.

화학물질개폐성통로는 신경전달물질이나 약물에 의하여 열리고 닫히는 이온통로이다. 앞서 설명한 수용체개폐성 이온통로가 그 예이다. 이온통로 자체가 신경전달물질이나 약물이 결합하는 수용체로서 수용체의 리간드 결합부에 리간드가 결합하면 이온통로가 열리는 것이다. 예를 들어 아세틸콜린이라는 신경전달물질이 나트륨 이온통로의 결합부에 결합하면 나트륨 이온통로가 열려서 나트륨 이온이 세포 안으로 유입되어 활동전압이 발생하게 되는 것이다.

이온개폐성통로는 세포 내 이온 농도의 변화에 의하여 개폐되는 통로이다.

예를 들어 심장근육이 수축하려면 칼슘 이온이 필요하다. 심장근육 세포막의 활동전압으로 칼슘 이온이 세포 내로 유입되어 세포 내 칼슘 이온 농도가 높아지면 이 칼슘 이온에 의하여 근장그물이라는 세포 내 구조에 저장되었던 칼슘 이온이 유출되어 근육세포를 수축시킨다.

시냅스가 변한다?

변하는 시냅스

우리 뇌는 계속해서 새로운 것을 배울 수 있다. 따라서 뇌의 신경회로는 한 번 만들어지면 평생 변할 수 없는 것이 아니라 생활환경이나 학습에 의하여 변하도록 되어 있다. 이를 시냅스의 가소성이라고 한다.

뇌가 변할 것이라는 생각은 옛날부터 있어 왔다. 그러나 그 변화가 실험적으로 밝혀진 것은 아주 최근의 일이다. 놀이기구와 운동기구가 있는 풍요로운 환경에서 자란 생쥐의 뇌 무게와 대뇌피질의 두께는 조악한 환경에서 홀로 자란 생쥐에 비해 크다는 실험결과가 있다. 이외에도 신경세포의 모양이 변했다거나, 새로운 신경회로가 생겼다거나, 새로운 물질이 뇌에서 만들어졌다는 등 여러 가지 변화가 있었다는 사실이 알려졌다. 이 중에서 가장 기본적인 것은 시냅스에서 일어나는 변화였다.

시냅스는 신경세포와 신경세포가 결합하고 있는 부분을 말한다. 하나의 신경세포에서 발생한 흥분, 즉 활동전압을 다음 세포로 중계하는 지점이다. 다음 세포로 전해진 시냅스에서의 전압 변화를 시냅스전압이라고 하는데 이 시냅스전압은 상황에 따라 커질 수도 있고 그렇지 않을 수도 있다. 어느 특정한 신경회로가 자주 쓰이게 되면 그 회로 안의 시냅스는 형태가 변하여 시냅스전압이 커져서 흥분 신호 전달이 쉽게 일어나게 된다. 또 그 회로 안에 새로운 시냅스가 만들어져 이제까지는 관계가 없었던 신경세포와 새로운 연결이 만들어지기도 한다.

시냅스의 성장

시냅스전 세포와 시냅스후 세포 사이의 증가된 연결 효율을 유지하기 위하여 일종의 새로운 성장 같은 것이 일어날 필요가 있다고 제안한 사람은 캐나다의 심리학자 헤브이다. 당시에는 이에 대한 증거는 별로 없었으나 현재는 많은 경우에 활성 유도성 성장이 관찰되고 있다. 컬럼비아 대학의 에릭 칸델 교수는 학습과정과 학습 후에 일어나는 축삭의 가지치기와 새로운 시냅스의 유형에 따르는 생리학적 가소성을 증명하였다. 일단 이런 일이 일어나면 세포의 더 많은 시냅스가 활성화되기 때문에 축삭을 따라 내려오는 특정 활동전압은 더 효과적으로 시냅스후 세포를 흥분시키게 될 것이다.

시냅스의 변화가 생기면 뇌 안에서는 연쇄적으로 여러 가지 변화가 일어난다. 신경세포와 더 많은 시냅스 결합을 만들기 위하여 신경세포체에서 수상돌기가 뻗어 나와 표면적을 넓혀야 한다. 그 결과 신경세포는 커지고 대뇌피질은 더 두꺼워진다. 결국 뇌의 무게도 무거워진다. 새로운 시냅스를 만들기 위하여 그것에 필요한 물질도 새롭게 합성되어야 할 것이다.

새로운 시냅스를 만들기 위한 중요한 물질분자는 신경영양물질이라고 하는 것이다. 신경세포의 성장과 생존을 돕는 특수한 영양물질이다. 시냅스후 세포에 활동전압이 발생하면 세포에서 신경영양물질이 유리되어 시냅스를 통하여 역방향으로 확산된다고 한다. 그래서 시냅스전 말단에서 흡수된다. 이 신경영양물질의 영향으로 축삭 말단은 가지를 치고, 움이 돋아 새로운 시냅스 연결을 만들게 된다. 활성을 가졌던 시냅스전 세포(신호를 발사했던)만이 영양물질분자를 흡수하므로 그들만이 새로운 연결을 만들 수 있다. 따라서 활성이 성장을 유도하고 그 성장은 활성을 가진 말단에 국한하는 것이다.

신경세포는 다른 조직세포와 달라서 일단 세포분열이 완료되면 일생 동안 더 늘어나는 일이 없는 것으로 알려져 있다. 따라서 학습능력을 잃지 않고 유지하려면 새로운 시냅스를 만들거나 만들어진 시냅스가 신호 전달이 원활해지도록 할 필요가 있다. 그러기 위하여 신경회로에 활동전압, 즉 신경신호가 끊임없이 흘러야 할 것이다. 여러 가지 자극을 받아들여 항상 새로운 것을 시작하려는 적극적인 태도가 필요하다고 하는 것은 이 시냅스의 가소성(可塑性)을 항상 유지하기 위한 것이다.

시냅스 바로보기

시냅스를 좀 더 자세하게 들여다보자. 대뇌피질에는 주로 두 가지 유형이 있다. 제1형과 제2형이라고 하며 전자현미경 사진으로 식별할 수 있다. 제1형 시냅스는 보통 시냅스후 뉴런을 흥분시키고, 제2형은 억제한다. 제1형 시냅스에는 둥근 시냅스 소포가 있고, 제2형에는 흔히 타원형 또는 납작한 소포가 있다. 제2형 시냅스는 보통 제1형보다 대칭적이고 시냅스 간격이 약간 좁다.

뇌에서 주종을 이루고 있는 흥분성 시냅스 유형은 직접 수상돌기 자루 위에 있는 것이 아니고, '가시' 라고 하는 작고 짧은 가지에 접착한다. 하나의 가시에는 한 개 이상의 제1형(흥분성) 시냅스가 있는 일은 결코 없다. 하지만 어떤 가시에는 제2형(억제성) 시냅스가 같이 있다. 가시는 마치 플라스크의 목이 수상돌기에 붙어 있는 형상을 하고 있다. 이것의 머리는 거의 공 모양(약간 찌그러진)이고 가는 관 모양의 목이 있다. 시냅스 자체는 머리 위에 접합하고 이것에는 이온통로를 포함한 많은 수용체가 있다. 신경전달물질 분자가 입력 축삭과 수납 가시 머리 사이의 시냅스 간격으로부터 와서 수용체 분자의 특수부위에 결합하게 되면 통로가 열린다.

억제라는 것은 무엇인가? 하나의 뉴런에서 어떤 축삭 말단에서는 흥분을 일으키고 또 다른 말단에서는 억제가 일어나는 것도 있는가? 신기하게도 신피질에서는 이런 일이 결코 없다. 정확하게 말하면, 특정 뉴런의 축삭 말단은 모두가 흥분성이 아니면 억제성이지 이들 양자가 섞여 있는 일은 없다. 흥분성 시냅스는 신경전달물질로서 글루타메이트라는 화학물질을 이용한다. 억제성 시냅스는 GABA라고 하는 비교적 작은 분자를 이용한다. GABA 수용체는 주로 두 가지 유형이 있다. GABA A형은 신속한 이온통로이고, 염소 이온을 투과시키는 한편 GABA B형 수용체는 이차전령계통을 통하여 비교적 느리게 반응한다. 시냅스가 억제되려면 활동전압 발생의 역현상이 일어나야 한다. 즉 전달물질 GABA가 염소 이온통로를 열면 이온의 흐름방향을 반대로 향하게 하여 활동전압이 발생하지 못한다. 어찌되었든 이 같은 변화가 일어난 후에는 곧 소포가 재형성되어 다음의 활동전압을 발생시키기 위한 준비를 갖춘다.

전달물질의 끊임없는 공급도 필요하다. 우리들이 사용하고 있는 모든 전자기기는 진공관라디오에서 슈퍼컴퓨터에 이르기까지 모두가 한 가지 전자만을 이용하여 신호를 만든다. 그러나 신경세포에는 수많은 종류의 전자가 있는

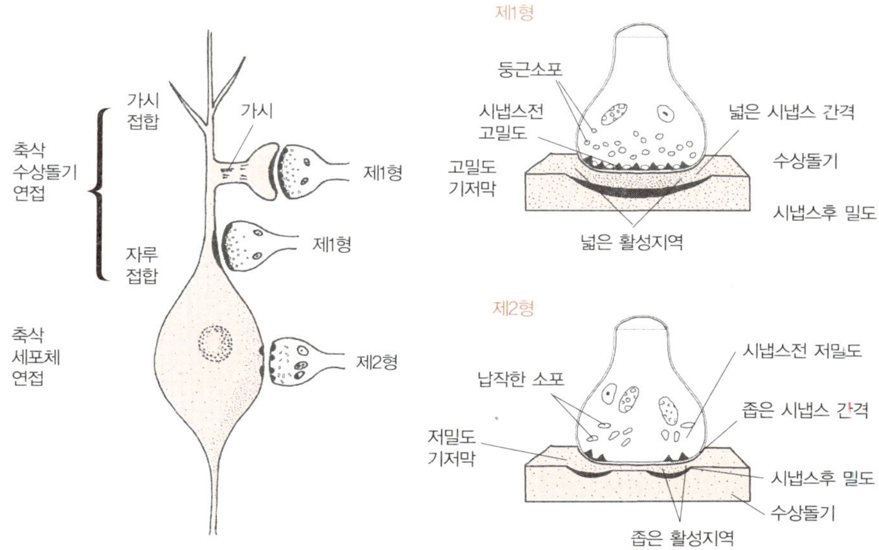

그림 2-13 중추신경계의 두 가지 시냅스형. 제1형 시냅스는 흥분성 시냅스로 글루타민 시냅스가 대표적인 것이고, 제2형 시냅스는 억제성 시냅스로 GABA 시냅스가 대표적인 것이다. 제1형 시냅스는 저장소포의 모양이 둥글고 시냅스전 밀도가 높다. 그리고 시냅스 간격이 넓은 것이 특징이다. 제2형 시냅스는 소포의 모양이 찌그러져 있고 시냅스전 밀도가 낮으며 시냅스 간격이 좁다.

셈이다. 다시 말해 전자기기의 전자에 해당하는 신경전달물질이 수십 종류가 있으며, 이들 전달물질과 상호작용하여 신호(활동전압)를 만들어내는 수용체라는 것 또한 각각의 신경전달물질에 따라 여러 가지로 나누어진다. 그래서 사람의 뇌는 컴퓨터에 비해 계산 속도는 비록 느리지만 컴퓨터는 도저히 할 수 없는 일, 예를 들어 창조적 생각하기 같은 일을 해낼 수 있는 것이다. 또 시냅스 전달이 전기적이 아니고 화학적이라는 사실의 중요한 의미는 작지만 특별하게 고안된 분자가 때로는 아주 낮은 농도로도 이를 방해할 수 있다는 것이다. 이것이 바로 LSD(엘에스디, 맥각균에서 합성한 향정신성의약품의 하나)가 150마이크로그램이라는 낮은 용량으로도 환각효과를 나타낼 수 있는 이유이다. 또 특정한 약물이 경우에 따라 여러 가지 신경전달물질의 기능적 이상에 의한다고 생각되는 우울증 같은 의학적 문제를 해결할 수 있다는 것도 이것으로 설명된다. 예를 들어 수면제(벤조디아제핀계)에 들어 있는 화학물질은 GABA 수용체에 결합하여 GABA의 효과를 증강시킨다. 이 같은 증가된 시냅스 억제가 수면을 촉진한다.

시냅스의 기억 돌보기

약 500조 개의 스위치, 즉 시냅스가 우리들의 생각이나 기억을 돌본다. 돌본다고 하면 이상한 표현이라고 생각할지 모르겠으나, 예를 들어 심각한 수준의 흥분이나 뇌기능의 순간적 파괴가 일어날 수 있는 폭발적 기억상기의 위험을 피하고, 항상 한정된 소수의 '수동적' 인 정보결합만 일어나도록 조절하는 것이다.

전통적인 지식으로는 성인의 뇌에서 새로운 뇌세포가 만들어지지 않는다고 알려져 있다. 그래서 태어날 때 가지고 나온 뇌세포는 여러 가지 이유로 살아가는 동안에 잃는 것을 제외한 나머지 대부분을 죽을 때까지 유지한다고 생각하였다. 그러나 록펠러 대학의 페르난도 노테봄과 브루스 맥이완, 프린스턴 대학의 엘리자베스 굴드가 전통적 견해에 도전하여 수행한 최근의 연구결과에 의하면 성인의 뇌에서도 일부 지역에서는 뉴런이 계속하여 생성됨이 증명되었다. 현재로서는 새로운 뉴런 생성이 어느 범위에 이르는지 알 수가 없다. 대단히 드물고 제한적일 것이라고 생각한다. 그러나 이 결과는 현재 불치병인 척추손상이나 뇌졸중 또는 알츠하이머병에 대한 새로운 뉴런의 성장을 이용한 치료방법이 언젠가는 뇌과학자들에 의하여 개발될 수 있을 것이라는 희망의 불빛이 되는 것이다. 여기서 신경 생성(새로운 뉴런의 생성)과 시냅스 생성(기존 뉴런 사이의 새로운 시냅스의 생성)을 구별할 필요가 있다. 시냅스 생성은 죽는 순간까지 일어나는 흔한 현상이다.

교세포는 어떤 일을 하는가?

뇌는 세포로 구성되어 있지만, 신경세포 즉 뉴런으로만 채워져 있는 것은 아니다. 뇌에는 신경세포의 약 3배에 달하는 교세포라는 것이 신경세포 사이를 메우고 있다. 교세포가 발견된 것은 지금부터 약 140년 전이다. 하지만 당시에는 그 기능이 알려지지 않았다. 교세포(膠細胞)라는 명칭은 신경세포를 얽어매는 접착제라는 뜻에서 붙여진 것이다. 즉 신경세포들을 얽어매는 아교라는 것이다. 교세포는 활동전압을 만들지는 못하지만 신경세포의 기능을 도와주는 중요한 역할을 한다.

교세포는 그 모양에 따라 세 가지로 나눈다. 돌기가 별처럼 퍼져 있는 성상교세포, 돌기가 거의 없는 핍돌기교세포 그리고 크기가 작은 소교세포로 나눌 수 있다. 성상교세포와 핍돌기교세포는 신경세포와 마찬가지로 외배엽에서 발생하지만, 소교세포는 근육이나 뼈처럼 중배엽에서 발생한다. 소교세포는 태아기의 후기에서 신생아기에 걸쳐서 신경계 이외의 자오로부터 혈관을 통하여 뇌로 침입해 들어온 것으로 생각한다.

성상교세포는 뉴런과 마찬가지로 많은 돌기를 가지고 있다. 돌기의 일부는 혈관벽에 붙어 있다. 성상교세포의 가장 중요한 역할은 뇌 대사에 관계되는

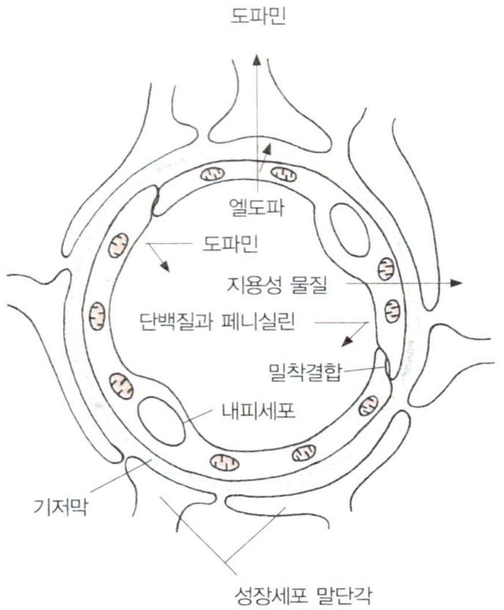

그림 2-14 혈관뇌장벽. 뇌의 모세혈관은 내피세포가 밀착결합을 이루고 있고, 이를 둘러싸고 있는 기저막을 성상세포의 말단각이 감싸고 있어서 지용성이 높지 않은 물질(단백질이나 페니실린 등)은 통과하지 못한다. 예를 들어 지용성이 높지 않은 도파민은 통과하지 못하지만 지용성인 엘도파는 혈관뇌장벽을 통과하여 도파민 합성에 이용된다.

것이다. 뇌에 필요한 영양소나 산소는 혈액을 통하여 뇌로 수송되지만 뇌의 혈관은 뉴런과 직접 접촉하는 일은 매우 드물다. 그래서 성상교세포가 혈액으로 운반되어 온 물질을 혈관벽을 통하여 흡수하여 신경세포로 전달해주는 것이다. 그리고 신경세포의 활동으로 생긴 노폐물을 받아서 혈액으로 되돌려 보내는 역할을 한다. 또 뇌의 활동에 필요하지 않거나 해로운 물질은 통과하지 못하도록 하는 역할도 한다. 이를 혈액뇌관문이라고 한다(그림 2-14).

신경세포가 활동하려면 신경세포막을 통하여 나트륨, 칼륨 이온이 드나들어야 한다. 그 결과 세포 안팎의 이온 농도가 변한다. 성상교세포는 이 이온 농도를 조정하는 역할도 한다. 그래서 신경세포 외부의 환경을 조절하는 것이다. 학습이나 기억에도 직접 또는 간접적으로 관계한다고 하나 아직 확실하게 확인된 바는 없다.

핍돌기교세포는 유수섬유 축삭을 둘러싸고 있는 수초를 만든다. 축삭은 신경세포체에서 돋아나온 돌기로 우리 몸에서 가장 긴 것은 1미터에 달하는 것도 있다(척수에서 시작하여 다리 근육에 이르는 것). 그 축삭은 세포막(원형질막)으로 된 원통 모양을 하고 있으며, 이 축삭의 겉을 핍돌기세포의 돌기가 둘둘 말아

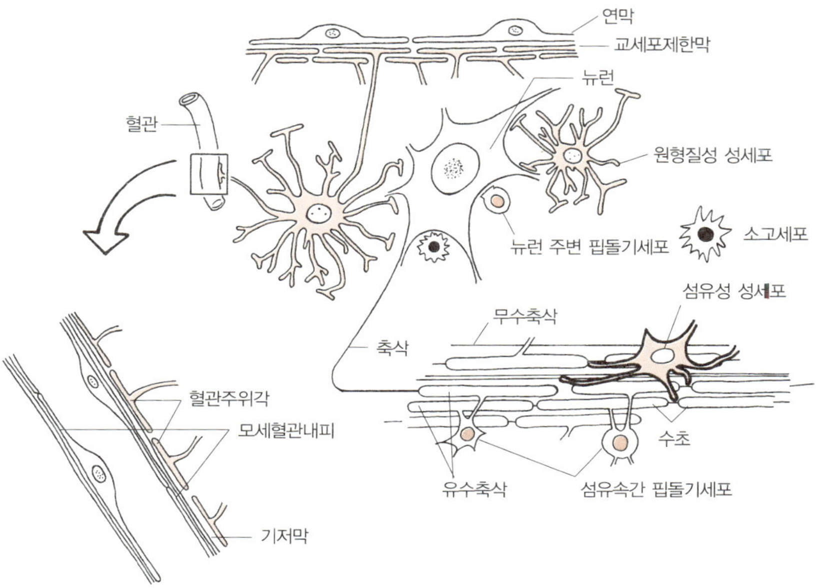

그림 2-15 교세포. 뇌에는 세 가지 교세포가 있다. 핍돌기교세포는 축삭을 둘러싸 수초를 만든다. 수초로 둘러싸인 축삭을 유수섬유라 하고, 수초가 없는 축삭을 무수섬유라 한다. 성상세포는 혈관주위 기저막을 감싸 혈관뇌장벽을 이룬다. 그리고 뇌막의 하나인 연막도 성상세포각이 감싸고 있으며 신경세포에도 다리를 뻗어 신경세포와 물질을 교환한다. 소교세포는 뇌에서 생성되는 물질들의 청소 역할을 하는 것으로 생각한다.

둘러싸고 있다. 이를 수초라고 한다. 수초의 길이는 약 1밀리미터 정도로써 수초와 수초 사이에는 신경세포의 원형질막이 노출되어 있다. 이 원형질막이 노출된 부분을 랑비에 결절이라고 한다. 이와 같은 수초가 있는 축삭을 유수섬유라 하고, 수초가 없는 축삭을 무수섬유라 한다. 이 두 가지 섬유의 큰 차이점은 신호 전달 속도이다. 일반적으로 축삭의 신호 전달 속도는 축삭의 굵기에 비례한다. 무수섬유의 경우 지름의 제곱근에 비례한다고 한다. 그리고 유수섬유의 경우 지름의 6배에 비례한다고 알려졌다. 예를 들어 굵기가 같은 섬유라면 유수섬유의 전달 속도가 무수섬유에 비해 6배 빠른 셈이 된다.

유수섬유의 전도 속도가 빠른 이유를 간단히 설명해 보도록 하겠다. 무수섬유에서 발생한 신호(활동전압)는 바로 이웃한 세포막에서 다음 이웃한 세포막으로 이어달리기를 한다. 마치 도미노 놀이와 같은 것이다. 그러나 유수섬유의 경우에는 세포막(원형질막)에 발생한 신호는 수초를 건너뛰어 다음 랑비에 결절의 원형질막으로 전달된다. 그래서 유수섬유의 전달 속도가 빨라지는 것이다. 이 같은 전달 방식을 도약전도라 한다.

유수섬유는 감각정보를 빠르게 중추로 보내는 감각신경 경로나 운동 지령을 빠르게 전달할 필요가 있는 경로에 주로 있다. 무수섬유는 비교적 느리게 정보를 처리하는 통각 경로나 자율신경계에 있다. 그리고 유수섬유는 고등동물에 많고, 곤충이나 연체동물에는 없다. 그리고 고등동물의 중추신경계에서도 태어났을 때는 수초 형성이 완전하지 않으며 전두연합야의 수초 형성은 20세 정도에 이르러서 완성된다고 한다. 이처럼 수초는 신경회로망의 특급회로를 만드는 것으로 뇌의 진화와 밀접한 관련이 있는 것이다.

마지막으로 소교세포는 성상교세포나 핍돌기교세포와는 전혀 다른 역할을 한다. 몸에 세균이 침입하면 백혈구가 침입 부위에 모여들어 식균작용으로 병원균으로부터 우리 몸을 방어하는 것으로 알려져 있다. 신경세포에 이상이 생기면 소교세포가 모여들어 그 부위를 청소한다. 이처럼 교세포는 영양분을 운반하거나 청소를 담당하여 신경세포의 활동을 여러 가지로 돕는다(그림 2-15).

제3부
뇌와 마음

훌륭한 망각이 훌륭한 기억보다 훨씬 낫다. 그 이유는 사람들이 기억을 잘 하지 못해서가 아니라 잘 잊지 못해서 정신질환을 앓는 경우가 더 많기 때문이다. -《뇌의 마음》 월터 프리먼

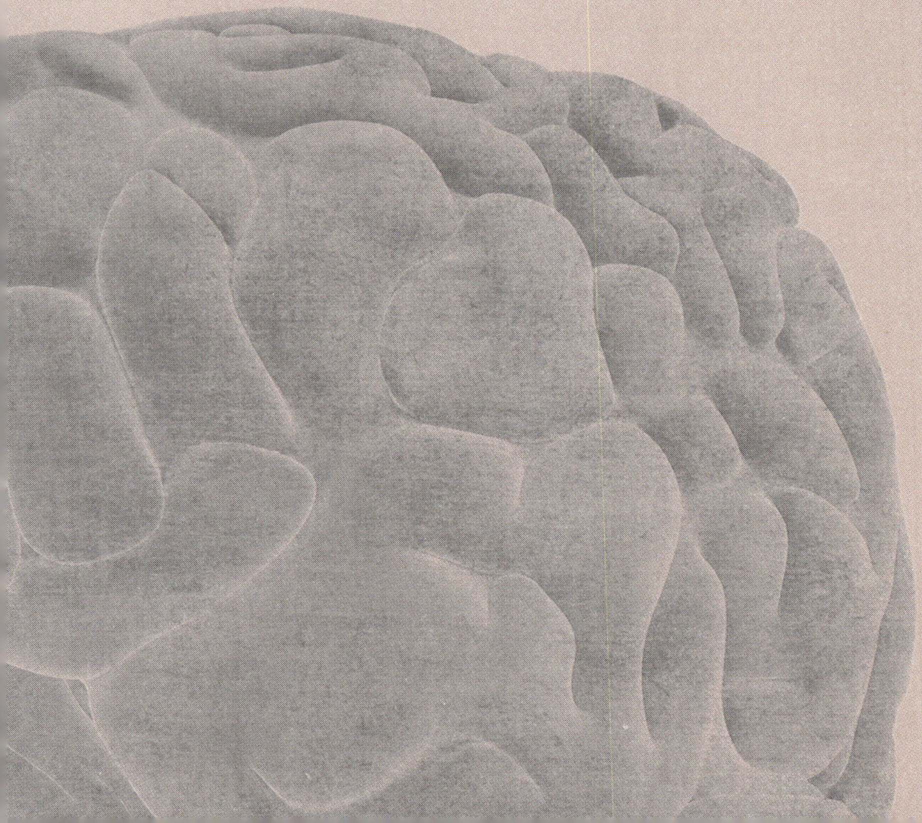

뇌란? 마음이란?

마음이란 뇌 안에 있는 것인가? 아니다. 한마디로 마음은 뇌 안에 있는 것이 아니라 뇌가 가진 특별한 활동 중의 하나이다.

뇌(腦, brain)

그러면 뇌란 무엇인가? 뇌는 심장이나 간과 마찬가지로 신체기관의 하나이다. 뇌는 머리뼈 안에 들어 있으며, 심장이나 간 같이 다른 모든 신체기관이 각각의 세포로 이루어진 것처럼 뇌도 많은 세포가 모여서 만들어진 것이다. 우리 몸에는 약 50조 개의 세포가 있는데 뇌의 활동에서 주역을 담당하는 세포는 신경세포 또는 뉴런(neuron)이라고 하는 세포로서 약 1000억 개가 있다고 한다. 신경세포는 나뭇가지처럼 여러 개의 돌기를 내어 서로 결합하여 복잡한 신경회로망을 이룬다. 그리고 신경세포는 활동전압이라는 신호를 발생시켜 다른 신경세포로 전달한다.

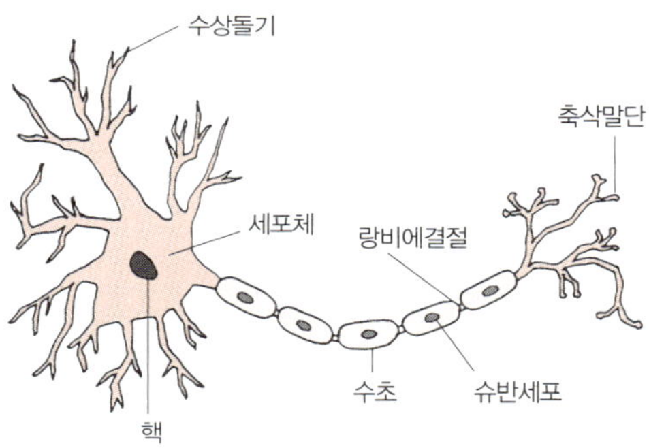

그림 3-1 뉴런(신경세포)의 구조.

심장이나 간 같은 우리 몸의 여러 기관들에 각각의 역할이 있는 것처럼 뇌에도 뇌의 역할이 있다. 그것은 우리 몸 안팎의 여러 가지 정보를 처리하여 우리가 환경에 잘 적응하여 행동할 수 있게 하고 신체의 내부 상태를 조절하는 것이다. 화가 오토 피네(1928~)[1]는 다음과 같이 말하였다. "마음은 몸이고, 몸은 마음속에 존재하는 것이므로 이 둘을 별개로 취급해서는 안 된다. 마음을 담기 위해서는 몸을 사용하고 몸을 고양하기 위해서 마음을 사용하는 사람은 시간을 초월해서 살아가게 된다. 그러면 일종의 천상적 현실을 갖게 되며 공간을 자유롭게 활보하게 된다. 그렇게 함으로써 내면에 천국을 지니게 되는 것이다."

뇌와 마음의 연관관계

그러면 마음이란 무엇인가? 우리가 생각하거나 판단하는 일은 마음이 하는 일이다. 이를 정신활동이라고도 하는데 만일 뇌가 없어진다면 마음도 없어지므로 마음이 뇌에서 독립적으로 존재하여 뇌를 조정한다는 것은 생각할 수 없다. 따라서 마음이란 뇌 활동의 한 측면이라고 보는 것이 옳다. 다만 잠자는 동안이나 무의식 상태에서도 뇌는 활동하며, 여러 가지 정보를 처리하고 무릎반사 같은 단순한 반사운동이나 소화작용 또는 심장박동 같은 내장의 활동은 의식적으로 조절되는 것이 아니므로, 뇌의 모든 활동이 마음과 연관되는 것이라고 할 수는 없을 것이다. 그래서 현재 우리가 생각할 수 있는 가장 적절한 답은 앞서 말했듯이 마음은 뇌의 특별한 활동 중의 하나라는 것이다.

아직까지 뇌의 어느 부분의 어떤 활동으로 마음이 생겨나는지는 밝혀지지 않았다. 그러나 어렴풋이나마 추측은 하고 있다. 생각한다거나 판단하는 일

1) 오토 피네(Otto Piene): 독일의 미술가. 유리를 이용해 빛을 표현하는 옵아트계 작품과 불과 공기 등에 의한 작품, 기구 등에 관심을 가졌다. 주요 작품으로 비닐 튜브에 헬륨가스를 넣어 공중에 띄운 뒤 조명을 비춘 대형작품 《빛의 선》 등이 있다.

같은 마음의 활동은 차원이 높은 것이어서 여러 가지 정보를 연합하거나 과거의 기억으로부터 정보를 끄집어내어 조합할 필요가 있다. 정보를 연합하고 기억을 끄집어내는 일은 사람에게 특별히 발달한 능력이다. 이 일들은 대뇌신피질의 '연합야(연합령, association centre, 聯合領)'[2]라고 하는 곳에서 이루어진다고 생각한다. 실제로 양전자방출단층촬영(PET)이라는 특수한 장치로 사람의 뇌 국소 혈류량을 측정하면 소리를 내지 않고, 마음속으로 수를 센다거나 복잡한 작업을 수행할 때 '연합야'의 혈류가 안정 상태에 비해 증가한다고 한다.

한편 마음의 성립에 필요한 조건은 뇌가 깨어 있는 상태이어야 한다. 즉 뇌가 깨어 있다는 것은 특별한 활동상태이다. 예를 들면 깨어 있을 때와 잠잘 때의 뇌파는 다르다. 뇌파라는 것은 뇌의 활동을 반영하는 전기적 파동으로 뇌의 활동상태에 따라 대단히 규칙적인 파동을 나타낸다. 그래서 뇌의 '연합야'에 어떤 특별한 활동이 나타나면 마음의 활동이 나타나고 우리는 마음을 의식하게 되는 것이다.

2) 연합야: 연합령이라고도 한다. 대뇌피질 중에서 정보의 처리와 통합작용을 하고 있는 영역이다.

마음과 이온통로는 어떤 관계일까?

지금까지 뇌는 신경세포로 이루어져 있고, 신경은 세포라는 사실을 강조해 왔다. 일반적으로 세포에서는 이온농도차로 인해 여러 가지 현상이 나타나는데 이런 일반적인 세포들의 기능에 대해 설명하다 보면 자연스레 신경세포에서 일어나는 현상도 쉽게 이해할 수 있을 것이다.

이온통로의 기능과 역할

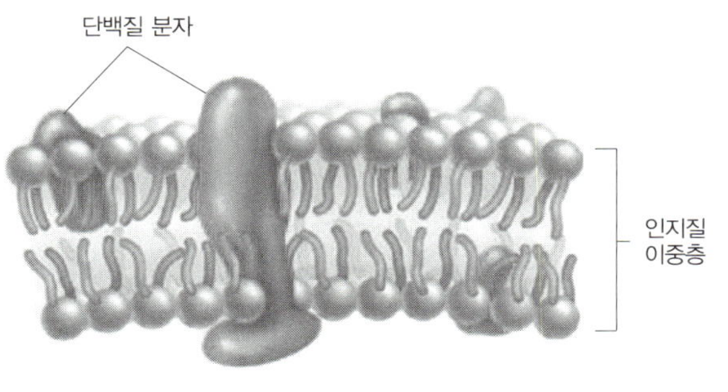

그림 3-2 이중지질막 구조

단세포이건 다세포로 이루어진 장기의 세포이건 모든 세포는 세포 안팎의 이온농도가 다르다. 예를 들어 나트륨 이온은 세포 밖의 농도가 높고, 세포 안이 낮다. 반대로 칼륨 이온은 세포 안이 높고, 세포 밖이 낮다. 이 같은 이온농도구배는 이온을 능동적으로 수송하는 세포막에 있는 이온 특이적인 이온펌프에 의하여 유지되는 것이다. 각각의 이온은 이온 특이적인 이온통로를 통하여 세포 안팎으로 이동한다. 이 같은 이온통로를 이용한 이온의 세포막을 통한 이동은 세포의 흥분성,

대사, 삼투압, 세포용적, 세포형태, 세포운동, 세포융합 등 많은 세포의 생리학적 기능을 조절한다.

원핵세포와 진핵세포 각각의 이온통로는 그 특성이 여러 면에서 같다. 이온 특이적, 즉 이온 선택적이고, 세포막을 관통하는 단백질 구조물로서 물로 채워진 통로를 이루고 있다. 세포막은 이중지질막으로 되어 있다. 즉 두 겹의 지방질층으로 이루어졌다. 이 세포막에 있는 이온통로는 크게 두 가지로 구분할 수 있는데, 전압구동성통로와 리간드구동성통로라고 하는 것이다. 리간드구동성통로는 후생동물(단세포성인 원생동물과 대비되는 말로써 다세포체제로 이루어진 동물을 총칭함)에 있어 세포 사이의 신호전달에 결정적 역할을 한다. 예를 들면 포유동물의 신경계에 신호전달물질 같은 리간드에 의한 신경세포 사이의 신호전달 과정에 관계되는 중요한 통로이다. 이들 이온통로에는 신호전달물질이나 약물 또는 호르몬 같은 리간드들이 결합할 수 있는 부위가 있는데 이를 수용체라고 한다. 그리고 진핵세포들의 리간드구동성통로는 고도의 구조 유사성이 있다. 세포 밖에 있는 수용체에 리간드가 결합하면 이온통로의 구조가 변하여 통로가 열리게 되는 것이다.

아미노산과 DNA에 근거한 분자진화분석에 따르면, 리간드구동성통로는 25억 년 전에 존재했던 공통의 조상으로부터 물려받은 것이라고 한다. 초기에 생존했던 생명체의 세포막에 존재한 옛 리간드구동성통로 수용체는 영양소 탐색과 삼투압 조절 기능을 했을 것으로 생각한다. 생명체의 복잡성이 증가함에 따라 이들 리간드구동성통로는 그 기능이 변하여 주로 세포 내 정보전달 기능을 담당하게 되었다.

세포막의 구조 및 기능

원핵세포에서 이중지질막은 세포의 안과 밖을 물리적으로 구분하는 장벽의 역할뿐만 아니라 삼투압 항상성과 세포 내외의 물질 이동을 조절하여 세포를 보호하는 역할을 한다. 원핵세포의 세포막에는 다양한 음이온 및 양이온 통로가 있어 삼투압 조절, 용적 조절 그리고 기계적 감각기의 기능을 한다. 이중지질막의 변형으로 이온통로가 열리고 닫히는 기전은 생명체 진화상에서 가장 오래된 기전으로써 약 40억 년 전 지구의 생성기에 존재했던 박테리아에 이미 있었던 것으로 생각한다. 일부 박테리아 세포막에는 후생동물 세포에 있는 것과 비슷한 리간드구동성통로가 있으며, 이것은 화학물질 유주기능[3]을 한다.

포유동물의 이중지질막은 복잡한 구조로 되어 있다. 최소 2000개의 지방질 분자로 구성되어 있다. 이 이중지질막의 핵심은 스테롤이라는 지방질이다. 스테롤은 이중지질막의 물리화학적 성질을 역동적으로 조절한다. 예를 들면 수분과 용질의 투과성을 조절하고, 또 세포 용적을 조절하며 세포막에 있는 단백질의 기능을 조절한다. 스테롤이 부족하면 병적이 되고 심하면 진핵세포에 치명적이다. 포유동물에서는 약 100가지 단백질이 콜레스테롤의 수송과 대사에 관여한다는 사실이 스테롤의 중요성을 잘 대변하는 것이다.

스테롤과 같은 분자는 진화 초기에 발생하였다. 원시세균의 단순한 세포막에는 스테롤 같은 분자가 포함되어있지 않았으나 진핵세균의 세포막에는 스테롤 같은 분자가 있어서 효과적으로 수분이나 나트륨 같은 전해질이 새어나

3) 유주기능: 박테리아 같은 단세포생물은 영양분 같은 화학물질을 향하여 이동한다. 이를 유주기능이라고 한다.

가지 못하도록 한다. 진핵세포막의 스테롤은 약 25억 년 전 스테롤을 합성하는데 필요한 공기 중의 산소가 증가하면서 나타나게 되었다. 스테로이드 분자는 산화나 수산화에 의하여 다양한 분자가 만들어지고, 이들은 유전자 조절, 성장, 생식, 신호전달, 스트레스 적응 그리고 진화 등 다양한 세포 기능을 담당하게 된다. 동물의 스테롤은 세포막을 안정하게 하고 호르몬 역할을 하며, 세포 안에서 그리고 세포들 사이의 신호전달에 관여하고, 세포의 대사와 분열 조절에 관여한다.

세포막에서 스테롤의 역할은 리간드구동성통로인 염소 이온과 관련된 $GABA_A$ 수용체에 관한 연구로 잘 알려졌다. 요컨대 스테롤의 구조에 따라 $GABA_A$ 수용체에 연관된 염소 이온통로가 열리기도 하고 닫히기도 한다. 척추동물에서 $GABA_A$ 수용체를 조절하는 여러 가지 스테로이드는 부신, 성선, 태반, 피부, 간 그리고 중추신경계에서 합성된다. 뇌에서 합성되는 스테로이드는 신경활성이 있어 이를 신경스테로이드라고 한다.

진핵세포는 진화 과정에서 원핵세포들의 공생발생으로 생겨났다고 생각한다. 느슨하게 연결되었던 원핵세포들이 융합하여 진핵세포에서 볼 수 있는 세포핵과 세포 내 구조물들이 생겨났을 것이라고 생각하는 것이다. 그래서 세포융합이 복잡한 생명체를 만드는 근간이라고 생각하는 것이다. 물로 이루어진 환경에서 인지질의 작은 주머니가 융합하려면 이온통로가 필요하다. 이 이온통로를 통하여 인지질의 작은 주머니 속으로 이온이 들어와서 주머니가 팽창하면 주머니들의 융합이 촉진된다. 앞서 말했듯이 스테롤이나 스테롤과 비슷한 분자들은 세포막에서 이온통로를 조절하므로 진핵세포가 생겨날 때 이들 스테롤이나 그 비슷한 분자들이 관여했을 것이라 생각할 수 있는 것이다.

난자와 정자의 수정 과정은 생명체 발생 초기에 일어났던 세포융합을 잘 대변하는 것이다. GABA와 $GABA_A$ 수용체는 난소, 나팔관, 자궁 등 여성 생

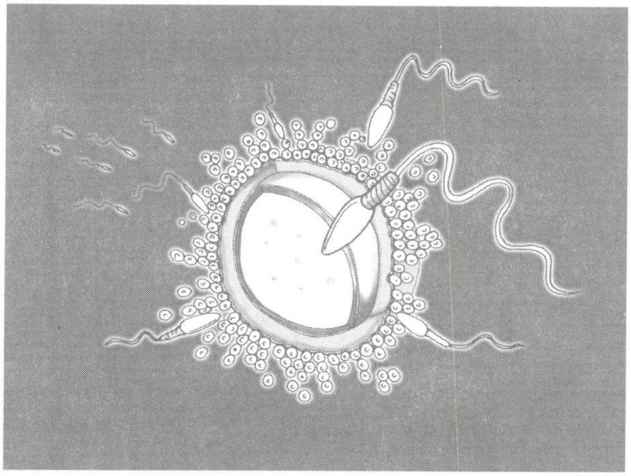

그림 3-3 수정이 일어나기 위해서는 난자와 정자가 결합하여야 한다.

식기에 많이 존재한다. 그리고 GABA와 $GABA_A$ 수용체는 정자에도 존재하며, GABA가 증가하면 정자의 운동성이 증가하고, 수정의 중요한 단계인 융합결합이라는 단계가 증가한다고 한다. 그리고 나팔관의 GABA 농도가 변하면 정자의 이동에 영향을 받는다. 이 과정은 $GABA_A$ 수용체와 연관된 염소 이온통로에 의하여 조절된다.

GABA(Gamma Amino Butyric Acid)

신경계의 $GABA_A$ 수용체와 염소 이온통로에 관하여는 대단히 광범하게 연구되었다. GABA는 척추동물의 뇌에 널리 분포하는 신경전달물질이며 $GABA_A$ 수용체 또한 뇌의 거의 모든 신경세포에 존재한다. 따라서 이들 수용체의 스테롤에 의한 조절은 척추동물 신경기능에 무엇보다 중요하다는 것은 두말할 필요가 없다. 월경주기의 황체기 그리고 임신했을 때 GABA 효능을 나타내는 스테로이드(예; 테트라하이드로프로게스테론, THP)의 합성이 현저하게 증가하며, 남성이나 여성 모두 스트레스 상태에 있을 때도 증가한다고 한다. 이들 스테로이드는 신경보호능과 경련억제능도 있다.

GABA 효능이 있는 스테로이드는 수면주기의 조절 및 기분에도 영향을 미친다. 이들 스테로이드는 우울증을 악화시킬 수 있고, 월경 또는 출산 후 스테로이드의 감소는 불안증을 유발하거나 기분에 변화를 일으킬 수 있다. 그리고 뇌손상이나 저산소증에 대한 신경 보호효과와 신경세포 생존효과가 있다. 이들 스테로이드의 뇌에서의 합성이 뇌손상이나 뇌허혈이 있을 때 급격하게 증가한다는 사실은 이들 스테로이드를 이용하는 신경보호 장치가 마련되어 있다는 것을 뜻하는 것이다.

한편 신경흥분성스테로이드(예; 황화프레그노론, PS)는 중추신경흥분작용과 활기를 띠게 하는 효과가 있으며, 상황에 따라서는 우울증 억제작용도 있다고 한다. 그리고 실험동물에서는 학습과 기억의 개선 효과도 알려졌다. 데하이드로에피안드로스테론(DHEA)이라는 스테로이드는 $GABA_A$ 수용체에 길항적으로 작용하여 염소 이온통로를 닫히게 하는 것으로 알려졌는데 특히 신경생리학적 및 신경정신과학적으로 주목을 받고 있다. 분명한 효과가 아직 증명되지 않았는데도 전 세계 수백만의 사람들이 노화방지약으로 사용하고 있기 때문이다.

요컨대 세포막 이온통로의 내인성 또는 외인성 스테로이드에 의한 조절 기전은 생명의 태동기에 발생하여 기본적 세포 기능에 영향을 미쳤을 것으로 생각된다. 그래서 단세포뿐만 아니라 다세포 생명체에 세포의 모양, 용적, 항상성과 생존 게다가 영양공급, 세포융합, 세포분열, 생식, 세포의 운동, 방어, 세포 사이의 정보교환에까지 영향을 미치게 되었다. 여러 생명체의 기본적 기능으로부터 마음과 같은 복잡한 기능에 이르는 다양한 작용은 진화의 경이로운 결과이며, 생명을 정의하는 기초가 되는 것이다. 그 하나의 예가 $GABA_A$와 스테로이드 상호작용이다.

마음을 구성하는 요소가 있는가?

오랜 역사를 통하여 마음을 삼부작으로 이루어졌다고 보아왔다. 즉 인식, 감정, 동기 세 가지 구성요소의 혼합으로 본 것이다. 일부 사람들은 삼부작은 한 가지 정신활동의 서로 다른 측면의 표현으로 보았고, 또 다른 사람들은 세 가지 독특한 별개 능력의 표상으로 보았다. 심리학에서는 정신 삼부작을 추상론으로 취급하였다. 여기에서 마음을 다루게 되는 인식혁명이 일어난 것은 훨씬 뒤의 일이다. 무엇이든 어떻게 주의하고 기억하고 추리하는가를 분명히 이해하는 것이 중요할 뿐만 아니라 왜 주의하고 기억하고 추리하는지를 이해하는 것이 마음을 이해하는 데 중요하다. 사고는 감정과 동기를 무시하면 완전하게 이해될 수 없다. 이제 자아의 신경생물학적 개념을 살펴보려고 한다. 우선 생각이라는 것을 살펴보기로 하겠다.

생각

생각, 심상, 감각, 느낌. 이들 각각은 심리학자들이 마음의 내용이라고 하는 것의 예이다. 마음 안에 있는 요소라고 보는 것이다. 마음의 내용은 19세기 후반에 출현한 실험심리학의 연구 대상이었다. 존 왓슨과 그를 추종하는 행동주의자들은 마음의 주관적 상태를 객관적으로 측정이 가능한 사건(자극과 반응)으로 취급하였다. 인식의 혁명이 일어나면서 심리학의 부흥으로 마음을 다시 연구대상으로 만들었다. 사고의 결과인 의식적 내용이 아닌 사고과정 자체는 대체로 인지과학의 주관적 대상이다.

"마음이 생각하게 하려면 정신상태의 조각들을 버무려야 한다." 인지과학의 한 분야로 알려진 인공지능 개척자의 한 사람인 마빈 민스키의 이 단순한 언급은 문제의 정곡을 찌른 말이다. 민스키의 말을 방 안의 낯익은 가구를 재배치하는 경우로 생각해 보기로 하자.

가구를 배치하기에 적절한 장소를 찾느라 이 장소 저 장소로 주의를 옮겨간다. 서로 다른 생각과 심상이 집중된다. 가구 배치 이외에 다른 생각은 차단된다. 들어설 곳이 없다. 다양한 배치를 비교하고 대조한다. 한순간에는 구석에 온정신을 집중하기도 하고 다음에는 방 전체에 집중하기도 한다. 어떻게 마음은 이 같은 버무리기를 할까? 어떻게 마음은 상상 속의 변화를 따라갈까? 해답은 마음이 작업기억이라고 부르는 것을 이용한다는 것이다.

전화번호부에서 찾아낸 전화번호를 잠시 방심하는 사이에 잊어버린 일은 누구에게나 있었을 것이다. 그 이유는 한 번에 한 가지 과업만 수행하는 정신의 작업실인 작업기억에 전화번호를 넣어두기 때문이다. 작업기억이 다른 과업에 착수하자마자 이전 과업의 내용은 바로 자리를 내어준다. 이런 이유로 전화번호를 반복하여 익혀두지 않으면, 그리고 주위에 경쟁하는 다른 일을 무시하도록 하지 않으면 전화번호가 마음에 남아 있지 못하게 된다.

작업기억

작업기억은 뇌의 대단히 복잡한 능력 중 하나이다. 그리고 문제해결과 사고의 모든 측면에 관여한다. 식당의 차림표를 보고 그 안의 여러 선택항목을 마음에 두고 한편으로는 웨이터가 추천하는 특식을 생각해 보고나서 웨이터가 오기 전 마음에 두었던 생각으로 되돌아갈 수 있게 한다. 대화를 유지하고,

바둑이나 장기를 두거나, 지도를 보고 낯선 목적지로 가는 길을 찾아내는 능력도 작업기억으로 설명된다. 이 같은 일상생활의 활동뿐만 아니라 작업기억은 작곡이나 복잡한 수학문제 풀기 또는 과제를 완성하기 위하여 정보를 마음에 담아두어야 하는 여러 가지 특수한 상황에도 관여한다.

작업기억에 대한 우리의 이해는 대부분 1970년대 알란 바드리의 선구적 연구에 의한 것이다. 단기기억에 관한 연구를 통하여 그는 마음이 두 종류의 인식체계로 되어 있다고 보았다. 하나는 특수한 정신적 과제를 위한 특화계통이고, 다른 하나는 모든 실제 사고과정에 이용되는 다목적계통이다.

특화계통은 두 가지 측면이 있다. 대화에 관여하는 것 같은 언어계통은 인간의 뇌에만 있다. 한편 비언어계통은 모든 동물의 뇌에 있다. 비언어적 특화계통으로는 감각계통을 예로 들 수 있다. 각각의 감각계통은 독특한 종류의 자극(시각, 소리, 냄새 등)의 처리에 관여한다. 그들이 작동할 때는 다른 언어적 및 비언어적 특화계통은 잠시 동안(몇 초) 방금 처리한 것을 보유할 수 있다. 이 능력은 지각을 도와서 이 계통이 방금 보고 들은 것을 비교하고 좀 전에 보고 들었던 것과 비교하게 한다. 예를 들어 영어문장을 해석할 때 동사가 나타날 때까지 각 문장의 주어를 마음에 두는 것이다. 때로는 대명사의 지시대상을 알아내기 위하여 앞선 문장의 기억을 더듬어야 한다.

다목적계통은 작업장과 실행능력이라고 하는 일련의 정신 작동으로 구성된다. 실행능력은 작업장에 담겨 있는 정보를 실행하는 것이다. 어느 한 시점에서는 제한된 양의 정보만 보유될 수 있으나 작업장은 서로 다른 특화계통으로부터 서로 다른 형태의 정보를 보유하고 상호 연관시킬 수 있다. 보고, 듣고, 냄새 맡는 방식으로 공간에서의 위치와 그것의 이름을 연합할 수 있다. 이 같은 정보의 통합 능력은 대상과 사건의 표상을 추상할 수 있게 한다. 이는 특히 인간에게서 잘 발달되어 있고, 인간의 인식에 기여한다.

작업기억 안에 있는 정보는 최근에 생각하고 주의했던 것이다. 작업기억은 일시적인 것이기 때문에 그 내용은 지속적으로 개정될 수 있다. 그러나 작업기억은 순수하게 여기와 지금의 산물은 아니다. 작업기억은 또한 과거에 알고 있었던 것과 경험했던 것에 의존적이다. 다시 말해 장기기억에 의존한다.

장기기억과 단기기억

장기기억의 중요성을 간과해서는 안 된다. 한 예로 1930년대에 프레데릭 바르트레트 경은 사람들에게 외국의 민담을 들려주고 난 후에 그들에게 그 이야기를 다시 해보라고 하였다. 이 낯선 이야기를 정확하게 기억하고 있는 사람이 없다는 것은 놀라운 일이 아니었다. 그러나 놀랄 일은 회상의 오류는 무작위적인 것이 아니라 상당히 체계적이었다는 사실이다. 실험대상자들은 때로는 자기 마음대로 이야기를 다시 꾸몄는데, 특히 그들에게 특별히 생소하였던 부분을 더 자신에서 낯익은 이야기와 닮은 것으로 다시 꾸몄다. 이 관찰결과를 설명하기 위하여 바르트레트는 다음과 같이 제안했다. "기억한다는 것은 상상적 재건 또는 구축이다. 과거 경험의 전체 주요 활성부에 대한 관계를 근거로 만들어진다." 그는 우리가 문제에 직면했을 때 정신적 도식을 그리고 저장된 지식의 꾸러미를 조직화한다고 결론지었다.

예를 들어 야구경기를 어떻게 하는지 질문 받으면, 야구경기의 전체적인 도식을 머릿속으로 그릴 것이다. 야구경기의 관람자로서 또는 경기를 해보았던 선수로서 특정한 직접 경험으로부터 얻은 것과 함께 야구에 대하여 들었거나 책에서 읽었던 야구의 종합적인 지식으로 도식을 완성해 갈 것이다. 바르트레트의 관찰 결과는 장기기억이 작업기억의 일시적 작업장에 떠올려졌을 때 작업기억이 어떻게 우리의 생각과 행동을 안내할 수 있는지도 강조하였다.

작업기억의 개념은 단기기억이라고 하는 것을 포함한다. 그러나 작업장이라는 용어가 나타내듯이 작업기억이라는 것은 일시적 저장소 이상이다. 이는 정신활동에 기초한다. 생각한다는 것은 비교하기, 대조하기, 판단하기, 예측하기 등 여러 정신작용이 섞이는 것이다. 즉 작업기억의 실행기능이 하는 일은 버무리기이다.

사람들은 한 번에 단지 한두 가지 일만 적극적으로 마음에(작업기억 안에) 둘 수 있다는 것이 수세기 동안 알려져 왔다. 인지심리학 선도자의 하나인 조지 밀러는 심리학적 실험을 통하여 마음이 다루는 마법의 수는 대개 일곱 조각의 정보라는 것을 알아내었다. 어떤 사람은 여덟이나 아홉 개를 다룰 수 있으나 어떤 사람은 다섯 개만 다룰 수 있다. 평균적으로 대개 일곱 개를 일시저장소에 보유할 수 있다—전화번호가 일곱 자리 수로 되어 있는 것은 우연이 아닐 것이다. 그러나 밀러가 지적했듯이 우리는 정보를 토막 내거나 뭉뚱그려 그 능력을 확장할 수 있다. 일곱 개 글자를 기억하기 쉬운 것과 마찬가지로 일곱 개 단어나 사상을 기억하기가 쉽다. 사람의 인식이 그처럼 강력한 이유의 하나는 의심할 필요 없이 뇌에 언어를 가지고 있기 때문이다. 정보를 토막 내고 모으는 능력은 지수함수적으로 증가한다. 예를 들어 문화 전체를 하나의 단어로 나타낼 수 있다. 돌도끼, 집터, 움막 등을 보고 '석기문화' 라는 단어를 연상시킨다.

마음의 실행기능

마음을 컴퓨터와 같은 작동으로 보는 생각에서 일부 인지과학자들은 실행기능을 관리 또는 운영체제기능으로 비유하였다. 컴퓨터 운영체제는 정보처리의 흐름을 조절하는 것이다. 정보는 영구기억(ROM)으로부터 활성(실행)기억(RAM)이 있는 중앙처리장치(CPU)로 이동한다. 그리고 계획된 과제는 활성기억을 이용하여 수행하는 식이다. 마찬가지로 실행기능은 일시적 기억의 끊임없는 갱신에 관여한다. 순간적으로 어느 특화계통이 작동하게 할 것인가를 (주의를 기울여) 선택하고 특정 기억의 검색 또는 당장의 상황에 적당한 도식을 활성화하여 관계되는 정보를 장기간 저장으로부터 작업장으로 이동시킨다. 실행기능을 통하여 특화계통은 어느 작업기억이 작동하는가에 따라 특정한 특이적인 자극에 주의를 돌리거나 다른 것을 무시하게 한다. 여러 가지 종류의 정신활동이 관여하는 복합 과제에서 실행기능은 정신활동 단계의 순서를 계획하고 다른 활동의 참여를 계획하여 필요에 따라 활동들 사이의 초점을 바꾼다. 실행기능은 의사결정에 결정적으로 관여한다. 현재 어떤 일이 일어나고 있고, 그 같은 상황에 관하여 알고 있는 것은 무엇이며, 이 특정한 상황에서 다르게 행동하면 어떤 일이 벌어질지 예상되는가에 따라 여러 행동 방향 중에서 선택하게 한다. 간단히 말해 실행기능은 실제적 사고와 추리를 가능하게 하는 것이다.

실행기능은 강력한 정신능력이지만 만능은 아니다. 작업장처럼 이것에도 한계가 있다. 근본적으로 한 번에 한 가지 또는 몇 가지 일만 할 수 있다. 이것이 전화번호를 누르는 동안 주의가 흐트러지면 전화번호를 잊어버리는 이유이다. 어렵기는 하지만 실천과 훈련에 의하여 동시에 두 가지 정신 과제에 주의를 나눌 수는 있다. 이런 의미에서 실행기능은 컴퓨터에 비유했을 때 구식

DOS 운영체제에 더 가깝다. 구식 DOS 운영체제는 한 번에 한 가지 프로그램만 구동할 수 있으나, 윈도우 운영체제는 문서작성, 표 계산, 이메일, 달력 등의 프로그램을 한꺼번에 돌릴 수 있다.

그러나 실행기능에서는 일종의 토막 내기도 일어난다. 앞서 살펴본 바와 같이 실행기능은 복잡한 과제에서 단계들의 순서도 만들기에 관여한다. 여기서 실행기능은 한 번에 한 가지 이상의 일을 한다. 그러나 모든 일은 전체적인 목표에 관계되는 것이다. 실행기능이 관계되지 않는 여러 목표에 대한 일을 하려 한다면 체계가 무너지기 시작한다. 특히 목표가 서로 간에 모순될 때이다. 사람들을 괴롭히기 쉬운 방법은 한 번에 너무 많은 일을 하게 하는 것이다. 계획, 의사결정 그리고 정신생활의 다른 측면들은 실행능력에 과중한 짐이 주어지면 고장이 난다.

뇌에는 특수한 감정계통이 있는가?

신피질

19세기 후반 신피질의 지역들이 감각의 지각과 운동 조절에 관여한다는 것이 밝혀지자 당시의 선도적 신경과학자였던 윌리엄 제임스는 감정 또한 이들 특정 기능의 측면에서 설명할 수 있지 않을까, 아니면 감각계통이나 운동계통이 아닌 별개의 활동일까라 하는 의문을 제기하였다. 그는 감정의 변화를 초래하는 자극은 감각피질에 의하여 지각되고, 이는 운동피질을 활성화하여 적절한 신체적 반응을 생성한다고 주장하였다. 다시 말해 감정적 느낌은 신체적 반응을 수반하는 감각을 감각피질에서 감지할 때 초래되는 것이라 생각하였다.

곧이어 신피질의 완전한 제거는 감각자극에 의하여 나타나는 감정적 반응의 표현을 방해하지 않는다는 것이 실험적으로 증명되었다. 이는 감각 및 운동피질이 감정의 결정적 요소가 아님을 의미하는 것이다. 이어지는 연구로 피질하 또는 구피질 지역의 특수한 뇌 영역들이 관련이 있다는 것이 알려지게 되었다. 그래서 뇌에는 특수한 감정계통이 있다고 보는 경향이 생겼다. 이 경향은 결국 20세기 중반에 전성기를 이루었고, 지금도 인기 있는 감정의 변연계 학설로 이어지는 많은 연구에 영향을 미치고 있다.

감정 연구와 신뢰성 문제

특히 최근에 정신 삼부작(인식, 감정, 동기)의 한 부분인 감정이 신경과학의 연구대상으로 인기를 얻게 되었다. 감정의 신경기전에 관한 연구로 돌아가기 전에 감정에 관한 동물실험과 사람에 대한 연구 관계를 잠시 살펴보려 한다.

감정 상태를 나타내는 주관적 경험에는 위험에 처했을 때의 두려운 느낌, 황당한 일을 당했을 때의 화나는 느낌, 또는 좋은 일이 있을 때의 즐거운 느낌 등이 있다. 느낌에 관하여는 사람만이 연구가 가능하다. 동물을 대상으로 감정을 연구하기는 훨씬 어려운데, 동물은 느낌을 언어로 표현하지 못하기 때문이다. 그러나 사람을 대상으로 동물실험과 같은 실험조작을 시행하기는 거의 불가능한 경우가 대부분이다. 예를 들어 실험방법에 사람의 뇌 여기저기에 전극을 심고 이를 자극하였을 때 나타나는 반응을 관찰하는 것 등이 포함되기 때문이다. 이 같은 실제적인 그리고 윤리적 이유 때문에 뇌 연구의 대부분은 동물로 이루어진다. 그러나 동물의 감정은 동물이 나타내는 행동으로 짐작해야만 한다. 이것은 감정에 관한 뇌 연구의 신뢰성 문제를 낳는다.

신뢰성 문제는 사람 대상의 연구에서도 문제가 될 수 있다. 사람에서 느낌의 연구에 흔히 이용하는 방법은 자가 평가이다. 흔히 자가 보고의 형식을 취한다. 도날드 헤브라는 학자는 외부의 관찰자가 흔히 감정적 느낌을 평가하는데 실험대상자 본인보다 더 정확할 수 있다는 점을 지적했다. 한 예로 질투는 흔히 객관적인 관찰자가 더 쉽게 알아내지만, 질투하는 사람 자신은 흔히 부정한다. 질투하는 사람은 오히려 자신의 상태가 분개 또는 불쾌한 상태라고 말한다.

결국 20세기 초반 심리학에 행동주의 혁명을 촉발하였다. 그리고 정신의 내용보다 정신적 처리과정에 초점을 맞추어 내관[4]에 의존하지 않고 마음을 연구하는 방법을 찾았기 때문에 인지과학의 혁명은 마음을 심리학에 되돌려주게 되었다.

감정처리

생존하고 건강을 유지하며 종족을 번식시키기 위하여 동물은 동료와 적을 구별할 수 있어야 하고, 안전하고 영양분 있는 음식을 식별할 수 있어야 하며, 배우자를 선택할 수 있어야 한다. 그리고 여러 다른 자극과 상황에 대해 적절

4) 내관(introspection, 內觀): 마음 또는 정신을 지배하는 법칙을 알아내기 위하여 자기가 자기의 마음을, 또는 정신의 작용을 관찰하는 과정이다.

하게 반응할 수 있어야 한다. 특정한 종류의 자극이 발생했을 때 환경의 정보를 번역하는 입력계통과 특수한 반응을 나타내게 하는 출력계통 사이에 위치하는 어떤 회로가 있어야 한다. 실제로 뇌에는 그와 같은 회로가 여러 개 있는 것으로 추측한다. 복지와 생존에 관계되는 몇 가지 종류의 활동만 보더라도 서로 다른 계통이 방어, 섭생, 성 행위에 관여할 것이기 때문이다. 감정처리도 이 같은 회로의 기능을 말하는 것이다.

감정처리에 따른 감정 반응을 신경 관계로 간단하게 설명하면 감각계통에 의하여 받아들여진 정보는 감정처리회로를 활성화하고, 이는 입력자극이 의미하는 바를 평가하여 출력회로의 촉발에 의하여 특이적 감정반응을 개시하게 하는 것이다. 방어, 섭생, 성 행위 회로도 동일한 감각계통으로부터 입력을 받는다.

감정처리에 의한 감정행동은 의식으로부터의 독립성을 보여준다. 누구라도 한 번쯤은 지금까지 살아오면서 어떤 물체로부터 펄쩍 뛰어 피하고 난 뒤에야 그것이 무엇이었는지를 알게 된 일이 있었을 것이다. 예를 들면 날아오는 공이나 달려오는 버스 같은 것이다. 그리고 뒤에 가서야 심장이 몹시 뛰는 것을 알게 되었을 것이다. 이 경우 펄쩍 뛰어 피하는 행동은 무의식적으로 나타난다.

뇌에 의식으로 떠오르지 않게(무의식적으로) 자극을 줄 수 있다. 한 가지 흔히 이용하는 방법으로 역방향 차폐라는 것이 있다. 이 방법은 감정을 유발하는 시각자극을 스크린상에 잠깐 동안(1000분의 1초) 번쩍이고, 바로 이어서 어떤 중립적 자극을 스크린상에 몇 초 동안 머물게 하는 것이다. 두 번째 자극은 첫 번째 자극이 의식적 인식으로 들어오는 것을 방지하여(작업기억으로 들어오는 것을 방지하여) 첫 번째 자극을 무효화한다. 그러나 첫 번째 자극이 감정반응을 일으키는 것은 방지하지 못한다(자극은 심장의 박동을 변화시키고 손바닥에 땀이

나게 한다). 자극은 인식에 도달하지 못하였으므로(작업기억이 차단되었으므로) 반응은 의식적 경험에 의한 것이 아니고, 자극이 의미하는 것의 무의식적 처리과정에 기초한 것이라고 생각해야 할 것이다. 자극이 의식에 도달하는데 필요한 단계들을 방해함으로써 사람의 뇌에서 의식 밖에서 처리과정이 일어나도록 만든 것이라 생각되는 것이다.

감정과 변연계

인식 혁명과 함께 전개된 변연계 개념은 오래전부터 숙제였던 감정의 뇌에 대한 강력한 개념이다. 그러나 변연계가 뇌에서 어떻게 감정을 만드는가를 설명하는 가장 우선하는 개념이나(신경과학이나 대중문화에서) 가장 적절한 것이라 할 수는 없다. 변연계 개념은 선도적 신경과학자 폴 맥레안의 창작물로서 마

반응과 반사

자극에 대한 우리 몸의 기능 변화가 뇌에서 의식적 또는 무의식적 처리과정을 거쳐 나타나는 것을 반응(反應)이라 한다. 그리고 뇌에서의 처리과정을 거치지 않고 반사회로(예를 들어 무릎반사는 척수의 반사회로에 의한 반사운동이다)에 의하여 나타나는 행동을 반사(反射)라 한다.

반사행동에는 조건반사와 무조건반사가 있다. 반사행동을 일으키는 자극에는 조건자극과 무조건자극이 있는데 조건자극에 의하여 일어나는 반사행동을 조건반사라 하며, 무조건자극에 의하여 일어나는 반사행동을 무조건반사라 한다. 파블로프의 실험을 예로 들면 개에 먹이를 보여주면 침을 흘린다. 이 때 먹이 자극은 무조건자극이다. 그런데 먹이를 보여주기 전에 종을 울리고 잠시 후 먹이를 보여주는 행동을 반복하면 나중에 종소리만 듣고도 침을 흘린다. 이 종소리 자극을 조건자극이라 한다.

음과 행동을 진화적으로 설명하기 위하여 제안하였다. 20세기 초반 비교해부학자들의 생각에 따른 것이다. 즉 신피질은 포유동물만이 가지는 특성이라는 것이다. 다른 척추동물은 원시 피질을 가지며 포유동물만 신피질을 갖는다. 또한 사고, 추리, 기억 그리고 문제해결 능력은 포유동물에서 특별히 발달되었고, 신피질 조직이 더 발달한 사람과 영장류에서 그들 능력이 더 발달하였기 때문에 이들 인지적 처리과정은 신피질에 의하여 중개되는 것이고, 구피질이나 뇌의 다른 영역에 의하여 중개되는 것은 아니라고 믿었다. 이에 반해 구피질과 이에 관련된 피질하 지역들이 변연계를 이루는데 이것은 정신활동이나 행동 그리고 감정에 있어 진화적으로 오래된 측면을 중개한다고 생각한다. 즉 인식은 신피질이 하는 일이고, 감정은 변연계의 일이라고 생각하게 되었다.

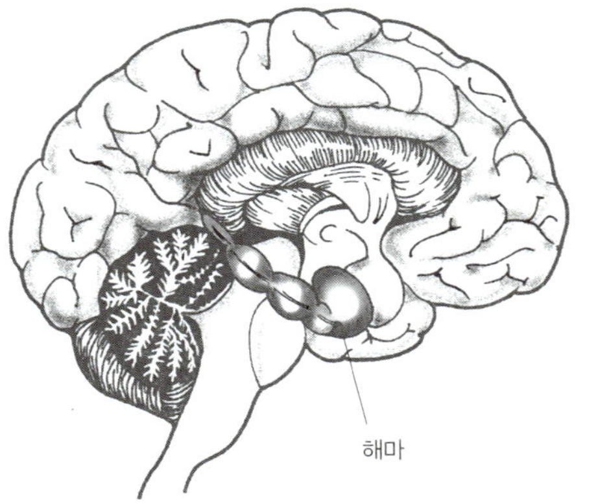

그림 3-4 해마

1950년대 중반 변연계 학설은 제안되면서부터 문제에 봉착하게 되었다. 구피질 영역의 하나이며 변연계의 중심부라 할 수 있는 해마라는 부위가 손상되면 특별히 인식기능과 장기기억의 결함을 초래한다는 사실이 알려졌다. 이 관찰 결과는 변연계가 원시구조라는 원래의 생각에 들어맞지 않는 것이다. 그래서 감정을 구피질(변연계)에 할당하고, 인식을 신피질에 할당하는 진화적 근거는 도전받게 되었다.

이 같은 어려움에도 불구하고 해부학적 개념으로, 감정의 설명으로 교과서나 학술논문 그리고 과학 강의에 변연계는 아직도 건재하다. 그러나 변연계가 어떻게 감정을 중개하는지에 관한 대부분의 논의에서 감정이라는 용어의 정의가 제대로 확립되지 못하였다. 더욱이 변연계에 포함되는 뇌 영역들의 해부학적 척도도 정확하게 정의되지 못한 상태이다. 어떻게 정의되었건, 어떤 변연계 영역이 어떤 감정의 어떤 측면에 기여하건, 전체 개념을 정당화하기 위하여 사용하고 있다. 예를 들면 편도핵이라는 것이 변연계의 한 영역에 포함된다고 하여 많은 다른 변연계 영역들은 공포나 다른 감정에 있어 특별한 역할을 하지 않는다는 사실에도 불구하고 편도핵이 공포에 관여한다는 것을 증명한 연구들을 변연계 학설이 옳았다는 증거로 들고 있는 것이다.

변연계 학설이 감정의 특수한 뇌 회로를 설명하기에는 적합하지 않으나, 맥레안의 초기 생각은 뇌와 감정에 대한 일반적인 진화적 설명으로 상당히 흥미 있고 통찰력 있는 것이라 할 수 있다. 특히 감정이 포유동물의 진화를 통하여 보존된 비교적 원시적인 회로가 관여한다는 생각은 맥락을 제대로 삼았다고 볼 수 있다. 더욱이 인식 처리과정은 다른 회로가 관여하고 최소한 특정 상황에서는 감정회로와는 상대적으로 독립적인 기능일 것이라는 주장도 옳다고 생각된다.

변연계 학설은 부분적으로는 모든 감정을 동시에 설명하려고 시도하였기 때문에 실패하였고 그렇게 함으로써 어느 하나의 감정도 제대로 설명하지 못하였다. 1970년대 후반 신경과학자 조셉 르도는 감정 연구에서 하나의 감정, 즉 공포에 초점을 맞추어 연구하였다. 우리가 가장 잘 알고 있는 감정이기 때문이다. 서로 다른 뇌 회로가 서로 다른 감정 기능에 관여할 것이나 감각, 인식, 운동 그리고 기타 계통에 대한 특이적 감정처리회로의 관계는 모든 종류의 감정에서 비슷할 것이라 생각하였다.

공포조건화

공포의 신경기전에 관하여 밝혀진 대부분의 것은 지난 20년 동안 공포조건화 연구에 의한 것이다. 그 방법은 행동심리학에서 오랫동안 표준 도구로 사용하였다. 공포조건화 절차는 비교적 단순하다. '삐' 소리 같은 의미 없는 자극에 이어 피부에 전기충격 같은 유해자극을 주는 것이 전부이다. 이것을 이용하여 공포처리회로를 그려낼 수 있다. 입력계통('삐' 소리 같은 조건자극을 처리하는 감각계통)으로부터 출력계통(얼어붙는 행동이나 기타 반응을 조절하는 계통)까지 경로를 추적한다. 공포조건화 연구로 공포의 입력계통과 출력계통의 경계에 위치하는 뇌 지역 그리고 뇌가 위험을 어떻게 처리하는가를 이해하기 위한 핵심은 편도핵이라는 것이 밝혀졌다. 여기서 편도핵의 시냅스 구조와 기능을 좀 더 깊이 알아보기로 하겠다.

편도핵은 십여 개의 구역으로 나누어진다. 이 중 두 구역만이 공포조건화에 필요할 것으로 생각된다. 외측핵이라는 구역과 중심핵이라는 구역이다. 외부세계에 관한 정보는 시상과 대뇌피질의 감각처리지역으로부터 외측핵으로 전달된다. 그래서 편도핵이 외부세계의 위험신호를 탐지할 수 있게 하는 것이다. 외측핵이 위험을 탐지하면 이것이 중심핵을 활성화하여 행동반응의 표현을 개시하게 하고 공포 상태에 특징적인 신체생리의 변화가 개시된다(그림 3-6).

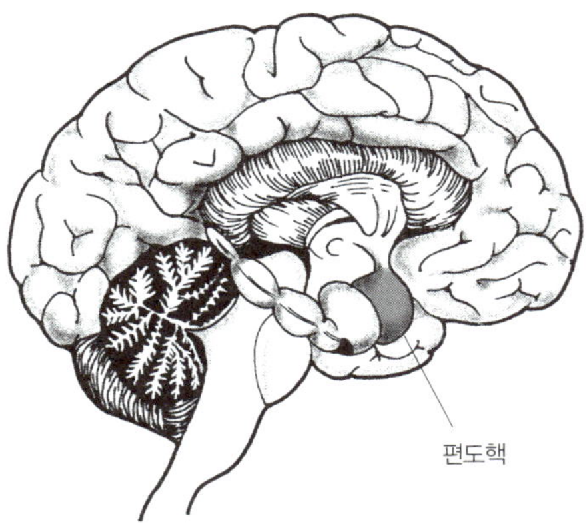

그림 3-5 편도핵

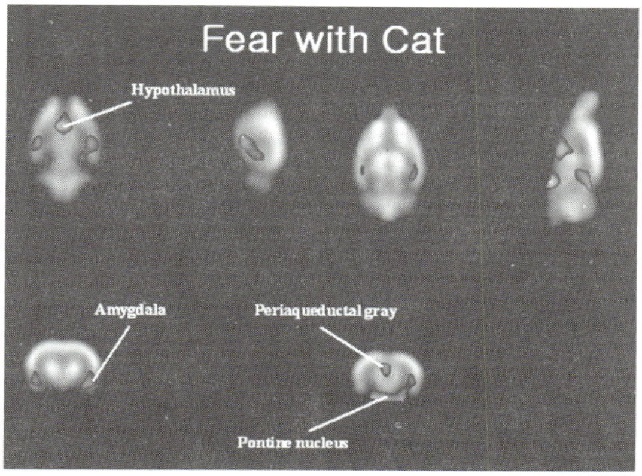

그림 3-6 흰쥐에 고양이로 공포자극을 주었을 때 뇌의 공포계통 활성. 흰쥐에 고양이로 공포자극을 주었을 때 뇌의 공포계통으로 알려진 편도핵(amygdala), 시상하부(hypothalamus) 등에 활성을 보이는 양전자방출단층촬영 사진이다.

그러면 무엇이 조건화가 일어나게 하는가? 아무 자극도 받은 일이 없는 동물에게 소리를 제시하면 이는 외측핵에 도달하여 그곳에 있는 세포를 약하게 활성화한다. 그리고 이 약한 활성은 GABA에 의하여 억제되고 후속 조치 없이 소리가 반복적으로 주어지면 세포는 급속하게 반응을 하지 않는다. 그러나 소리에 이어 충격이 주어지면 이미 존재하던 약한 반응은 도널드 헤브의 가소성 법칙에 따라 크게 증폭된다. 즉 충격이 시냅스후 세포를 활성화하는 한편 소리는 시냅스전 말단에서 글루타메이트 유리를 유발한다. 이 조건화의 결과로 소리는 편도핵에서 강한 흥분을 나타낼 수 있는 능력을 획득함으로써 조건화 전에 비해 조건화 후에 편도핵은 더 강한 자극을 만들게 된다. 그래서 외측핵에서 정상적으로는 GABA에 의하여 차단되던 자극도 쉽게 중심핵으로 이동하게 되어 감정 반응성의 수문이 열리게 된다.

이제 편도핵에서의 처리과정이 인식 처리과정에 관여하는 피질 회로에서의 처리과정과 어떤 관계가 있는지 살펴보기로 한다. 해마와 편도핵 사이의 연결에서부터 시작한다. 즉 우리가 처한 상황의 파악에 근거한 공포의 조절이다.

감정적으로 긴장된 상황에서 흔히 어떤 두드러진 자극이 있다. 그리고 중요하기는 하지만 덜 두드러진 다른 자극도 있다. 예를 들면 외국여행 중에 총

부리 앞에 강도를 당했다면 가장 두드러진 인자는 총을 겨누고 있는 사람일 것이다. 그러나 강도를 당한 장면의 내용도 의미 있는 것이다. 그 일이 있던 거리나 심지어 그 나라나 도시에만 다시 가게 되도 불편함을 느낄 것이다. 실험실에서 특정 실험장치에서 소리 충격의 조합으로 조건화된 쥐는 일정 기간 후에 그 실험장치를 접하는 것만으로도 얼어붙거나 두려워하는 반응을 보인다. 소리는 가장 두드러진 단서이다. 그러나 실험장치 안의 다른 단서에 대해서도 조건화되는 것이다. 이를 상황조건화라 한다.

상황조건화의 신경기전은 최근에 철저하게 연구되었다. 소리조건화와 마찬가지로 상황조건화도 편도핵 의존적이다. 그러나 소리조건화와 달리 상황조건화는 해마 의존적이기도 하다. 청각계통이 소리에 관한 정보를 편도핵에 제공하는 것과 마찬가지로 해마는 대뇌피질의 상황(전후관계)에 관한 정보를 편도핵에 제공한다. 편도핵의 기저핵 구역은 해마로부터 연결을 받고, 이는 상황에 대한 공포반응에 매우 중요한 것이다. 그리고 이들 해마-편도핵 회로를 통하여 상황의 특성에 따라 공포반응이 조정될 수 있는 것이다. 야생동물은 공포의 대상이다. 그러나 동물원에 있는 동물은 흥미의 대상일 뿐이다.

편도핵은 또한 내측전전두피질이라는 대뇌피질 영역과도 상호작용한다. 그래서 전전두 영역에서 조직된 인식기능이 편도핵의 공포반응을 조절할 수 있게 한다고 생각된다. 몇 년 전 전전두피질 영역의 손상은 손상의 위치에 따라 손상의 결과가 서로 다르다는 것이 발견되었다. 어떤 손상은 공포반응의 심한 과장을 초래하였다. 그 같은 손상이 있는 쥐는 공포 조건자극(충격과 짝을 이룬 소리자극)에 대해 매번 정상 대조군에 비해 더 심하게 얼어붙는 행동을 보였다. 이에 반하여 다른 손상은 그 같은 공포반응의 과장을 나타내지 않았다. 전전두피질과 편도핵은 서로 가역적으로 관계한다고 한다. 즉 편도핵이 공포반응에 대해 반응하려면 전전두 영역은 닫혀야 한다.

같은 논리로 전전두 영역이 활성을 나타내면 편도핵은 억제되어 공포를 표현하기 힘들어진다. 그래서 병적 공포는 편도핵이 전전두피질에 의하여 제어되지 않았을 때 나타날 수 있다. 감정상태에서의 의사결정 능력은 내측 및 복측전전두피질에 손상이 있는 사람에서 결함을 나타낸다고 한다. 물론 내측전전두피질에 이상이 있는 동물의 행동은 불안 장애가 있는 사람과 비슷하다. 그 동물은 조절이 어려운 공포반응을 나타낸다. 환경에 관한 객관적 정보는 위험하지 않다 하더라도 그들은 공포 회로를 적절하게 조절할 수 없으므로 안전한 상황에서도 공포와 불안을 경험하게 된다.

그래서 내측전전두피질은 인식계통과 감정계통 사이의 경계로서 작동하여 전전두피질에서의 인식정보처리가 편도핵에 의한 감정처리과정을 조절할 수 있게 한다. 또 편도핵에 의한 감정처리과정은 전전두피질의 의사결정기능과 기타 인식기능에 영향을 미칠 수 있다.

기억의 증폭

편도핵에 의한 공포 조건화는 의식적 참여를 필요로 하지 않는 학습의 암시적 형태라 할 수 있다. 그러나 깨어 있는 상태에서 정신을 바짝 차리고 경험하는 동안에 작업기억은 어떤 일이 벌어지고 있는지를 인식한다. 그리고 벌어지고 있는 일이 의미 있는 것이면 실행능은 명시적 기억계통 안에 그 상황에 관한 정보를 저장하도록 유도한다. 그래서 우리는 명시적으로 저장하였던 경험내용을 의식적으로 회상할(작업기억으로 불러낸다) 수 있는 것이다.

감정적 상황 동안에 형성된 명시적 기억은 특히 생생하고 오래 간다. 그래서 이 같은 기억을 섬광기억이라고 한다. 전형적 예로 대부분의 386세대는

'박정희 대통령 저격' 이라는 말만 듣고도 그 일이 일어난 장소가 어디이고, 무슨 일이 일어났는지를 안다는 것이다. 간단히 말해 감정은 기억을 증폭시킨다.

최근 수십 년에 걸친 연구에서 명시적 기억의 감정에 의한 증폭에 있어 편도핵의 역할을 암시했다. 감정 상태에서 중심편도핵의 출력신호는 부신에서의 호르몬 분비를 촉발하고 이는 뇌에 돌아간다. 편도핵은 이 같은 되먹임의 중요한 표적의 하나이다. 생체 호르몬(부신피질에서 분비되는 코티솔 같은 것)의 되먹임에는 편도핵 뉴런에 대한 직접작용과 간접작용이 있다. 간접작용은 신경과 상호작용하는 호르몬들(부신수질에서 분비되는 아드레날린 또는 노르아드레날린 같은 것)이 신체를 돌아다니다가 뇌에 가서 결국에는 편도핵에 도달하여 신경활성에 영향을 미치게 되는 것이다. 그래서 해마와의 연결 그리고 명시적 기억계통의 다른 지역과의 연결을 통하여 편도핵은 감정 상태에서 형성된 명시적 기억을 조정(강화)하고 고착화한다.

감정적 경험으로의 전환

인식과정은 감정 상태에 대해 강력한 영향을 미친다고 한다. 주의, 지각, 기억, 의사결정 그리고 이들 각각에 대해 의식적으로 따라오게 되는 모든 것은 감정 상태를 좌우한다. 여기서 뇌 활동의 감정적 균형이 어떻게 의식적 경험을 감정적 경험으로 전환하는지를 살펴보려고 한다.

앞서 어느 한순간에 우리가 의식하는 직접적인 의식내용은 작업기억을 구성한다고 말하였다. 이것이 옳다면 느낌(감정의 의식적 경험)은 직접적 감정상태의 여러 요소의 작업기억이 표출된 것이라 할 수 있다. 이 같은 관점에서 두렵다는 느낌은 작업기억 안에서 다음과 같은 별개의 정보를 통합하는 의식상태라 할 수 있다.

1) 직접적으로 제시된 자극(말하자면 발 밑에 있는 뱀)

2) 그 자극에 관한 장기기억(뱀에 관한 지식과 자신의 경험)

3) 편도핵에 의한 감정적 각성

앞의 두 가지는 일종의 의식적 지각 경험의 주성분이다. 직접적으로 제시된 자극을 식별하는 방법은 오직 자극의 물리적 특징(그것을 보고 듣는 방법)을 동일한 또는 비슷한 자극에 관한 기억과 비교하는 것이다. 그러나 세 번째 종류의 정보는 오직 감정 경험 과정에서만 생긴다. 다시 말해 편도핵 활성은 단순한 지각 경험을 두려운 것으로 바꾼다고 할 수 있다.

주의와 작업기억은 밀접한 관계가 있다. 그리고 편도핵의 손상은 주의의 중요한 측면을 방해한다는 것이 실험적으로 밝혀졌다. 정상적으로 사람들은 어느 한 자극에 주의하게 되면 다른 것은 무시한다. 이 선택적 주의는 당면한 과제에 생각의 초점을 맞추게 하는 것이다. 그러나 제2의 자극이 감정적으로 의미가 있으면 선택과정을 억누를 수 있고 그것을 작업기억 안에 집어넣는다. 그러나 편도핵의 손상은 이 같은 현상을 방해한다. 다시 말해 편도핵은 암시적으로 처리된(주의하지 않았던) 감정적 자극이 작업기억과 의식 안으로 들어갈 수 있도록 만든다고 생각하는 것이다.

편도핵은 뇌간과 전뇌를 통하여 간접적으로 작업기억에 영향을 미칠 수 있다. 여기에는 여러 아민세포들이 관여한다. 콜린성, 도파민성, 노르아드레날린성, 세로토닌성 계통이 포함된다. 작업기억의 조절에 있어 도파민과 노르에피네프린은 매우 중요한 역할을 한다. 그리고 노르에피네프린은 감정상태 동안의 명시적 기억의 증폭에 결정적 역할을 한다.

일단 편도핵이 경고 관련 행동과 이에 수반하는 신체의 생리 변화(싸움/도주 같은 종류의 반응)를 나타내게 되면 뇌는 신체적 반응으로부터 되먹임을 받게 된다. 되먹임은 내장장기가 보내는 감각신호(내장감각) 또는 근육이 보내는 감각신호(고유체위감각)일 수 있고, 또는 혈류를 따라 뇌에 들어가서 신경활성에 영향을 미치는 신체 장기에서 유리되는 호르몬 또는 펩티드가 될 수도 있다. 작업기억에 영향을 미치는 신체적 되먹임의 정확한 방식은 분명하지는 않으나 작업기억은 이들 정보의 한 형태 또는 다른 형태의 영향을 받게 될 것이다.

편도핵과 애착

편도핵은 공포 이외의 감정 특히 긍정적 감정에도 관여하는가? 사람에게 친숙한 감정, 즉 사랑의 신경기전에 접근을 시도한 대단히 흥미 있는 연구를 살펴보기로 하겠다. 애착(일부일처 관계 형성)은 사랑의 핵심 요소이다. 들쥐에 있어 애착의 시냅스 기전은 아마도 우리들 사람 같은 일부일처 관계를 갖는 다른 동물 종에서도 작동할 것으로 생각한다. 최근의 연구에서 일부일처 관계에서 주목할 만한 초원 들쥐의 두 가지 특성이 알려졌다.

첫 번째 특성은 들쥐의 일부일처 관계는 실험실적으로도 성립한다는 것이다. 두 번째 특성은 일부일처관계는 초원 들쥐에만 있고 산지 들쥐에는 없다는 것이다. 초원 들쥐는 가족단위로 생활하고 짝짓기 후에 침입자가 나타나면 공격한다. 산지 들쥐는 록키 산맥에서 발견되고 가족단위가 아니고 개별적으로 생활한다고 한다. 이 동물은 짝짓기 후에 배우자 우선성을 형성하지 않는다고 한다. 그래서 짝짓기 후에도 침입자를 공격하지 않는다. 그래서 이 두 종류의 들쥐의 뇌 차이는 일부일처 관계, 가족 형성 그리고 사랑 자체의 생물학에 관한 중요한 단서를 제공할 수 있을 것으로 생각한다.

중요한 발견의 하나는 생식행동에 중요한 역할을 하는 것으로 믿어지고 있는 두 가지 호르몬의 수용체가 초원 들쥐와 산지 들쥐에서 서로 다른 뇌 회로에 위치한다는 사실이다. 이들 호르몬은 바소프레신과 옥시토신이라고 하며 포유동물에서만 발견된다. 옥시토신은 분만할 때에는 자궁수축에 관여하며, 양육하는 동안에는 젖 분비에 관여한다. 그러나 뇌에서 이들 화학물질은 단지 호르몬으로서만 작용하는 것이 아니고 신경말단에서 유리되고 시냅스후 수용체에 결합하여 신경전달물질 내지는 조절물질로도 작용한다.

자연적으로 유리되는 옥시토신의 작용을 차단하는 약물을 짝짓기 직전에 초원 들쥐 암컷의 뇌에 주입하면 그 암컷은 짝짓기를 하지만 배우자에게만 의존하지 않았다. 약물은 성교에는 장애를 일으키지 않고 일부일처 관계에 장애를 일으켰다고 생각되는 것이다. 이는 짝짓기 동안에 유리된 옥시토신이 암컷의 부부관계 형성에 관여함을 뜻하는 것이다. 반대로 바소프레신의 작용을 차단하는 약물을 짝짓기 직전에 초원 들쥐 수컷의 뇌에 주입하면 수컷은 짝짓기는 하지만 배우자에 매이지는 않았다. 또 짝짓기로 유도되는 공격성도 나타나지 않았다. 그러나 같은 약물을 짝짓기 후에 투여하면 침입자에 대한 공격성이 나타났다. 수컷에서 나타나는 이 같은 양상의 결과는 약물이 애착은 차단하지만 성교 또는 공격성 반응은 차단하지 않는다는 것을 의미하는 것이다. 그래서 초원 들쥐의 암컷에서 옥시토신을 차단하거나 수컷에서 바소프레신을 차단하면 산지 들쥐와 같은 행동을 하게 되는 것이다. 그리고 옥시토신은 암컷 뇌에서만 부부관계에 영향을 미치고, 바소프레신은 수컷에서만 부부관계에 영향을 미친다. 옥시토신과 바소프레신은 사람의 뇌에도 존재하고 성행위 동안에 유리되지만 애착의 기전은 아직 증명된 바가 없다.

앞으로의 연구에 있어서 중요한 분야의 하나는 성교와 관련해 일부일처 관계 형성 동안에 옥시토신과 바소프레신이 작용하는 정확한 회로에 관한 것이다. 성 행위의 신경기전에 관한 많은 연구가 이루어졌다. 특히 들쥐 같은 설치류에서 많은 연구가 수행되었다. 편도핵 내의 구역들, 선조체 그리고 시상하부가 관여할 것으로 생각되고 있다. 이들 지역들은 밀접하게 서로 연결되어 있고, 그들의 몇몇은 옥시토신과 바소프레신의 수용체를 가지고 있으므로 성 행위뿐만 아니라 일부일처 관계에 대한 결정적 시냅스 회로를 형성할 것으로 생각하고 있으나 증명된 바는 없다.

감정에 관한 여러 가설은 아직은 불완전하다. 그러나 완전히 잘못된 것도 아니다. 대부분은 한 가지 감정에 대한 연구로 어떻게 다른 감정에 관한 가설을 만들어내는가를 보여주는 것이었다. 이를 토대로 여러 가지 감정의 뇌 기전을 우리가 할 수 있는 데까지 밝히는 것이 중요하다. 이 과제는 이제 시작에 불과하다. 그러나 장래는 밝다.

영혼이란 무엇인가?

종교에서의 영혼

로마 가톨릭 교리문답에서 "영혼이란 신체 없이 이성과 자유의지를 가진 생명체"라고 한다. 영혼의 성질에 관한 인간의 관심은 사람들에 따라 또는 종족에 따라 여러 가지 형태로 나타난다. 그 같은 관심은 우리가 문서로 기록하기 훨씬 이전으로 거슬러 올라갈 수 있다. 생각이 깊었던 사람에 의하여 마련되었을 것으로 생각되는, 광범위하게 발견되는 매장품으로 미루어 이전부터의 일임이 틀림없다. 대부분의 종교는 어떤 형태로든 영혼이 존재하고, 이는 육체가 죽은 후에도 계속 존재하고 어느 정도는 인간의 본질을 형상화한다는 생각을 가지고 있다. 어쩌면 영혼 없이는 육체가 정상적으로 기능할 수 없다고 생각할 수도 있다. 사람이 죽으면 영혼은 육체를 떠난다. 하지만 그 후에 일어나는 일, 즉 영혼이 천당이나 지옥으로 가는지 또는 연옥[5]으로 가는지, 그 대신에 당나귀나 모기로 다시 태어날 것인지는 종교에 따라 다르다. 모든 종교가 자세한 것까지 일치하는 것은 아니다. 그러나 종교에 따르는 차이에도 불구하고 적어도 한 가지 점에서는 대체적으로 일치한다. 단순한 은유적 감정이 아니라 문자로 나타낼 수 있는 영혼을 가졌다는 점이다.

동물이 영혼을 가졌는가에 대하여도 종교에 따라 견해가 다르다. 철학자들을 크게 두 가지 부류로 나눌 수 있다는 옛말이 있다. 자신의 개가 영혼을 가졌다고 믿는 사람과 이를 믿지 않는 부류이다.

아직도 오늘날의 일부 사람들은 우리가 알고 있는 과학법칙의 대상이 아닌 영혼에 대한 생각은 신화라고 믿는다. 물론 물질이나 방사선의 성질 그리고 생물학적 진화에 관한 자세한 지식이 없었더라면 그 같은 신화는 너무나 그럴듯하게 보일 것이다.

과학이 바라보는 영혼

그러면 영혼에 관한 이 기본개념에서 무엇이 문제인가? 만일 대부분의 사

5) 연옥(purgatorium, 煉獄): 가톨릭 교의의 하나로, 죽은 사람의 영혼이 정죄(淨罪)를 위하여 머무는 곳이다.

람들이 영혼을 믿는다면 이는 분명히 그 자체가 영혼에 대한 첫 번째 증거일 수 있다. 그러면 대부분의 사람들이 믿는 것은 사실이 될 수 있을까? 약 4000년 전 거의 모든 사람들은 지구가 평평하다고 믿었다. 그러나 현대과학의 눈부신 발전으로 이 같은 생각에 근본적인 변화를 일으켰다. 또한, 예전에는 지구의 나이는 1만 년도 안 된다는 믿음이 절대 허황된 것이 아니었다. 그러나 이제 우리는 지구의 실제 나이는 46억 년이라는 것을 알고 있다.

현대 신경생물학자는 인간이나 기타 동물들의 행동을 설명하는 데에 영혼의 종교적 개념을 필요로 하지 않는다. 피에르 시몽 라플라스(Pierre-Simon Laplace, 1749~1827)가 나폴레옹에게 태양계의 활동에 관하여 설명했을 때 나폴레옹이 "하느님은 도대체 어디에 있는가?"라는 질문을 하였다. 라플라스의 대답은 "각하, 그 같은 가설은 제게 필요 없습니다"였다. "영혼이 신비하다"는 생각을 대다수는 분명히 믿고 있다. 그 생각이 잘못이라는 것을 아직 증명하지 못했기 때문이 아니다. 오히려 모든 사물이 그렇듯이 그 가설을 필요로 하지 않기 때문이다.

따라서 우리의 마음, 즉 우리 뇌의 활동이 신경세포들 그리고 그것에 연관된 분자들의 상호작용으로 설명될 수 있다는 과학적 믿음을 분명히 해둘 필요가 있다. 나의 존재는 한 무리의 신경세포들의 복잡한 활동이라는 것, 그리고 그들의 상호작용은 복잡하다는 것이다.

그러면 어떻게 이 비상한 신경기구가 발생했을까? 뇌를 이해하기 위해서는 이는 자연도태에 의한 기나긴 진화과정의 최종산물이라는 것을 파악하는 것이 중요하다. 이는 기술자에 의하여 설계된 것이 아니다. 수백만 년에 걸쳐 우리들 조상으로부터 물려받은 유전자는 우리의 먼 조상의 경험에 의하여 영향받아왔다. 이들 유전자 그리고 출생 전에 이들에 의하여 이루어지는 과정은 우리 뇌의 여러 부위의 구조를 대부분 구축한다. 그래서 출생 시의 뇌는 백지

상태가 아니고, 이미 자리 잡고 있는 여러 부위를 가지고 있는 정교한 구조물인 것이다. 그리고 조잡하고 준비되어 있는 기구가 정확한 역할을 수행할 수 있도록 경험에 의하여 조율된다.

앞서 말했듯 진화는 깨끗한 설계자가 아니다. 프랑스 분자생물학자인 프랑수아 쟈콥은 "진화는 서투른 수선공"이라고 하였다. 진화는 이미 존재했던 것 위에 일련의 자그마한 단계를 추가하여 조립한다. 이는 기회주의적이다. 그리고 비교적 쉽게 기존의 구조에 첨가될 수 있는 변화와 개선을 쉽게 선택하도록 하며 그래서 상호작용하는 장치들을 간결하다기보다는 비교적 지저분한 집합이 되도록 최종적으로 설계한다는 것을 의미한다. 놀랍게도 그 같은 체계는 좀 더 직접적인 방식으로 일을 수행하도록 설계된 좀 더 정직한 기전보다 일을 더 잘 수행하기도 한다. 그래서 성숙된 뇌는 선천성과 후천성 산물이라고 한다.

뇌의 활동과 영혼

뇌의 활동을 두 가지 철학적 관점에서 살펴 볼 필요가 있다. 첫 번째는 뇌 활동의 대부분은 '창발적(emergent)' 이라는 것이다. 창발적이라는 용어에는 두 가지 뜻이 있다. 하나는 신비성을 함축하는 것이다. 창발적 활동은 어떤 방법으로도 그 각각의 분리된 부분들의 혼합된 활동으로 이해될 수 없는 것이다. 다른 하나는 과학적 의미에서의 창발적 활동은 모든 부분의 상호작용에 관한 지식으로 이해될 수 있다는 것을 뜻한다.

두 번째 철학적 수수께끼는 외부세계의 현실에 관한 설명이다. 우리의 뇌는 우리의 신체와 거래하고, 우리를 둘러싸고 있는 것으로 감지되는 세상과 상호작용하도록 만들어졌다. 이 세상은 현실적인가? 이는 엄숙한 철학 과제이다. 외부세계는 존재하고 그것은 대체로 우리가 관찰하기에 어려운 것이라고 생각할 수 있다. 우리는 결코 이 외부세계를 완전하게 알 수는 없을 것이다. 그러나 이것의 성질에 대한 일부 관점에 관하여는 우리의 감각과 우리들 뇌의 활동을 이용하여 대강의 정보를 얻을 수가 있다. 우리 뇌 안에 일어나는 모든 것을 알 수는 없다 해도 그 활동의 단지 일부 관점에 관하여는 알 수 있다. 다만 외부세계의 성질에 대한 우리들의 해석과 우리들 자신의 내관(內觀, 자기관찰), 이들 양자의 과정에는 오류가 있을 수 있다. 특정한 활동에 대한 우리의 동기를 우리는 안다고 생각한다. 그러나 적어도 어떤 경우에는 실제로 우리는 우리 자신을 속이고 있는 것이라 할 수 있다.

자아의 영적 관점은 생물학적인 자아와 전혀 비교대상이 될 수 없다는 점이다. 우리의 존재가 무엇이 되었든 우리 존재의 대부분은 우리의 뇌에서 이루어진다. 일부 신학자들조차도 이를 수용한다. 사후에도 잔존하는 비물질적 영혼을 믿는 사람들까지도 정상적인 영혼의 기능은 뇌에 의존한다는 사실은 인정한다. 영국의 극작가 셰익스피어는 "뇌를 영혼의 연약한 주거"라고 하여 이 점을 포용하였다.

과학적 사실이 충분히 잘 확립된다면, 그리고 그것이 여러 가설을 뒷받침한다면 인간에게 영혼이 들어 있다는 생각은 생명력이 있다고 했던 옛날 생각과 마찬가지로 쓸데없는 것이라는 생각에 대하여 반박할 수 있게 될 것이다. 이것은 오늘날을 살고 있는 수십억 인간의 종교적 믿음에 대한 정면 도전이기도 하다.

사랑에 빠진 뇌는?

사랑이라는 감정(마음)은 확실히 특이하고 신비로운 감정이다. 이성에 빠져 눈을 멀게 하는 남녀 사이의 사랑에서부터 나라 사랑, 종족 사랑, 나아가 인류애에 이르기까지 그 범위가 대단히 넓다. 사랑은 예부터 여러 형태로 말하여지고 있다. 그리스 신화에서는 사랑을 에로스(남녀 간의 사랑, 성애), 아가페(원칙적인 사랑, 애타심), 필리아(친구간의 사랑, 우정), 스토르게(부모와 자식 간의 천연적인 사랑, 혈육 사랑)라 하였다. 다만 한 가지 분명한 것은 마음이 뇌의 활동인 것은 분명하므로 그 사랑의 성격이나 대상이 무엇이 되었건 사랑이라는 감정은 뇌에서 비롯되는 것이다.

사랑이란

그러면 도대체 사랑이라고 하는 것은 무엇인가? 오스트레일리아의 퀸스랜드 대학 심리학 교수인 파트리시아 놀러는 사랑 특히 사랑의 무엇이 가족과 결혼 관계를 가능하게 하는지를 여러 연구를 근거로 하여 논하면서 사랑의 사회성을 강조한 바 있다. 요컨대 사랑은 인지, 감정 그리고 행동적 측면의 요소로 구성된다고 하였다. 사랑하는 사람에 대한 느낌은 여러 가지가 있을 수 있다. 극도의 성적 매력을 느끼는 것에서부터 함께 하는 것만으로도 즐거움을 느끼는 것에 이르기까지 다양하다. 사랑의 인지적 측면은 문화에 의하여 형성된 사랑에 대한 기대와 믿음이며, 사랑하는 사람에 대한 자신의 다짐이다. 그리고 사랑의 행동적 측면은 사랑을 표현하는 행동이다. 그 행동은 남녀 성별,

인간성 그리고 사랑에 대한 믿음 및 적절한 표현방법에 대한 생각에 따라 다를 것이다.

사랑에 빠진다는 것은 인종이나 문화를 불문하고 인간의 보편적인 경험이라 할 수 있다. 이것의 신경계통은 특이적인 동기, 감정 그리고 행동에 관련된다. 연인에 대한 주의집중, 에너지의 증가, 의기의 고양, 기분의 변동들이 그 특성이 된다. 흔히 사랑에 빠진 사람은 애인과 함께 있을 때 심장이 뛰고, 손바닥에 땀이 나는 등 교감신경계 반응을 경험하게 된다. 또 떨어져 있을 때는 '결별 불안' 을 느낀다. 또 사랑하는 사람들 사이에는 서로 감정적 의존성을 나타낸다. 그들은 상대방에게 감명을 주기 위하여 싫어하는 버릇을 고치고, 애인과의 접촉을 유지하려 한다. 때때로 역경은 로맨틱한 열정을 강화시킨다. 이를 '좌절 매력' 이라고 한다. 사랑에 빠지면 애인을 향한 극도의 감정이입이 일어난다. 많은 사람들은 그 특별한 사람을 위하여 기꺼이 죽을 수 있다고 한다. 애인끼리는 성적 욕구를 나타내며 강력한 성적 소유욕을 나타낸다. 그러나 감정적 결합 욕구가 성적 접촉 욕구보다 우선한다. 인간의 연애 감정의 가장 중요한 특성은 애인에 대한 강제적, 강박적 생각이다. 실연하게 되면 일반적으로 이를 받아들이지 않고 애인을 되찾으려고 노력한다. 그리고 자포자기에 빠지거나 실의에 빠진다. 열애는 또한 의지적인 조절이 힘들고 일반적으로 영구적이지 않다.

짝 선택

뉴욕 대학에서 거의 평생을 사랑 연구에 헌신한 피셔는 최근 흥미 있는 연구결과를 발표하였다. 짝 선택은 뇌의 유혹 계통이 관련될 것이라고 가정하고 이것에는 보상을 중개하는 대뇌피질하 도파민성회로와 목적지향적 행동에 관련되는 신경회로가 포함될 것이라는 전제하에 실험하였다.

연구는 1~17개월 동안 사랑에 빠졌다고 말한 18~26세의 남녀를 대상으로 하였다. 우선, 연구 대상에게 연애 감정을 자극하는 효과가 있는 연인의 사진을 가려내게 하였다. 그러고 나서 30초 동안 연인의 사진을 보여주었다. 이어서 40초 동안에는 뺄셈(예를 들면 8421이라는 숫자를 스크린에 보여주고 이것에서 7씩을 마음속으로 빼도록 한다)을 시켰다. 그러고 나서 이어서 30초 동안 감정적으로 중립적인 친지의 사진을 보여주었다. 다시 20초 동안 뺄셈을 시켰다. 이 과정을 여섯 번 반복하였다. 그리고 기능적자기공명영상(fMRI)으로 확인하였더니 오른쪽 복측피개영역이라는 부위와 미상핵이라는 부위에서 연인에 대해 특이적인 활성을 볼 수 있었다.

복측피개영역은 도파민세포가 모여 있는 곳이며, 뇌의 중요한 보상계통으로 알려진 곳이다. 즉 복측피개영역은 기쁨, 일반적 각성, 주의집중 그리고 보상 추구 또는 보상 획득을 위한 동기와 관련 있는 곳으로 알려져 있다. 또 복측피개영역은 미상핵을 포함하여 뇌의 여러 지역에 신호를 보낸다. 미상핵은 보상 기대 및 탐지, 목적 표상 그리고 행동 준비를 위한 감각 신호의 통합에 있어 중요한 역할을 하는 부위로 알려져 있다. 따라서 피셔가 보았던 fMRI 소견은 사랑에 빠진다는 것이 뇌의 피질하 도파민성 보상계통과 관련이 있으며, 사랑에 빠진다는 것은 일차적으로는 동기화계통이 관련된다는 것을 말하는 것이라고 주장하였다.

fMRI를 이용하여 비교적 오랜 기간 사랑에 빠졌던 사람들을 대상으로 한 다른 연구자들의 연구에 의하면 복측피개영역과 미상핵에서 활성을 보였을 뿐만 아니라 전방대상회와 중간도피질이라는 부위에서도 활성을 보였다(그림 3-7). 피셔도 오랜 기간 사랑에 빠졌던 사람들에서 이 같은 현상을 확인하였으

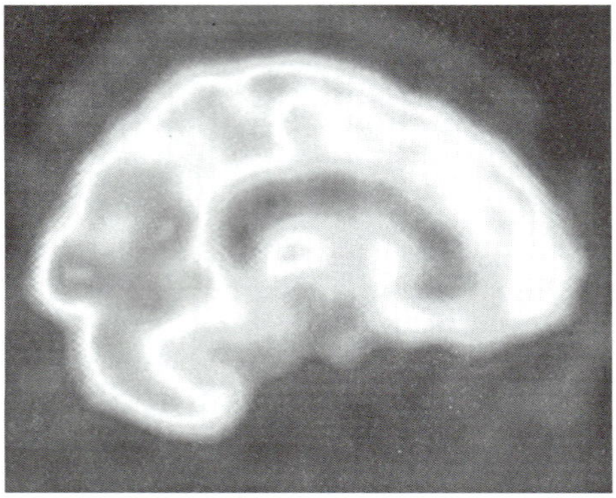

그림 3-7 사랑에 빠진 뇌 사진

며, 복측담창구라는 곳에서도 활성의 증가를 보았다. 복측담창구는 들쥐에서 애착과 관련이 있는 것으로 알려진 곳이다.

동물이 어떤 짝짓기 전략을 택하는가? 이것에는 복잡한 사회적 행동이 관여하는데 이들 행동의 조절은 놀라울 정도로 뇌 안의 몇몇 화학물질에 의하여 이루어진다. 최근까지의 연구결과에 의하면 들쥐에서는 잘 알려진 뇌하수체 호르몬이 이 같은 작용을 하는 것으로 알려졌다.

초원 들쥐는 들판의 초지에 살면서 견실한 가족관계를 갖는다. 대단히 사회성이 높고 다른 포유동물에서와 같이 단일배우자형이다. 수컷과 암컷은 짝짓기 후에 단단한 짝을 이루어 둥지에서 함께 생활한다. 수컷은 암컷을 보호하고 새끼의 양육에 오랫동안 조력한다. 이에 반해서 산지 들쥐는 고원지대에 살면서 비사회적이고 다접형이다. 암컷과 수컷은 각각 다른 둥지에서 생활하고, 수컷은 새끼 양육을 전혀 거들지 않으며, 암컷은 새끼가 자립할 때까지만 보살핀다.

이들 두 종류의 들쥐는 신체적으로나 유전자적으로 매우 흡사하여 이들의 생식습관의 차이는 근소하다. 이들의 행동에 대한 연구결과에 따르면 바소프레신과 옥시토신이라는 뇌하수체 호르몬이 들쥐의 생식습관 조절에 밀접하게 관여하는 것으로 알려졌다. 혈액을 따라 순환하는 바소프레신(항이뇨호르몬이라고도 한다)은 신체의 수분과 염분 농도를 조절하는 역할을 한다. 옥시토신은 평활근 수축작용이 있어 분만 때 자궁을 수축시키고 젖먹일 때 젖이 흘러나오도록 한다. 뇌에서 이들 화학물질은 단지 호르몬으로서만 작용하는 것이 아니고 옥시토신과 바소프레신은 뇌의 신경말단에서 유리되어 뇌의 여러 부위에 분포하고 있는 시냅스후 수용체에 결합하여 신경전달물질 내지는 조절물질로 작용한다. 이들 수용체의 분포는 초원 들쥐의 뇌와 산지 들쥐의 뇌에서 현저한 차이를 보인다. 그러나 다른 호르몬이나 신경전달물질에 대한 수용체의 분포에서는 차이를 보이지 않는다. 바소프레신과 옥시토신 수용체의 뇌에서의 분포가 다접형 들쥐와 단일배우자형 들쥐 사이에 차이가 있다는 것은 이들 호르몬이 들쥐의 서로 다른 신경회로를 자극할 것이라고 생각할 수 있는 것이다. 초원 들쥐 쌍의 혈중 바소프레신 농도(수컷에서)와 옥시토신 농도(암컷에서)는 교접 후 급격하게 상승한다. 바소프레신의 작용을 방해하는 길항제를 교접 전에 초원 들쥐 수컷에 주사하면 수컷의 짝짓기를 방해하나 옥시토신 길항제는 그 같은 효과가 없다. 새로운 암컷이 나타났을 때 수컷에게 바소프레신을 주사하면 곧바로 암컷에게 강하게 끌리는 행동을 나타낸다.

이 호르몬들은 새끼 양육에도 영향을 미치는 것으로 생각한다. 바소프레신은 초원 들쥐 수컷의 새끼 양육 성향을 증가시킨다. 그래서 새끼와 더 많은 시간을 보낸다. 한편 옥시토신은 암컷의 어미 행동을 자극한다. 다접형인 산지 들쥐에게 바소프레신이나 옥시토신을 주사했을 때 짝짓기 행동에 영향을 미치지 않는다고 한다. 이는 이들 뇌의 필요한 부위에 수용체가 없기 때문이다.

성 행위의 신경기전에 관한 많은 연구가 수행되었다. 특히 설치류(예, 들쥐)에서 많은 연구가 이루어졌다. 편도핵 내의 영역들 소위 확장편도핵, 선조체(특히 측핵) 그리고 시상하부가 관여할 것으로 생각되는 것이다. 이들 지역들은 밀접하게 서로 연결되어 있고, 그들의 몇몇은 옥시토신과 바소프레신의 수용체를 가지고 있으므로, 성 행위뿐만 아니라 단일배우자 관계에 대한 결정적 시냅스 회로를 형성할 것으로 생각하고 있다.

스트레스에 대해 뇌는 어떻게 반응하는가?

스트레스로 인한 증상들

복잡하고, 경쟁적인 사회를 살아가고 있는 우리들은 일 때문에, 사람 때문에, 기타 여러 가지 이유로 일어나는 스트레스를 피할 길이 없다. 이 스트레스로 인해 뇌 안에서 대뇌변연계라는 곳이 영향을 크게 받는다. 대뇌변연계의 흥분이 지나치게 되면, 시상하부와 뇌간의 기능이 높아져서 결국 자율신경계를 통하여 자율신경이 지배하는 장기의 기능 변화를 일으킨다. 예를 들면 위궤양이나 고혈압 등을 일으킨다. 속이 쓰리고, 복통이 있어 병원에 가면 "신경성 위경련입니다"라는 진단을 많이 받는다.

최근에 뇌 안의 신경전달물질의 스트레스에 대한 반응 연구가 많이 보고되고 있다. 예를 들어 스트레스를 받았을 때 뇌의 노르아드레날린과 세로토닌 대사가 증가하는 것과 반대로 안정 시에는 노르아드레날린의 대사가 감소한다는 것이다. 스트레스에 의하여 발생하는 이 같은 변화를 어떻게 생각해야 할까? 노르아드레날린의 대사가 증가하는 것은 방어나 공격 기능과 관계가 있으며, 세로토닌의 대사 증가는 공포반응과 관계가 있는 것으로 생각한다.

뇌 안에서 노르아드레날린 대사 증가가 가장 잘 나타나는 부위는 대뇌변연계와 시상하부이다. 이 부위는 스트레스를 받으면 감정 흥분과 관계가 있는 부위이다. 시상하부는 감정 변화에 따르는 행동을 통제하는 부위이며, 대뇌변연계는 불안이나 공포 같은 감정을 느끼게 하는 부위이다.

스트레스로 인한 기억과 감정

한편 스트레스는 해마의 기능을 변화시켜 명시적 기억에 지장을 준다고 한다. 고도의 스트레스 상태에서는 부신피질에서 유리되는 스테로이드 호르몬(코티솔)의 혈중 농도가 증가한다. 위협적 자극으로 스트레스를 유도하면 편도핵이 활성화하고 코티솔이 유리된다. 그래서 이 호르몬은 뇌로 이동하여 해마에 있는 수용체에 결합한다. 결국 해마 활성에 장애가 생겨 측두엽 기억계통이 명시적 기억을 형성하는 능력을 약하게 한다는 것이다. 결과적으로 스트레스 상태의 쥐는 공간 학습 같은 해마를 필요로 하는 과제 수행이 잘 되지 않는다.

스트레스가 지속되면 해마의 세포는 퇴행하기 시작하고 결국에는 사멸하게 된다. 이들 변화는 전형적인 스트레스 관련 정신과적 상태의 기억 장애를 부분적으로 설명하는 것이다. 예를 들면 외상후 스트레스 장애나 우울증 같은 경우이다. 스트레스 호르몬(부신피질 호르몬)은 또 전전두피질에도 악영향을 미친다고 한다. 그래서 스트레스 상태에서는 사람들이 판단을 잘못하는 것과 관계가 있을 것으로 생각한다. 해마와 전전두피질에 대한 효과에 반하여 심한 스트레스는 공포에 대한 편도핵의 기여를 증강하는 것으로 생각한다. 스트레스 호르몬이 스트레스에 의한 이 같은 공포의 증폭에 관여한다는 것은 혈중의 스트레스 호르몬 농도를 인공적으로 높였을 때 공포 반응에 대한 스트레스 자체와 동일한 효과를 나타내었다는 실험으로 뒷받침되는 것이다.

최근의 연구결과에 의하면 전전두피질과 편도핵은 서로 가역적으로 관계할 것으로 생각된다. 즉 편도핵이 공포반응에 대해 반응하려면 전전두 지역은 닫혀야 한다고 한다. 같은 논리로 전전두 지역이 활성을 나타내면 편도핵은 억제되어 공포를 표현하기 힘들어진다는 것이다. 그래서 병적 공포는 편도핵이 전전두피질에 의하여 제어되지 않았을 때 나타날 수 있다. 그리고 병적 공포의 치료에는 전전두 지역의 활성을 증가시키는 방법을 이용하여 편도핵이 공포를 표현하지 못하도록 하는 것이 한 방편이 될 수 있다. 감정상태에서의 의사결정 능력은 내측 및 복측전전두피질에 손상이 있는 사람에서 결함을 나타낸다고 한다. 그리고 공포와 불안 장애가 발생할 가능성이 크다. 내측전전두피질에 이상이 있는 동물의 행동은 불안 장애가 있는 사람과 비슷하여 조절하기 힘든 공포반응을 나타낸다. 환경에 관한 객관적 정보는 위험하지 않은 상태를 나타낸다 하더라도 그들은 공포 회로를 적절하게 조절할 수 없으므로 안전한 이 상황에서도 공포와 불안을 경험하게 된다.

그래서 내측전전두피질은 인식계통과 감정계통 사이의 경계로서 작동하여 전전두피질에서의 인식정보처리가 편도핵에 의한 감정처리과정을 조절할 수 있게 한다는 것이다. 또한 편도핵에 의한 감정처리과정은 전전두피질의 의사결정기능과 기타 인식기능에 영향을 미칠 수 있다고 한다.

제4부
뇌의 의식, 잠

인간이 어떠한 목표, 계획, 아이디어를 굳은 신념과 기대를 가지고 되풀이하고 또 되풀이하여 생각한다면, 그것은 반드시 잠재의식에 영향을 끼쳐서 그 사람의 적극적인 행동의 원천이 된다. -윌리엄 제임스

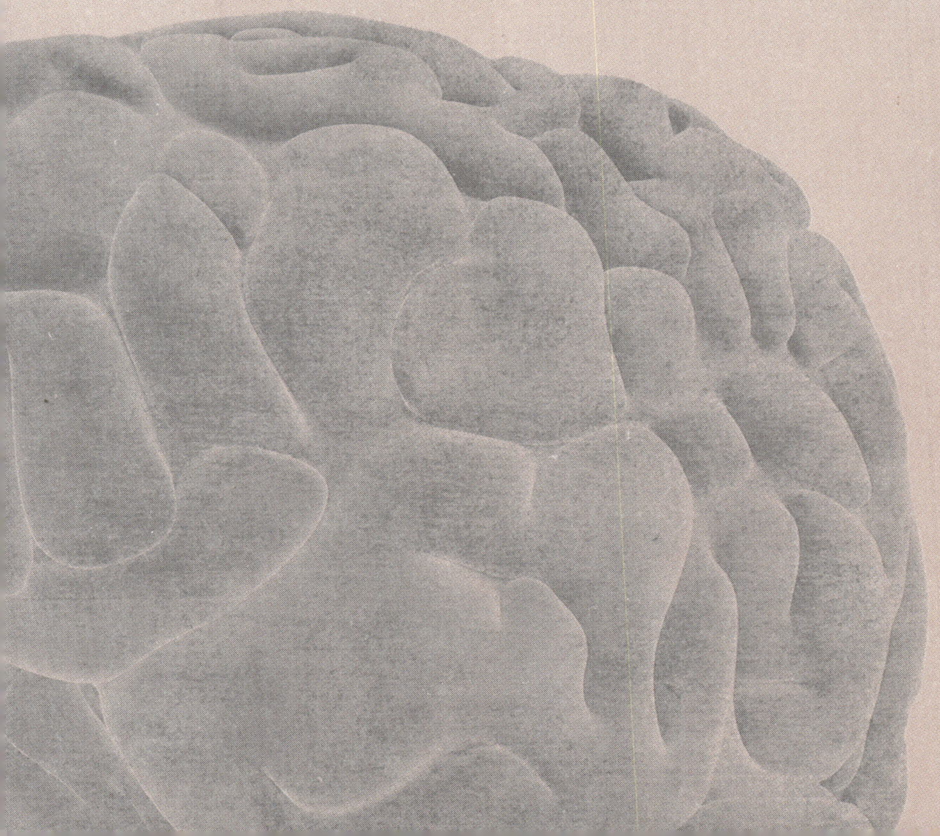

의식이란?

의식이 있는 상태

자신의 주변과 자기 자신에 관한 일을 알고 있는 상태를 의식이 있다고 한다. 그래서 다른 사람이나 동물의 의식 상태는 그 행동으로 미루어 짐작하게 된다. 한마디로 의식이라고는 하지만 여러 가지 단계로 구분할 수도 있고, 성질이 서로 다른 상태가 있을 수 있다. 의식이 있다고 말하는 전형적인 상태로, 가령 깨어 있는 상태를 들 수 있지만 여러 수준이 있을 수 있다. 그리고 의식이 없다고 말할 수 있는 전형적인 상태로는 잠자는 상태를 들 수 있지만 잠에도 깊은 잠이나 선잠 등 여러 단계가 있을 수 있다. 또 다 같이 의식이 없는 상태라고 말하는 상태일지라도 건강한 사람이 잠자는 상태

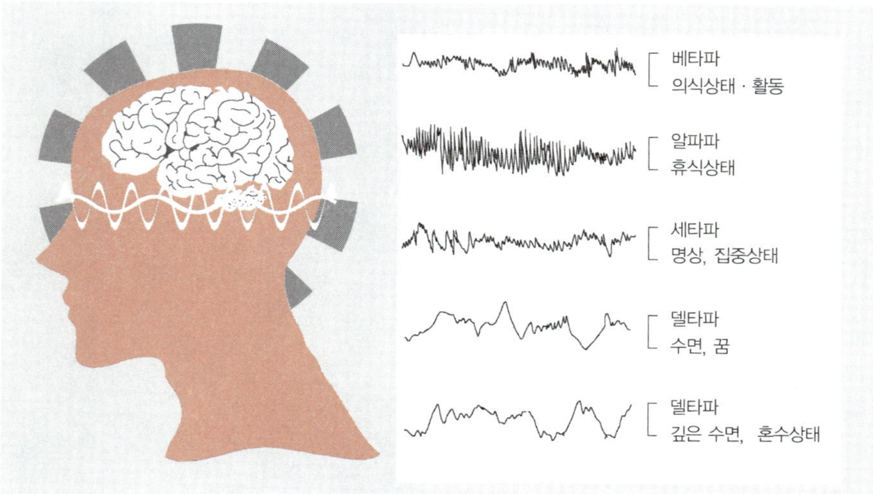

그림 4-1 다섯 가지 뇌파

와 뇌 이상에 의한 혼수상태 또는 마취약에 의한 전신마취 상태는 그 성질이 서로 다르다.

의식의 문제가 생리학 연구대상이 된 것은 의식의 상태를 객관적으로 알아볼 수 있는 뇌파의 발견에서 비롯된다. 뇌파를 이용하여 동물의 뇌에서 의식의 생리학적 상태를 연구하는 것이 가능해졌기 때문이다.

뇌파의 패턴은 의식 수준에 따라 민감하게 변한다. 사람의 의식 수준에 따르는 뇌파의 패턴을 보면 눈을 감고 차분하게 쉬고 있는 상태에서는 8~13Hz의 뇌파(알파파)가 후두부나 두정부에 나타난다. 알파파 상태에서 눈을 뜨거나 소리를 듣거나 무엇인가를 생각하게 되면 진폭이 작아지거나 없어지고, 대신에 14~25Hz의 빠른 뇌파(베타파)가 나타난다. 깨어 있는 상태에서 잠들기 시작하면 의식 수준이 낮아지면서 각각의 수준에 대응하는 뇌파의 패턴이 나타난다. 졸린 상태에서는 알파파가 적어지면서 전체적으로 평탄한 패턴을 보이는데, 이 중에서 4~7Hz의 뇌파(세타파)가 이어진다. 잠이 들면 14Hz의 방추형 뇌파가 섞여들게 된다. 깊은 잠에 빠지면 0.5~3.5Hz의 진폭이 크고 느린 뇌파(델타파)로 변한다.

의식이 만들어지는 곳

이 같은 의식이 있는 상태는 어디에서 만들어지는 것일까? 뇌 손상이 있는 환자의 임상적 관찰이나 동물의 뇌 일부를 파괴하는 실험을 통하여 의식은 뇌간의 망상체라고 하는 부위와 밀접한 관계가 있다는 것이 알려졌다. 이 망상체라는 곳에서 대뇌피질로 신경섬유를 뻗어 이것에 의하여 대뇌피질의 신경세포가 활성을 나타내게 된다는 것이다.

망상체가 활성을 나타내게 되는 것은 감각신경로에서 가지를 뻗어 보내는 신호에 의한다고 생각한다. 따라서 감각자극이 강할수록 의식 수준이 높아지고, 감각자극이 약할수록 졸음이 오게 된다. 그러나 이 같은 의식 수준이 감각자극의 강약에 따라 결정되는 수동적인 것만은 아니라는 것은 우리들의 일상생활에서 잘 알 수 있다. 내일까지 제출하지 않으면 안 되는 보고서가 있는 경우 밤을 새워 작성한다. 이같이 의지에 의한 잠의 조절은 대뇌피질에서 거꾸로 망상체에 신경신호를 보냄으로써 이루어진다.

심리학자들은 마음이 하는 일에 관한 우리들의 상식은 잘못 이해된 것일 수 있다고 흔히 말한다. 그래서 우선 의식의 근본적인 양태는 어떤 것이 되어야 하는가에 관하여 심리학자들이 수년간에 걸쳐 생각했던 것들을 알아보기로 하겠다.

실험과학으로써 심리학이 시작되었던 19세기 후반부터 학자들은 의식에 대하여 많은 관심을 기울이기 시작하였다. 미국의 심리학자 윌리엄 제임스는 그의 기념비적인 저서로 1890년에 발간된 《심리학원론》에서 '생각'이라는 것의 다섯 가지 성질을 설명하였다. 모든 생각은 개인적 의식의 일부가 되려는 경향이 있다고 말하였다. 생각은 항상 변하고 계속적임을 느낄 수 있고, 생각 자체와는 무관하게 사물을 처리하는 것 같다는 것이다. 또한 생각은 다른 것들을 배제하기 위하여 특정 사물에 집중한다고 한다. 다시 말해 생각은 주의와 관련이 있다는 것이다. 제임스는 주의에 관하여 다음과 같이 말하였다. "누구나 주의가 무엇인지 안다. 일련의 생각들 또는 동시다발적인 사물들 중의 하나가 분명하고 생생한 형태로 마음속에 자리 잡는 것이다. 이는 다른 것들을 효과적으로 처리하기 위하여 특정한 것을 걸러낸다는 것을 뜻한다."

의식은 기억과도 관련이 있는 것으로 보인다. 프랑스의 찰스 리쉐는

1884년에 그의 글에서 “100분의 1초 동안의 고통은 전혀 고통이 아니다. 그리고 나조차도 100분의 1초 동안 지속되고, 그 후에는 여운이나 회상을 남기지 않는, 그러나 급성이고 격렬한 통증을 견디어내는 것에 쉽게 동의했을 것이다”라고 하였다.

뇌에서 일어나는 모든 일이 의식적이라고 생각되지는 않았다. 여러 심리학자들은 일부 과정은 잠재의식 또는 의식하에 있다고 믿었다. 예를 들면 19세기 독일의 물리학자이며 생리학자였던 헬름홀츠는 감지를 “무의식적 추정”이라고 말하였다. 이는 감지가 대체로 의식하에 있음을 뜻하였던 것이다.

20세기 초에 전의식(preconscious)과 무의식의 개념 정립이 널리 유행하였다. 프로이트, 융 등으로 대표되는 프로이트 학파는 그것에 암시적 요소를 포함하고 있었기 때문에 특히 문학계에서 유행하였다. 1896년에 정신분석이라는 용어를 처음 사용한 프로이트는 현대적 기준으로는 과학자라고 간주하기는 힘들지 모르겠다. 그러나 이미 100여 년 전에 세 가지 기본적인 아이디어를 제시하였다.

1) 뇌에서 일어나는 일 모두가 의식에 부합하는 것은 아니다.
2) 의식은 일종의 기억 아마도 초단기 기억에 관련된다.
3) 의식은 주의와 밀접한 연관이 있다.

불행하게도 심리학적 개념으로서의 의식을 부정하는 움직임이 심리학에서 일어나고, 관찰될 수 있는 행동(특히 동물의 행동)을 연구함으로써 심리학이 더 과학적이 될 것이라는 행동주의 운동이 대두하였다. 그래서 모든 행동은 자극과 반응이라는 수단으로 설명하게 되었고, 정신활동에 대하여 말하는 것은 금기시되었다.

행동주의는 특히 미국에서 강력하였다. 제1차 세계대전 전에 존 왓슨과 그 밖의 여러 사람들에 의하여 시작되어 1930년대와 1940년대를 풍미하였으며, 스키너가 그 대표적인 학자였다. 유럽에는 게슈탈트 학파 같은 심리학의 다른 학파들도 있었다. 그러나 1950년대 후기와 1960년대에 인지심리학이 일어나면서 심리학자들이 정신활동에 대하여 논의하는 데 보통 디지털 컴퓨터의 활동 설명에 사용되는 개념에 근거하여 여러 가지 정신적 과정에 대한 심리학적 모델을 제안할 수 있게 되었다. 그렇지만 의식에 관하여는 별로 언급되지 않았고, 뇌의 의식적 및 무의식적 활동을 구별해보려는 시도도 크게 없었다.

동물을 대상으로 한 연구

실험동물을 이용하여 뇌를 연구하는 신경과학자들도 사정은 비슷하였다. 신경해부학자들은 거의 전적으로 죽은 동물(사람을 포함하여)을 가지고 연구하였고, 신경생리학자들은 대부분 의식이 없는 마취된 동물을 가지고 연구하였다. 1950년대 후반에 신경생물학자인 데이비드 휴벨과 토르스텐 비젤에 의한 획기적 발견이 있었다. 마취된 고양이의 뇌파는 깨어 있다기보다는 잠들었다고 보아야 할 소견을 보였음에도 불구하고, 고양이 눈에 빛을 비추었을 때 뇌의 시각피질에 있는 신경세포들에 일련의 흥미 있는 반응이 나타나는 것을 발견하였다. 이 업적과 이어지는 연구 업적으로 그들은 1981년에 노벨상을 수상하였다. 깨어 있는 동물의 뇌세포에서의 반응을 연구한다는 것은 훨씬 어렵다. 머리를 고정해야 할 뿐만 아니라 눈의 움직임도 방지해야 하고 주의 깊게 관찰해야 하기 때문이다.

그래서 생리학자들은 아직도 의식에 대하여 논의하는 것에 거부감을 갖는다. 그러나 지난 수년 사이에 몇몇 심리학자들은 이 문제에 대하여 언급하기 시작하였다. 그들의 공통점은 신경세포를 무시하고 뇌를 침투할 수 없는 '블랙박스'로 취급하였다.

언어와 의식

프린스턴 대학의 심리학 교수인 필립 존슨-레어드는 언어에 주로 흥미를 가진 유명한 영국의 인지과학자이다. 그의 두 가지 저서인 《정신 모델》과 《컴퓨터와 마음》에서 마음, 즉 뇌의 활동을 현대적 컴퓨터와의 관계로 다루었다.

언어학 및 인지과학 교수인 레이 자켄도프는 언어와 음악에 특별히 관심을 가진 인지과학자로 미국에서 명성이 있다. 그는 의식의 중간수준설을 제안하면서 인지는 정선되지(정교하게 선택한) 않은 감지의 요소나 높은 수준의 사고에서 얻어지는 것이 아니고, 가장 말초적인 것(감각 같은 것)과 가장 중추적인 것(사고 같은 것) 사이의 중간을 나타내는 수준에서 유도되는 것이라고 말하였다.

캘리포니아의 버클리에 있는 라이트 연구소 교수인 버나드 바아르스는 《의식의 인지설》이라는 책에서 총체적 작업장이라는 개념을 제안하였다.

위에서 든 세 사람의 인지학자들은 의식의 성질에 대하여 세 가지 점에서 의견을 거의 같이하고 있다. 모든 뇌의 활동이 직접적으로 의식에 상응하는 것은 아니고, 의식은 능동적인 과정이라는 것이다. 그리고 주의와 일부 단기기억이 의식에 관련된다고 생각했다.

크릭과 코흐는 의식의 문제를 일반적인 철학적 논쟁으로 해결하려는 것은 희망이 없다는 생각에서 다음과 같이 언급하였다.

1) 의식이 무엇을 뜻하는지에 대한 대강의 아이디어는 누구나 가지고 있으나 의식의 정확한 정의는 피하는 것이 좋겠다. 미숙한 정의의 위험 때문이다. 문제를 좀 더 이해할 때까지 공식적인 정의에 대한 어떤 시도도 오도되거나 과도하게 제한되기 쉬운 것이고 양자가 겸할 수도 있다.
2) 의식이란 무엇을 위한 것인가에 대한 상세한 논의는 미숙한 것일 가능성이 있어서, 결국 어떤 사물에 관하여 우리가 잘 모르고 있으면서 그것의 기능에 대하여 지나치게 걱정해야 한다는 것이 이상하다.
3) 동물의 어떤 종 특히 고등포유류가 모두에게 필연적이라고는 할 수 없으나 의식의 기본형태의 일종을 갖는다는 것은 사실일 것이므로 그 같은 동물에 대한 적절한 실험이 의식에 깔린 기전을 밝히는 것에 관련될 수 있다. 자연 언어체계(인간에게서 발견되는 형태)는 의식에 필수적인 것이 아니라고 할 수 있다. 즉 언어 없이도 의식의 기본 형태는 가질 수 있다.
4) 현 단계에서 오징어, 하루살이 또는 기생충 같은 '하등' 동물에게도 의식이 있는가의 여부에 관하여 논의하는 것은 적절치 못하다. 그러나 의식은 어떤 신경계의 복잡도와 어느 정도 관계가 있다고 할 수는 있다. 인간의 의식에 관련되는 일들을 구체적으로 그리고 원칙적인 면에서 분명하게 우리가 이해하게 되면 훨씬 하등동물의 의식 문제를 고려하게 될 날이 올 것이라고 생각한다.
5) 의식에는 여러 가지 형태가 있다. 보는 것에 연관된 것, 생각하는 것에 연관된 것, 감정에 연관된 것, 통증에 연관된 것 등이다. 자아의식은 의식의 자기조회적 측면이고, 아마도 의식의 특별한 경우일 것이다.

그러면 어떻게 과학적인 방식으로 의식에 접근할 수 있을까? 코흐와 크릭은 시각적 인식의 이해를 통하여 의식에 접근할 수 있다고 생각했다. 인간은 대단히 시각적 동물이고, 우리의 시각적 인식에 대한 정보가 풍부하기 때문이라고 하였다. 또한 그것의 입력은 흔히 고도로 구체적이면서 조절하기 쉬운 것이라고 하였다. 시각계통은 또 다른 이점도 있다고 하였다. 윤리적인 이유 때문에 사람을 대상으로 한 실험은 많지 않으나, 동물을 대상으로 한 많은 실험이 이루어졌다.

영장류 뇌의 시각계통에 외부 세상(시계)의 정보를 어떻게 받아들이는가는 비교적 상세하게 알고 있다. 그러나 어떻게 뇌가 이들 정보를 모두 합하여 바로 우리가 보는 것과 같은 고도로 조직화된 세상 경관을 제공하는지는 아직 모른다. 크릭은 마치 뇌의 여러 부위에서의 특정 활동을 합치시키는 어떤 총체적 통일체가 필요할 것이라고 생각하였다. 이 총체적 통일체는 관련되는 뉴런들의 상호관계하는 신호발사에 의하여 표현될 것이라고 생각하였다. 어찌 되었건 의식 자체와 의식의 출현은 아직 풀지 못한 숙제이다.

어떻게 종래에는 생각이 없던 세계에 마음 또는 동물의 의식이라는 것이 진화 과정에서 존재를 나타내게 되었는가? 무의식으로 충만된 이제까지의 어둠으로부터 처음으로 나타난 심적 경험의 섬광인 심적 사건의 경험은 어떻게 동물의 진화적 발달 초기에 나타나게 되었을까? 심리적 사건들이 틀림없이 뇌신경 활동과 관계가 있다면 어떻게 뇌의 기능이 이들 심적 사건들에 의하여 향상되었을까? 그리고 어떻게 이들 심리적 사건들이 진화과정에서의 생존에 진가를 발휘하게 되는가? 이제까지 일원론적으로 물리적 세계, 즉 물질과 에너지의 세계라고 간주하였던 세계에 갑자기 등장한 심리적 사건들을 어떤 존재론적 위상으로 평가할 수 있는가?

그래서 "동물계에 의식의 출현은 아마도 생명 그 자체의 기원이나 마찬가지로 커다란 불가사의일 것이다. 그러나 도저히 이해할 수 없다 할지라도 우리는 이것 또한 진화, 즉 자연도태의 산물이라고 생각해야 할 것이다"라고 포퍼는 말하였다. 그리고 "의식의 출현은 정통파 진화론의 꺼림칙한 집안 비밀이라고 믿는다. 동시에 총체적 개념이 의식의 출현에 의미를 부여하기는 하지만 이 출현을 설명할 수 없음을 인정해야 한다. 의식의 출현은 정통파 진화론자가 이를 극단적인 유물론적 세계에 있는 극단적 자연현상으로 간주하는 한 오직 수수께끼로 남아 있을 수밖에 없다"라고 엑클스는 말하였다.

우리는 왜 생각하며 결정하는가?

동기와 시간

왜라는 질문, 즉 우리의 동기에 관한 질문은 우리 각자의 정체성을 이해하는 근본이 되는 것이다. 동기는 감정과 마찬가지로 심리학자나 신경과학자들에 의하여 간과되어왔다. 그러나 감정과 마찬가지로 동기에 관한 학설이나 연구의 부활로 마음 삼부작(인식, 감정, 동기)의 세 번째 부분인 동기가 뇌에서 어떻게 작동하는지를 재조명하게 되었다.

1996년 어느 더운 여름 저녁 애틀랜타의 올림픽공원에서 대중들이 연주를 즐기고 있었다. 그런데 갑자기 폭탄이 폭발하였다. 비디오카메라에 잡힌 그 장면을 반복해서 텔레비전 뉴스에서 보여주었다. 폭발이 일어나자마자 그 자리에 있던 거의 모든 사람들은 얼어붙는 반응을 보였다. 몇 초 동안 꼼짝도 하지 않고 서 있은 후, 한두 사람이 뛰기 시작하였다. 그러고는 곧 모든 사람이 움직이기 시작하였다.

이 짧은 비디오 영상은 감정적 사건에 있어 시간의 흐름에 따라 펼쳐지는 일을 잘 보여주는 것이다. 갑작스런 위험한 상황에서 '얼어붙기' 같은 반응은 진화과정에서 우리 같은 생명체가 성공적으로 오래 살아남을 수 있게 한 것이다. 이들 반응은 의지에 의하여 나타나는 것이 아니라 생각할 시간도 없이 자동적으로 나타나는 무의식적인 것이다. 그러나 언제까지나 얼어붙어 있을 수만은 없다. 조만간 행동을 취해야 한다. 앞서 감정적 반응이 어떻게 외부 자극에 의하여 촉발되는지를 살펴보았다. 여기서 감정이 일단 발동하면 이것이 어떻게 행동하도록 동기화하여 행동을 취하게 하는지를 살펴보려 한다.

동기의 정의

동기는 여러 가지로 정의할 수 있다. 목표를 향해 인도하는 신경활성이라고 정의할 수도 있다. 목표란 우리가 원하는 결과, 그것을 위하여 노력을 기울이는 것 또는 두려움에 방어, 도피 또는 피하려는 노력을 기울이는 것이다. 목표는 행동을 유도한다. 목표는 특수한 자극(예; 특정한 생활용품)처럼 확고한 것일 수도 있고, 믿음이나 생각(예; 열심히 일하면 성공할 수 있다는 믿음 또는 자유는 생명을 걸 만한 가치가 있다는 생각)처럼 추상적인 것일 수도 있다.

목표의 대상은 유인이라고도 한다. 경우에 따라 선천적으로 동기화될 수 있고(예; 음식이나 동통자극 같은 경우) 또 다른 경우에는 경험을 통하여 동기화되는 성질을 획득하게 되는 것이다. 후자의 경우 이를 이차적 유인이라고 한다. 이들은 연합(예; 고전적 조건화에서처럼 낮은 가치의 자극이 높은 가치의 자극과 연계되어 나타나는 경우)에 의하여 생길 수 있고, 관찰을 통한 학습(예; 다른 사람에게 영향을 미치게 하는 자극 방법을 보는 일)에 의하여 생길 수도 있다. 또 입으로 말해지는 것을 듣거나(예; 좋고 나쁜 것에 관하여 들은 것) 상상력에 의해서도 생길 수 있다.

유인이 감정계통을 활성화하여 동기화한다는 것을 전제로 동기의 개념을 살펴보려 한다. 폭발에 대한 얼어붙기 반응은 감정계통의 활성화를 나타낸 것이며 얼어붙기 다음 몇 초 후에 뛰어 그 자리를 피하는 것은 감정계통의 활성화의 동기화 결과를 나타내는 것이다. 감정의 유발에 의하여 동기화된 행위는 목적을 갖는다. 그리고 발생한 감정에 대처한다. 모든 동기화된 행위가 반드시 감정 활성에 의하여 나타나는 것은 아니지만 감정이 강력한 동기 부여자라는 것은 틀림이 없다.

사람에게 동기화된 행동은 흔히 행위 그 자체가 아니고 행위의 목표와 관계가 있다. 배가 고플 때 우리는 여러 가지 방법으로 음식을 얻을 수 있다. 음식점이나 상점으로 걸어가거나, 자동차를 운전해 가거나, 배달시킬 수 있고, 친구에게 적당한 것을 사오라고 부탁할 수도 있다. 각각의 행위는 특정한 상황에서 적절하게 이루어질 것이다. 그러나 어느 것도 미리 정해진 것은 아니며, 음식을 섭취하거나 획득하는 것과 불가피한 관계가 있는 것도 아니다. 동일한 일반적 행위(걷기, 운전하기, 주문하기, 부탁하기)는 다른 여러 가지 종류의 목표를 달성하기 위해서도 이용할 수 있는 것이다. 서로 다른 상황에서 목표를 달성하기 위하여 무엇을 할 것인가를 생각해내는 일이 생활 자체라 할 수 있다. 그래서 학습과 동기는 서로 얽힌 주제가 된다.

학습과 동기

학습과 동기의 관계를 잘 설명하는 재미있는 실험이 있다.

두 구획으로 구성된 장치에 쥐를 넣었다. 한쪽은 흰색으로 칠을 한 구획이고, 다른 쪽은 검은색으로 칠을 한 구획이다. 두 구획은 열려 있는 문으로 나누어졌다. 실험은 충격을 받게 되어 있는 흰색 칠 쪽에서부터 시작한다. 충격을 받은 쥐는 처음에는 얼어붙는다. 그러나 쥐는 곧 검은색 칠 쪽으로 들어가면 충격을 피할 수 있다는 것을 알게 된다. 결국 쥐는 흰 구획에 놓이자마자 그곳에서 뛰쳐나옴으로써 충격을 피할 수 있다는 것을 학습하게 된다.

학습된 쥐는 충격이 주어지지 않더라도 판에 박힌 반응을 나타내게 된다. 다음 단계에서는 양쪽 구획 사이의 문을 닫아 이전의 습관은 아무 소용이 없다는 것을 깨닫게 한다. 쥐는 여러 번의 시행착오를 거쳐 바퀴를 돌리면 문이 열린다는 것을 알게 된다. 결과적으로 쥐는 새로운 습관을 학습하게 된다.

이 결과를 동기우선 학설 또는 욕구 학설이라고 한다. 모든 학습에는 기본적 욕구(배고픔, 목마름, 성욕, 동통[1] 등)의 변환이 관여하고 따라서 당면한 행동은 과거에서 변환된 욕구의 산물이라는 것이다. 이는 기본적으로 쾌락주의로 알려진 철학적 입장의 심리학적 변형이다. 우리는 쾌락을 찾고 고통을 피하도록 살고 있다는 생각이다.

1) 동통: 통증자극에 의하여 유발되는 감각.

파블로프의 실험

19세기 후반에 실험심리학의 개척자인 에드워드 손다이크는 쾌락주의의 입장에서 실험을 시행했다. 고양이가 배가 고프면 문을 열고 사육상자 밖에 보이는 먹이를 얻도록 훈련하였다. 고양이는 여러 번의 시행착오를 거쳐 문을 여는 반응을 보이고 결국 그 반응을 반복하게 되었다. 손다이크는 이를 효과의 법칙이라고 하였다. 즉 원하는 목표를 얻는데 또는 원치 않는 것을 기피하는데 효과적인 행동은 보상되거나 강화되어 반복하게 된다. 한편 원하는 목표를 얻는데 실패하거나 원치 않는 목표에 대해서는 벌이 가해지면 반복하지 않게 된다. 이를 조건부 조건화라 한다. 행동은 보상이나 벌을 받는 것을 조건부로 한다는 데에서 붙여진 이름이다. 보상 또는 벌칙 자극은 행동반응이 연합되기 때문에 조건부 조건화는 자극-반응 학습이라고도 한다. 조건부 조건화는 파블로프의 고전적 조건화와 대비된다. 고전적 조건화에서는 동물의 행동에 관계없이 보상과 벌칙 자극이 주어진다. 그래서 연합은 보상이나 벌칙 자극과 반응 사이에 형성되는 것이 아니고, 신경자극과 발생한 또는 예상되는 보상이나 벌칙 사이에 형성되는 것이다. 따라서 파블로프의 조건화는 자극-자극 학습이라고도 한다.

예를 들면 파블로프의 개는 종소리가 나면 침을 흘린다. 종소리는 이전에 먹이와 연합되었기 때문이다. 개는 먹이를 얻기 위하여 아무것도 하지 않았다. 단순히 종소리를 들었을 때 먹이가 나타났을 뿐이다(자극-자극 연합이다). 한편 개가 종소리를 들었을 때 어느 지점으로 걸어가 손잡이를 발로 눌러서 먹이를 얻는 것을 학습하였다면, 그 행동은 조건부 반응이라 할 수 있다. 먹이 얻기 행동의 성공에 의하여 보상된 것이다(이를 자극-반응 연합이라 할 수 있다). 이 같은 효과는 욕구 감축이라는 현상에 나타난다고 생각한다. 조건부 행동, 즉 새로운 습관은 욕구를 감축하기 때문에 학습되고 반복된다는 것이다.

그러나 욕구학설은 여러 가지 이유에서 문제가 되고 있다. 예를 들면 쥐가 사카린을 얻기 위한 미로 학습 연구에서 잘 보여준다. 사카린은 단맛 때문에 유인 가치를 갖는다(쥐는 그것을 얻기 위하여 일을 한다). 그러나 사카린은 영양소가 아니다. 배고픔을 충족시키지 못한다. 따라서 먹이에 대한 생물학적 요구에 의하여 활성화되는 욕구를 감축하지 못한다. 이 연구 결과에 의하여 욕구 학설은 유인 학설로 대치되었다. 욕구는 우리를 내부에서 밀고 유인은 밖으로부터 당기는 것이다.

뇌 자극 연구

뇌는 환경과 상호작용하고 그 자신을 살아 있게 하기 위한 여러 계통을 가지고 있는 것으로 생각할 수 있다. 자극(유인)은 이 계통들을 활성화한다. 선천적으로 결정된 인자(무조건적 유인) 또는 과거의 학습(조건적 유인)을 통하여 활성화한다. 무조건적 또는 조건적 유인에 의하여 뇌가 활성화되면 사람을 포함하여 동물은 조건부적 반응을 수행하도록 동기화된다.

이제 행동을 동기화하는 뇌 기전을 알아보기로 하겠다. 앞서 설명했듯이 공포 반응에서 소리에 대한 조건화가 일어나기 위해서는 소리가 편도핵의 외측핵으로 전달되어야 한다. 그러면 이 지역은 신호를 중심핵으로 보내어 공포반응을 조절한다. 그러면 외측핵 또는 중심핵의 손상이 조건부 회피반응의 조건화에 장애를 일으킬 것인가? 외측핵의 손상은 회피반응의 학습을 방해했다. 그러나 중심핵의 손상은 아무런 효과도 없었다. 따라서 공포반응에 필요한 중심핵의 출력은 공포계통 활성에 따르는 행동의 학습에는 이용되지 않는다고 생각된다. 외측핵 출력의 다른 표적인 기저핵이 손상되었을 때 효과는 어떤가? 기저핵의 손상이 쥐를 소리에 대해 얼어붙게 하는 것에 효과가 없었다.

그러면 정확하게 편도핵에서 처리된 조건자극, 즉 조건화 유인이 어떻게 행동을 동기화하고 강화하는가? 1950년대 초에 캐나다 맥길 대학의 연구자들은 쥐가 뇌에 전기자극을 받았던 위치로 돌아오는 것을 발견하였다. 다시 말해 동물은 자극을 더 받기 위하여 찾아오는 것으로 여겨졌다. 자극은 보상과 마찬가지로 행동에 각인되었다고 생각하였다. 그래서 뇌 자극이 새로운 반응을 강화할 수 있는지를 검사할 수 있는 새로운 장치를 고안하였다. 전극을 쥐의 뇌 시상하부에 있는 내측전뇌속이라는 신경로에 심었다. 그리고 쥐가 스스로 누를 수 있는 손잡이를 마련하고, 쥐가 손잡이를 누를 때마다 충격을 받게 하였다. 그랬더니 쥐는 미친 듯이 손잡이를 누르기 시작하였다. 이는 자극이 분명히 보상이었음을 말하는 것이다. 임의의 행동(손잡이 누르기)을 습득하려는 동기를 유발했던 것이다.

뇌 자극에 따르는 이 보상 현상은 '쾌감 중추'의 자극에 의한 것이라고 생각되는 것이다. 이 생각은 마이클 클라이톤의 《종말 인간(Terminal Man)》이라는 책으로 대중화되기도 하였다. 그러나 이것의 대중성에도 불구하고 뇌 자극 보상 연구에는 많은 의문들이 남아 있다. 이것은 욕구를 활성화하는가? 유인을 증강하는가? 또는 이들 모두를 일으키는가? 이것은 자연적 보상과 같은 것이었나? 이것은 학습을 설명할 수 있는가? 등등 이들 의문은 아직 밝히지 못하였다.

뇌 자극 연구-도파민

뇌 자극 연구의 가장 의미 있는 결과는 내측전뇌속의 자극은 왜 보상 효과를 나타내었는가를 발견한 것이다. 시상하부 지역에서 이 경로를 자극하면 전뇌에서 뇌간으로 향하는 신경섬유가 활성화된다. 이들 신경섬유의 주 표적은 복측피개영역이라고 하는 뇌간 지역에 위치하는 도파민이라는 자극 전달물질을 만드는 뉴런이다. 이들 세포는 다시 전뇌에 넓게 축삭을 보낸다. 결국 내측전뇌속으로부터의 입력에 의하여 도파민 세포가 활성화되면 전뇌에 넓게 도파민을 유리한다.

도파민은 보상 처리과정에 있어 중요한 인자의 하나로 오랫 동안 알려져 왔다. 예를 들면 뇌의 도파민 수용체에서 도파민의 효과를 차단하는 약물을 처리한 쥐는 뇌 자극에 의한 보상효과가 나타나지 않았다. 즉 그 같은 약물을 처리한 쥐는 뇌 자극을 받기 위하여 손잡이를 누르는 빈도가 훨씬 떨어졌다. 뇌 자극 보상을 처음에는 쾌감 중추의 활성에 의한 것으로 생각했던 것과 마찬가지로 도파민을 쾌감 물질로 생각하였다.

복측피개영역에 있는 도파민 뉴런의 활성으로 전뇌의 여러 부위에서 도파민이 유리되지만 측핵이라고 하는 영역은 특히 보상과 동기와 밀접한 관계가 있다. 도파민 관련 약물들의 많은 효과는 이들 약물을 측핵에 직접 적용하여 얻을 수 있다. 예를 들면 측핵에 도파민 또는 관련 약물(암페타민 또는 코카인)을 주사하면 동물은 손잡이를 누르는 빈도가 커진다. 또 자연적 보상(음식 또는 성적 자극), 조건화 유인(보상을 수반하는 자극) 그리고 뇌 자극 보상에 반응하여 측핵 내의 도파민 농도가 증가한다. 측핵의 도파민 수용체를 차단하면 내측전뇌속 자극에 의한 보상효과나 자연적 보상에 의한 보상효과가 크게 감소한다.

측핵과 편도핵

오늘날 측핵 그리고 이것과 연결되는 영역들은 감정 자극이 행동을 목표에 향하도록 하는 회로의 중요한 구성요소라는 것이 널리 인정되고 있다. 이 동기 회로를 뇌에 의한 감정 정보의 처리과정과 관련하여 살펴보기로 하겠다.

처리과정은 자극을 받아들인 감각계통(소리가 유해한 충격과 짝을 이룬 경우 청각계통)에서 시작된다. 그리고 편도핵 특히 외측핵으로 이행하여 편도핵의 중심핵을 활성화한다.

중심핵의 출력은 종 특이적 방어반응을 일으키고(얼어붙기와 이에 수반하는 자율신경 변화) 복측피개영역에 있는 도파민 뉴런을 포함하는 뇌간의 각성계통을 활성화한다. 복측피개 세포는 측핵 내에 있는(또한 전뇌의 다른 영역에 있는) 축삭말단에서 도파민을 유리한다.

동기의 중요한 일부 측면에 있어서의 측핵과 편도핵 사이의 상호작용 외에 동기회로에는 다른 영역들도 포함된다. 해마는 편도핵 및 측핵과의 연결을 통하여 참여한다. 그리고 환경에 있어 공간 및 기타 관계되는 단서들에 기초한 행동의 유도에 관여한다. 좋은 것을 찾거나 나쁜 것을 피하는 일, 현재의 위치를 아는 일, 어디로 가야 할지를 아는 일, 현재 위치에서 가야 할 곳으로 이동하는 방법을 아는 일, 어떤 종류의 자극이 가는 길을 유도하는 데 소용이 되는지를 아는 일 등이다. 장기기억에서 끄집어낸 이 정보가 필수적이다. 전체적인 목표를 마음에 담아두는 것 또한 중요하다. 그리고 목표를 향한 진행과정을 계속해서 수정하는 일도 중요하다. 전전두피질의 작업기억 기능은 이 능력에 있어 중요할 것으로 생각한다. 전전두피질은 측핵, 편도핵 및 해마와 연결된다.

여기서 취급했던 동기에 관한 연구의 대부분은 동물실험에 근거한 것들이었다. 이 같은 접근법으로 인간의 일상생활에서의 동기를 얼마나 이해하게 할 수 있는가? 해답은 아직 멀었다. 이를 이해하기 위해서는 오늘날의 심리학에서 인간의 동기에 대한 두 가지 넓은 접근법을 고려할 필요가 있다.

첫 번째는 인식적 접근법이다. 1950년대에 인식 부조화라고 하는 학설은 모순된 또는 갈등을 일으키는 생각(예를 들면 "돈을 더 갖기를 원하는 것은 욕심 부리는 것이다." 그리고 "돈이 더 많이 갖는 것은 좋은 일이다.")은 사람을 불편한 상태, 즉 충동 상태가 되게 한다는 것이다. 충동 상태의 요구는 생각을 달리함으로써(예를 들면 "욕심 부리는 것도 그리 나쁘지는 않다." 그리고 "돈을 너무 많이 갖는 것은 그리 좋은 것은 아니다.") 감소한다는 것이다. 이 학설은 관계되는 많은 다른 학설들을 낳게 했다.

예를 들어 인식동기설은 동기를 자기지식의 산물로 보았다. 자기지식은 분명히 자신의 감정에 관한 지식과 그것의 동기화 결과를 포함한다.

사람의 동기화에 대한 두 번째 접근법은 1950년대의 요구-충족 학설이다. 사람은 자연적 유인(배고픔, 목마름, 성 행위)에 민감한 제한된 수의 타고난 동기(요구 또는 충동)를 갖는다는 것이다. 그리고 이들 목표 대상을 이용할 수 있게 하기 위하여 무엇인가를 할 때 동기화가 일어난다. 보통은 과거에 학습했던 어떤 일을 수행할 때 일어난다고 한다. 유인이 행동을 유도할 때 감정이 일어난다는 것이다. 그리고 유인에 의하여 초래되는 행동의 경과는 강화된다는 것이다.

자기인식은 분명히 인간 동기화의 중요한 측면이다. 그러나 자의식이 없는 동물이라도 또는 최소한 사람과 마찬가지의 정체성에 대한 확고한 인식이 없는 동물이라도 행위를 동기화한다. 음식이나 쉴 곳을 찾고 포식자나 상해를 피한다. 사람이 행하는 일의 대부분은 또한 인식 밖에서 걸러내는 과정에 의하여 영향을 받는다. 의식은 중요하다. 그러나 많은 인식적, 감정적 그리고 동기화 과정은 무의식적으로 작동한다.

생각한다는 것은 무엇인가?

"생각하는 갈대"는 파스칼의 《명상록》에 있는 말로 유명하다. 파스칼은 이 책에서 생각이 인간을 위대하게 만든다고 하면서 생각이 없는 인간은 목석이나 금수와 같다고 하였다. 그러면 생각한다는 것은 무엇인가? 날짐승이나 들짐승도 생각을 하는가?

생각은 인간의 능력

생각한다는 것은 다른 어떤 동물도 넘볼 수 없는 인간의 엄청난 능력이다. 특히 창의적 생각은 지구상의 어떤 동물보다 자연환경에 취약한 인간을 살아남을 수 있도록 하였다. 그래서 생각한다는 것은 참으로 무한한 힘이다. 우리가 알고 있지 못하는 것을 떠올려 그것을 우리가 알고 있는 것에 비교하여 전혀 새로운 것을 창조해낸다. 아이디어를 떠올려 그것에 의지하여 탐색하고 여러 각도에서 살펴봄으로써 놀라운 이해에 도달하게 한다. 따라서 생각한다는 것은 그 자체가 보상이며, 마음에 이르는 문이라고 한다.

생각을 유연한 생각과 냉철한 생각으로 나누어 볼 수 있다. 냉철한 생각은 논리적이고 분석적이며 합리적이어서 엄밀하고 정확한 것이고, 유연한 생각은 비논리적이고 즉흥적이어서 자유 분망한 상상과 망상 그리고 어림 짐작하고 추측하는 것이 이에 속한다. 즉, '생각=인식+처리' 라 할 수 있다.

생각은 다양한 얼굴을 가지고 있다. 신중할 수 있고, 무질서할 수도 있고, 장난스러울 수도 있으며, 고상할 수도 있다. 생각은 정신의 바탕에 들어와서 이전에는 존재하지 않았던 것을 창조한다. 그리고 용기를 북돋아주기도 하고 실망시키기도 한다. 범상한 사람이라는 것은 대수롭지 않고 평범한 생각을 하는 보통 사람이다.

생각은 인생을 되돌아보게 한다. 생각은 수단의 표면을 이해하게 할 뿐 아니라 이유의 내면을 볼 수 있게 한다. 생각은 아무 때나 원할 때 여행을 떠날 수 있게 한다. 그리고 바위도 애완동물로 바꿀 수 있다. 또 돈도 벌 수 있다.

생각은 역겨울(남에게 거부감을 느끼게 하는) 수도 있다. 그러나 그것에 머무는 사람은 패배자이다. 인생에는 더 많은 일들이 있는데 무엇 때문에 중요하지 않은 일에 생각을 허비해야 하는가? 생각한다는 것은 오직 사람에게만 있는 특성이라 할 수 있다. 사람들은 설령 자신의 생각이 옳다 하여도 남이 나의 생각을 말하는 것은 좋아하지 않는다. '내 생각에는' 으로 말을 시작하면 남에게 거부감을 느끼게 하는 일은 별로 없을 것이다.

풀리지 않는 해답을 찾으려면 깊이 생각하고 파고들어야 한다. 생각은 말로써 속박에서 벗어나게 한다. 그래서 엉켜버릴 수도 있다. 생각은 스스로 발전한다. 자신을 아는 사람은 자신의 생각에 대해 생각한다. 자신의 행동, 두려움, 환상의 원인에 대해 생각한다. 생각에는 믿음이라고 하는 큰 동지가 있다. 이들 둘이 어울리면 불가능한 일이 벌어진다. "생각은 항상 깊어진다. 이것을 염두에 두라"라고 듀크는 말하였다.

또 아인슈타인은 말하기를 "우리들이 경험할 수 있는 가장 아름다운 것은 신비적인 것이다. 그것은 참다운 예술, 참다운 과학의 요람이 되는 것이다. 그것을 모르는 사람, 이제 더 이상 신비스럽게 생각할 수가 없고 경이를 느낄 수 없는 사람은 죽은 사람과 마찬가지이며 다 타버린 촛불과 같은 것이다"라고 하였다.

쇼펜하우어(1788~1860)[2]는 "스스로 생각하는 일이 정신에 미치는 작용과 독서가 정신에 미치는 작용은 같지 않다. 그리고 양자의 차이는 믿을 수 없을 만큼 크다. 사람은 선천적으로 두뇌의 차이가 있고, 이 차이 때문에 어떤 사람은 스스로 생각하는 데 뛰어나고 어떤 사람은 독서에 능하다. 이러한 선천적 차이는 스스로 생각하느냐 또는 독서를 하느냐에 따라 더욱 증대된다. 독서는 정신이 그 순간에 갖고 있는 방향이나 기분과는 상당한 거리가 있고 또 성질이 다른 사상을 마치 도장을 찍듯이 강제로 정신에 찍어 준다. 이 때 자신은 전혀 아무런 충동이나 흥미를 갖고 있지 않더라도 정신은 외부로부터 때로는 이것을 때로는 저것을 생각하도록 강제하는 셈이다. 이와 반대로 스스로 생각할 경우 정신은 저절로 용솟음치는 자기 자신의 충동에 따르게 된다. 학자란 여러 가지 책을 읽는 사람을 말한다. 사상가, 천재, 세계의 계발자(啓發者) 인류를 진보시킨 사람은 직접 세계라고 하는 책을 읽은 사람들이다. 독서는 스스로 생각하는 일의 단순한 대용물이다. 자기 사상의 성숙을 위하여 다른 사람의 인도를 받는 것이다. 독서는 자기의 두뇌로 생각하는 대신 남의 두뇌로 생각하는 것이다"라고 말하였다.

---

2) 쇼펜하우어(Arthur Schopenhauer, 1788~1860): 독일의 철학자로 염세사상의 대표자이다.

동물의 생각

파스칼은 생각이 없는 인간은 목석이나 금수와 다를 것이 없다고 하였다. 그러면 인간 이외의 동물은 생각하는 능력이 없는가? 동물의 세계에서 벌어지는 여러 가지 흥미 있는 현상들을 보여주는 텔레비전 영상물에서는 동물도 생각이 있다는 예들을 심심치 않게 보여준다. 예를 들어 침팬지가 막대를 사용하여 개미굴을 쑤셔 막대에 달라붙은 개미를 핥아 먹는다거나, 까마귀가 조개를 물고 높이 날아올라 바위에 떨어트려 조개를 깨어먹는 행위 같은 것이다.

자연계에서의 동물의 행동뿐만 아니라 실험실에서도 많은 예가 알려졌다. 일본의 한 영장류연구소에서 관찰한 바에 의하면 침팬지를 실험실에서 훈련시키면 50개 정도의 단어와 11개 정도의 색깔을 구별할 수 있게 된다고 한다. 빨강과 주황색을 구별할 수 있게 훈련한 침팬지에게 빨강색이나 주황색을 보여주면 즉시 이것에 답하는 데 반하여 빨강색과 주황색의 중간색을 보여주면 이것에 답하기까지 시간이 걸렸다고 한다. 침팬지는 그 색깔이 빨강일까, 주황일까? 생각한 것이 틀림없을 것이라고 생각되는 실험이다. 즉 판단에 시간이 걸렸다고 생각된다. 이 실험은 사람을 대상으로 했을 때에도 같은 결과를 보인다고 한다.

아지라고 하는 원숭이는 롭 슈메이커의 25년에 걸친 연구대상이자 친구이다. 아지는 풍요로운 정신세계를 가졌다고 한다. 아지의 지능은 아프리카 원숭이에 뿌리를 두고 있으나, 몇 가지 검사에서는 아프리카 원숭이를 능가하였다. 아지는 추상적 기호를 이용하여 자신의 생각을 전달할 수 있고, 다른 사람의 의도를 이해할 수 있고, 다른 침팬지에서는 볼 수 없는 마음의 유연성으로 보이는 논리적이고 사려 깊은 선택을 할 수 있다. 야생에서 오랑우탄은 혁신적 문화를 이룬다고 한다. 일부 오랑우탄 무리는 나무구멍에 있는 벌레를 잡기 위한 사냥도구를 만든다. 또 어떤 무리는 나뭇잎을 비가리개 모자나 턱받이로 이용하거나 나뭇잎을 뭉쳐 베개로 사용한다. 또는 가시가 돋아 있는 나무를 오를 때 나뭇잎으로 그 부위를 덮고 오르고, 드물지만 어떤 오랑우탄은 나뭇잎을 뭉치고 비틀어 인형처럼 만들어 흔들어 재우는 행동을 한다고 한다.

말하는 앵무새

1977년에 하버드 대학원을 갓 졸업한 아이린 페퍼버그는 대담한 일을 하였다. 당시 대부분의 사람들은 동물을 자동기계로 생각했던 시기였다. 그녀는 다른 동물의 마음을 대화로써 알아보려 하였다. 한 살짜리 아프리카 회색 앵무새 알렉스를 실험실로 옮겨와서 영어를 말할 수 있도록 가르쳤다. "이 앵무새가 언어 소통법을 배운다면 세상이 어떻게 보이는지를 물어볼 생각이다"라고 그녀는 말하였다.

페퍼버그가 처음에 알렉스(31세의 나이로 2007년 9월 사망)와 대화를 시작했을 때 대부분의 과학자들은 동물은 어떤 생각도 할 수 없다고 믿었다. 동물은 단순한 기계 또는 프로그램이 짜여진 로봇과 같아서 생각하거나 느낄 능력은 없고, 그저 자극에 반응할 수 있을 뿐이라는 것이다. 그러나 애완동물을 길러본 사람이면 누구나 이 의견에 동의하지 않을 것이다. 개의 눈에서는 생각과 감정이 있음을 볼 수 있다고 할 것이다. 그러나 이것에 대하여는 아직도 이견이 분분하다. 감정적 직관은 과학이 아니기 때문이다. 감정이 개입된 직관은 사람의 생각이나 느낌을 다른 동물에 투사하기 쉽다. 그러면 어떻게 다른 동물도 생각하는 능력이 있다는 것을 증명할 것인가?

그래서 페퍼버그는 알렉스를 대상으로 연구하게 되었다고 한다. 특정한 재주는 고급 정신활동의 지표가 될 수 있다. 좋은 기억력, 문법과 기호의 의미파악, 자기인식, 타인의 이해, 동기, 남 흉내 내기, 그리고 창의성 등이다. 과학자들은 다른 동물에서의 이들 재주를 조금씩 증명하고 있으며, 사람은 특별한 존재라는 생각에서 벗어나 우리들이 가지고 있는 능력이 어디에서 온 것인지를 생각하기 시작하였다. 덤불 어치는 자기 외의 다른 어치는 도둑이라는 것과 감추어둔 음식은 상할 수 있다는 것을 안다. 양들은 얼굴을 식별할 수 있고, 침팬지는 개미굴을 도구를 이용하여 쑤신다. 심지어 작은 동물을 사냥하기 위하여 무기를 사용한다. 돌고래는 사람의 몸짓을 흉내 내고, 앵무새인 알렉스는 놀라울 정도로 말을 잘하게 되었다.

알렉스가 말을 배우기 시작한 후 30년이 지나서 페퍼버그는 아직도 영어를 가르치고 있으며, 두 마리의 어린 앵무새가 사람과 함께 알렉스와 한 무리를 이루었다. 모든 앵무새가 갈망하는 사회성을 제공하기 위해서이다. 작은 무리이기는 하지만 다른 무리에서와 마찬가지로 무리행동을 보였다. 알렉스가 다른 앵무새들을 지배했고 페퍼버그가 근처에 있을 때는 거만하게 행동하였다. 다른 여성에게는 관대하였고 잠시 방문한 남자조수에게는 잘 보이려고 하였다.

페퍼버그는 알렉스를 시카고의 한 애완동물가게에서 구입했다. 페퍼버그는 다른 학자들에게서 특별히 똑똑한 새를 골랐다는 소리를 듣지 않기 위하여 점원에게 고르게 하였다. 그러나 대부분의 과학자들은 종 사이의 의사소통에 대한 페퍼버그의 노력을 쓸데없는 짓이라고 생각하였다. 심지어는 그녀를 정신이상자로 취급하기도 하였다. 일부 학자들은 침팬지가 더 좋은 대상이라고 하였다. 그러나 아쉽게도 침팬지는 말을 못한다.

침팬지, 보노보, 고릴라에게 부호언어(기호)를 가르치고, 그 기호를 이용한 의사소통으로 인상적인 결과가 얻어지기도 하였다. 예를 들어 보노보인 칸지는 의사소통 기호판으로 사람에게 의사를 전달하고 기호를 조합하여 자신의 생각을 표현하는 방법을 터득하였다. 그러나 이것은 상대방을 올려다보고 입을 열어 말하는 것과 같은 것은 아니다.

어느 날 아침 페퍼버그가 알렉스의 새장이 있는 방으로 들어서니 알렉스가 부리로 진주 빛 털 고르기를 멈추고 부리를 열어 "포도 줘"라고 하였다. 아직 아침을 주지 않았기 때문이다. 페퍼버그의 끈질긴 가르침으로 알렉스는 성대를 사용하여, 거의 100개의 단어를 흉내 낼 수 있게 되었다. 놀라운 것은 어떤 단어는 스스로 생각하여 만들어낸 것 같았다. 예를 들어 사과(애플)를 "반에리"라고 발음하였는데, 사과의 맛은 바나나와 비슷하고, 모양은 체리와 비슷하므로 이들 두 가지(바나나+체리=반에리)를 합성한 것으로 생각된다. 페퍼버그가 기울인 엄청난 노력은 알렉스에게 사람의 언어를 가르치려는 것은 물론 아니었다.

새가 이해하고 있는 세상을 알아보기 위한 수단으로 미숙하나마 생각(새에게도 생각이 있다면)의 표현방법을 가르쳤던 것이다. 그래서 새에게도 생각이 있다는 증거를 볼 수 있었다. 녹색의 열쇠와 녹색의 컵을 보여주고 "무엇이 같지?"라고 물었더니 망설임 없이 "색깔"이라고 답했다. 이어서 "무엇이 다르지?"라고 물었더니 역시 곧 "모양"이라고 하였다. 고등포유류에게만 있다고 생각되었던 인식능력, 즉 같은 것과 다른 것의 개념을 이해할 수 있는 능력이 새(알렉스)에게도 있다는 것을 보여주는 것이다. 새들은 먹이를 구하기 위하여 익은 열매와 설익은 열매를 색깔로 구별할 수 있어야 한다. 또 어떤 것이 먹을 수 있는 것이고 어떤 것은 먹을 수 없다는 것인지 분류할 수 있어야 한다. 또 살아남기 위해서는 포식자를 모양으로 식별할 수 있어야 한다. 새들이 살아가는 동안에 이 모든 일을 육감으로만 할 수 없으며, 여기에는 반드시 인식과정이 있어야 할 것이라고 과학평론가 버지니아 모렐은 말하였다.

동물의 지능 진화

마음속으로 세상을 단순한 추상적 카테고리로 분류하는 능력은 생명체에 있어 대단히 중요한 능력이라고 생각한다. 그러면 이 능력이 진화를 통하여 사람의 지능에 이르게 하였을까? 찰스 다윈은 진화론을 사람의 뇌에도 적용하여 사람의 지능 발달을 설명하려고 하였다. 즉 다른 생리학적 기능과 마찬가지로 지능도 단순한 생명체로부터 진화했다고 생각하였다. 사람을 포함하여 모든 동물은 생명을 유지하기 위한 동일한 도전에 직면했을 것이기 때문이다. 모든 동물은 배우자나 음식이 필요했을 것이고, 숲과 바다 그리고 하늘에서 길을 찾아야 했을 것이다. 이들 과업을 다윈은 문제해결 및 분류 능력이라고 하였다. 다윈은 그가 관찰한 바를 근거로 지렁이도 지능이 있을 것이라고 하였다. 자신의 굴을 막는 나뭇잎의 종류를 구별해 내는 것이 틀림없다고 생각하였다. 다윈이 지렁이에서 발견하고자 한 것은 동물계에도 지능의 차이가 있음을 말하는 것이다. 그러나 다윈이 동물지능에 관한 견해는 20세기 초반까지 인정받지 못하였다. 이 야외 관찰을 의인화로 각색한 일화에 지나지 않은 것으로 치부했다. 그러나 행동과학의 철저한 연구를 통하여 동물은 단순한 기계가 아니라는 것에 대체로 동의하게 되었다. 특히 집에서 애완동물을 기르는 사람들은 이에 동의할 것이다. 만일 동물이 단순한 기계에 지나지 않는다면 사람 지능의 출현은 어떻게 설명할 수 있겠는가?

새로운 정신 기능이 얼마나 쉽게 생겨나는지는 개를 통한 연구에서 볼 수 있다. 2001년에 독일의 한 TV쇼에서 리코라는 개의 재주를 보여준 일이 있다고 한다. 리코는 약 200가지 장난감의 이름을 알고 있었고, 새로운 것의 이름도 쉽게 습득하였다고 한다. 그 소문을 듣고 라이프치히의 막스프랑크 연구소 진화인류학 연구자들이 리코와 그 개의 주인을 연구소에서 만나 보았다. 리코는 개답지 않은 재주를 보였다. 걸음마하는 어린아이 정도로 단어를 쉽게 습득하였다고 한다. 그리고 리코는 어린아이들이 단어를 습득할 때와 같은 방식으로 단어를 익혔다고 한다.

개가 사람과 같은 형태의 의사소통한 것을 오랫동안 사람과 생활하면서 새롭게 진화한 것으로 생각한다. 개를 가축으로 길들이기 시작한 것은 약 15,000년 전부터이다. 이 기간은 언어 능력이 생겨나기에는 너무 짧은 기간이다. 그러면 얼마나 사람의 능력과 비슷할까? 사람은 추상화하기 위하여 기호를 이용한다. 그리하여 서로를 비교한다. 개에게도 이 같은 능력이 있을까? 한 실험자는 베시라는 개에게 여러 장의 사진을 보여주었다. 그 사진들은 베시가 본 일이 없었던 것으로 개 장난감 사진이었다. 물론 그 사진은 실제 장난감은 아니고 그림일 뿐이다. 베시는 2차원의 그림과 3차원의 실제 물건을 연결시킬 수 있을까? 실험자는 베시의 주인에게 여러 사진 중의 하나를 집어 들어 베시에게 보여주고 그 물건을 찾아오도록 하라고 하였다. 그 사진은 무지개 빛깔의 플라스틱 원반이었다. 베시는 사진과 주인의 얼굴을 살피더니 부엌으로 뛰어갔다. 그리고 그곳에 있는 다른 장난감 중에서 플라스틱 원반을 물고 왔다. 베시는 사진에서 플라스틱 원반의 특징을 파악하고 다른 장난감과 이를 구별한 것이다. 즉 개에게도(적어도 베시에게) 사람과 같은 사고 능력인 추상화 능력이 있다는 것을 보여 준 것이다.

그래서 아직까지는 어떤 동물도 고층빌딩이나 컴퓨터를 만들지는 못하지만, 창조성이라는 것은 다른 지능과 마찬가지로 단순히 무에서 솟아나는 것이 아니라 진화하는 것이라고 동물 연구자들은 말한다. 텔레비전의 동물 관련 다큐 프로에서 침팬지가 가는 나뭇가지의 이파리를 훑어내고 이것을 개미굴에서 개미를 낚아 올리는 도구로 이용하는 것을 보고 사람들은 신기해했다. 진화 과정에서 침팬지는 사람과 같은 조상으로부터 파생하였으므로 똑똑하다고 한다면 침팬지와 비슷하게 도구를 사용하는 새는 어떤가? 사람과 새의 공통 조상이 되는 파충류는 3억 년 전으로 거슬러 올라가야 한다. 따라서 진보된 지능의 진화는 사람이나 영장류에게서만 있었던 것은 아닐 것이다. "동물의 행동 연구가 보여주는 것은 우리에게 큰 교훈이 된다. 우리는 겸손해야 한다. 발명하고 계획하는 능력은 오로지 사람만의 능력은 아니다"라고 버지니아 모렐이 말하였다.

미시건 주립대학 생리학교수인 로버트 루트번스타인은 역사학자인 그의 부인과 함께 쓴 저서 《생각의 탄생》에서 모든 지식은 관찰에서부터 시작된다고 하였다. 관찰이란 수동적으로 보는 행위와는 다른 것으로 예리한 관찰자는 모든 종류의 감각정보를 활용하며, 위대한 통찰이란 세속적인 것에서 장엄함을 감지하는 능력을 말한다는 것이다. 다시 말해 통찰이란 모든 사물에 깃들어 있는 매우 놀랍고도 의미심장한 아름다움을 감지하는 능력에 달렸다는 것이다. 그래서 관찰은 생각의 한 형태이고, 생각은 관찰의 한 형태라는 것이다.

세상에 관한 모든 지식은 처음에는 관찰을 통하여 습득한다. 즉 보고, 듣고, 만지고, 냄새를 맡고, 맛을 보고, 몸으로 느끼는 것들을 통하여 습득한다. 이런 느낌과 감각을 다시 불러내거나 어떤 심상으로 만들어 머릿속에 떠올리는 능력을 형상화라 한다. 아인슈타인 같은 과학자나 피카소 같은 화가

지렁이에도 뇌가 있을까?

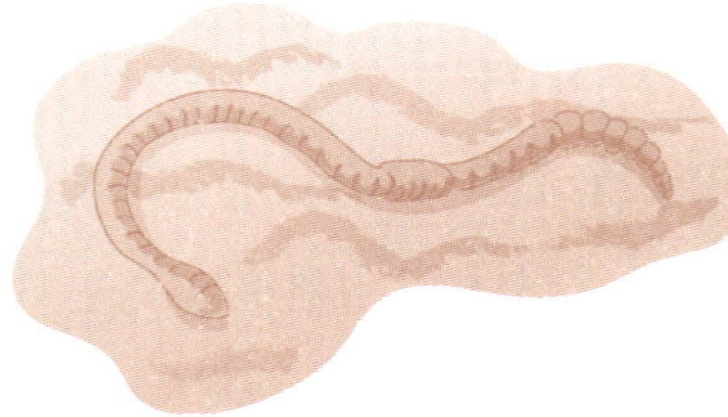

지렁이에도 원시적이지만 뇌와 비슷한 기능을 하는 신경계 구조가 있다고 한다. 그러나 원시적인 신경계를 뇌라고 할 수는 없다. 히드라나 해파리 등 하등한 강장동물의 신경세포는 서로 뒤엉켜 신경망을 이루고 있다. 이것이 가장 원시적인 신경계라 할 수 있다.

강장동물의 자손인 기생충 등의 편형동물은 신경세포가 모여서 줄기를 이루고 몸의 세로 방향으로 늘어서 있다. 이 세로 줄기들은 서로가 교차된다. 고등한 편형동물에 이르러 세로 줄기가 교차하는 몇몇 장소에 신경세포의 수가 많아져 신경절이 생겨나 복잡한 기능을 떠맡게 되었다.

편형동물로부터 생겨났다고 여겨지는 환형동물(지렁이 등)에서는 모든 신경세포가 신경절에 모이고, 이들을 연결시키는 신경줄기(세로줄기)는 이 신경세포들의 긴 돌기가 통과하는 장소에 불과하다. 보통 각 몸 마디에는 한 쌍의 신경절이 있고 이들은 가로로 연결된다. 또한 앞뒤 마디의 한 쌍의 신경절도 세로로 연결된다.

이와 같은 신경계는 계단 모양으로 되어 있어 '계단형 신경계'라 불린다. 그 중에서 머리에 있는 신경절은 가장 크고 복잡한 기능을 하면서 다른 신경절 고리와 연관하여 주도적인 역할을 맡고 있다.

최초에 척추동물의 뇌가 어떠했는지는 알 수 없지만, 원생동물의 하나인 괄태충(민달팽이)은 신경관만 있고 뇌는 없다. 뇌가 처음 나타난 것은 원구류(장님장어, 칠성장어)와 어류이다.

또는 베토벤 같은 음악가는 그들이 실제로 본 적이 없는 것을 마음의 눈으로 보고, 세상에 존재한 적이 없는 노래를 들을 수 있으며, 한 번도 만져 본 적이 없는 사물의 질감을 느낄 수 있는 능력을 지닌 사람들이다.

생각한다는 것이 뇌의 활동인 것만은 틀림없다. 그러나 뇌의 어느 곳에서 어떻게 생각이라는 현상이 일어나게 되는지는 아직 알려진 바가 많지 않다.

다만 사람과 원숭이 같은 영장류의 연구에 따르면 대뇌의 연합야라는 부위가 중요한 역할을 할 것으로 추측한다. 예를 들어 사람의 전두연합야라는 곳에 손상이 있으면, 담배에 라이터로 불을 붙이고 불 붙은 쪽을 입으로 가져가는 것 같은 기묘한 행동을 한다.

여기서 특수한 신경세포에 대해 잠시 살펴보도록 하겠다. 원숭이에게 초록색 전구에 불이 켜지면 손잡이를 누르도록 훈련하고 빨간 전구에 불이 켜졌을 때는 누르지 않도록 훈련하였다. 이 때 원숭이가 잘못 누르면 실수했을 때에만 활동을 나타내는 신경세포가 전두연합야와 대상회라고 하는 대뇌의 일부에서 발견되었다. 이와 같은 현상은 고양이의 해마에서도 발견되었다. 논리학에서 생각한다는 것은 판단하는 것이라고 한다. 원숭이가 초록색인지 빨간색인지를 판단하는 것과 같은 이치다. 그래서 그 같은 일을 하는 장소와 세포가 뇌에 있다는 말이 되겠다. 사람에도 그런 신경세포가 있을까? 예를 들어 사랑하는 사람을 생각하면 활성을 나타내는 '사랑세포'가 있을까? 아직은 그런 신경세포가 발견된 일은 없었고, 어쩌면 허황된 생각일지도 모르겠다.

판단이란 무엇인가?

우리는 일상생활에서 여러 가지 일에 부딪치게 되고 각각의 경우 형편에 따라 여러 가지로 판단해야 할 일이 있기 마련이다. 신뢰성이 높은 판단이란 시시각각 변하는 상황을 잘 분석하여 수많은 선택사항 중에서 가장 적합한 것을 고르는 것이다. 대뇌피질의 여러 가지 장소에 손상이 있을 때 판단 행동에 장애를 나타내는 것으로 미루어, 판단에는 대뇌피질의 넓은 영역이 관계된다는 것을 알 수 있다.

판단에는 우선 외부로부터 들어온 정보를 적당한 범주로 분류하고 언뜻 보아 무의미한 것에서 의미 있는 것들만 골라내는 지각 및 인식 능력이 요구된다. 대뇌피질의 시각피질이라고 하는 영역에는 자극의 어느 특정 요소에만 반응하는 신경세포가 있다. 예를 들면 색깔이나 모양에만 반응하는 신경세포가 있다. 이들은 자극을 분석한다거나 자극의 특징을 추출하는 데에 쓰이는 것이다. 또 측두연합야의 상측두회라고 하는 영역에는 단순한 색깔이나 형태가 아니고, 얼굴이나 열매 같은 대단히 복잡한 특징들이 있는 대상에 대해 강하게 반응하는 신경세포가 있다. 이 같은 신경세포들은 여러 가지 빛 자극 중에서 얼굴이나 열매의 특징만을 추출하여 식별하는 역할을 한다.

마카크 원숭이에게 여러 종류의 원숭이들이 섞여 있는 사진을 보여주면, 사람의 눈으로는 거의 식별이 안 되지만 그 원숭이는 마카크 원숭이만 골라낸다고 한다. 원숭이가 어떻게 자신의 무리인지 아닌지를 가려내는지는 아직 잘 모른다. 마카크 원숭이의 특징을 추출하여 분석하는 신경세포가 측두연합야의 어느 곳엔가 있어서 그것을 정확하게 판별할 수 있게 할 것이라고 추측할 뿐이다.

측두연합야의 신경정보는 전두연합야로 보내진다. 여러 가지 상황에서 가장 적합한 처리 방법을 선택하여, 이를 행동과 결합하는 역할은 전두연합야에서 이루어진다고 생각한다. 전두연합야에 손상이 있는 환자에게 복잡한 그림을 보여주고 그 그림에 있는 것을 설명하라고 하면 그림의 일부분만 보고 엉뚱한 소리를 한다. 이 환자가 대답한 것은 단편적이고 자극에 대한 반응이 짧게 잘려서 하나하나의 사건에서 일반적인 원칙을 찾아내는 추상력이 없어졌기 때문이다. 전두연합야에 손상이 있으면 자극과 반응의 결합에도 장애가 있어서 순서가 정해진 행위를 잘 수행하지 못한다. 또 어느 한 가지를 고집하여 임기응변이 어렵다. 집중력도 떨어져 주의가 산만히진다. 이들 중 어느 능력에 장애가 있어도 판단을 어렵게 한다.

이와 같이 우리들이 별로 대수롭지 않게 생각하는 판단도 뇌의 복잡한 정보처리가 필요하고 특히 측두연합야나 두정연합야에서 전두연합야에 이르는 영역에는 상황의 분석과 그에 상응하는 행동을 계획하는 중요한 신경회로가 있다.

우뇌인간 또는 좌뇌인간이란?

우뇌와 좌뇌의 특징

1981년 생리의학부문의 노벨상을 수상한 미국의 신경과학자 로저 스페리는 오른쪽 대뇌반구와 왼쪽 대뇌반구를 연결하고 있는 신경섬유다발인 뇌량을 수술로 절단한 환자의 뇌 활동을 조사하여, 우뇌와 좌뇌의 활동을 다음과 같이 정리하였다.

“오른쪽 대뇌반구와 왼쪽 대뇌반구는 수술로 분리하게 되면 많은 정신활동이 독립적으로 이루어지게 된다. 각각의 대뇌반구가 각자 자신의 독립적인 감각, 지각, 생각을 가지고 있으며, 다른 한쪽 대뇌반구에서의 경험과는 격리된다. 각각의 대뇌반구는 별개의 마음을 갖는 것이다.”

즉 뇌의 어느 반쪽은 각각의 마음을 가지고 독립적으로 활동할 수 있다는 말이다. 물론 좌우 대뇌반구를 연결하는 신경섬유가 절단되었을 때의 이야기이다. 하나의 뇌에서 한쪽 대뇌반구가 상대 대뇌반구에서 일어나는 일과 연락이 끊어져 이해할 수 없게 되는 것이다.

대뇌반구 분리수술을 받은 어느 환자의 이야기가 있다. 매일 아침 일어나는 시간은 일정하였고, 그 시간이 되면 자연스레 눈이 떠져 깨는 것이 보통이었다. 그런데 어느 날 완전히 깨지 않았는데 왼쪽 손이 움직여 오른쪽 뺨을 긁었다. 이 환자는 깨어났을 때 왜 손이 움직였는지 알 수가 없었다. 언어를 사용하지 않고 생각하거나 판단하는 것은 오른쪽 뇌로 알려져 있다. 이 환자의 경우 오른쪽 뇌가 깨어 있었다고 생각되는 것이다. 즉 이 환자의 뇌는 독립적으로 활동하고 있었던 것이다. 이처럼 뇌량의 신경섬유가 활동하지 못하면 두 개의 마음이 하나의 뇌에서 활동하게 된다.

오른쪽 뇌는 언어를 사용하지 않으므로 남에게 잘 설명할 수 없다. 그러나 오른쪽 뇌는 왼쪽 뇌에 비해 감정의 변화를 잘 이해할 수 있어서 희로애락의 변화는 주로 우뇌가 담당한다. 사람의 얼굴을 보고 기분이 좋아 보인다거나 오늘은 우울해 보인다고 판단하는 것도 오른쪽 뇌가 하는 일이다.

소설 《지킬박사와 하이드》에는 한 몸에 악인과 선인이 공존하는 이중인격을 다룬 소설이다. 지킬박사는 모든 사람들로부터 존경받는 의사이나 하이드는 더 이상 불쾌할 수 없는 생김새에다 살인이라는 악행을 저지른다.

두 사람은 한밤중에 특별한 약을 먹고 서로 바뀐다. 이 소설의 작가 스티븐슨은 하나의 뇌에 두 개의 인격을 공상한 것이었으나 분리수술은 이 공상을 실현한 것이라 할 수 있다. 악인이 되었건 선인이 되었건 그 행동이 언어를 통하여 생각한 결과이면 왼쪽 뇌가 활동한 것이고, 마음속으로 판단한 것처럼 뇌가 언어를 사용하지 않고 활동한 것이면 오른쪽 뇌가 활동한 것이라 할 수 있다.

주로 오른쪽 뇌를 사용하는 사람을 우뇌인간, 주로 왼쪽 뇌를 사용하는 사람을 좌뇌인간이라고 한다. 뇌의 분업이라는 측면을 생각하여 그렇게 나눌 수는 있겠으나, 다른 여러 가지 기준으로 사람을 두 종류로 나누는 일은 오래전부터 있어 왔다. 이과적 인간과 문과적 인간, 지성적 인간과 감성적 인간, 집중적 인간과 분산적 인간, 수직사고 인간과 수평사고 인간 등을 들 수 있다. 추상과 구체, 현실과 공상, 분석과 총체, 객관과 주관, 순차와 동시 등으로 나눌 수도 있는데, 이 경우 대체로 전자가 좌뇌인간에 해당한다고 할 수 있다.

뇌량에는 약 2억 개의 신경섬유가 있어 뇌에서 가장 큰 연락로이 기능을 한다. 이 신경섬유는 좌우 뇌의 대칭인 곳을 연결하는 것이다. 그래서 좌우에서 별개로 이루어지는 활동을 통합하는 역할을 하게 된다. 따라서 우뇌인간 또는 좌뇌인간으로 나눈다 하더라도 반대측 뇌는 전혀 사용하지 않는다는 의미는 아니며, 어느 쪽 뇌를 주로 사용하는가라는 의미 정도르 생각하

표 4-1 좌뇌와 우뇌의 특성 비교

좌뇌	우뇌
말과 계산 등 논리적인 기능	음악과 그림 등 이미지를 떠올리는 기능
이름의 기억, 단어의 사용 등 언어 학습에 유리	얼굴 기억, 경험 등 비언어적이며 활동적인 학습에 유리
논리적인 생각과 사고로 문제해결	직관적 판단에 의하여 문제해결
추리를 통한 학습, 수학 학습에 유리	기하학적 학습, 공간적 · 시각적 과정을 통한 학습에 유리
이성적 · 사실적이며, 현실적인 것을 선호	감정적, 창조적이며 새로운 것 선호
귀납적, 논리적, 분석적, 추상적, 상징적	연역적, 창의적, 직관적, 구체적, 시 · 공간적
남성적, 공격적, 능동적	여성적, 수동적, 신비적, 예술적

면 될 것이다.

사람에 따라 사람의 이름은 잘 외우지만, 지도는 잘 보지 못하는 경우는 흔히 있는 일이다. 물론 그 반대의 경우도 있다. 또 어느 것이나 잘 하는 사람도 있다. 어릴 때부터의 훈련으로 좌뇌나 우뇌를 잘 사용하는 경향이 결정될 수 있으므로 때와 장소에 따라 우뇌인간 또는 좌뇌인간이 될 수 있도록 훈련하는 것이 좋을 것이다. 요컨대 뇌량을 효과적으로 사용하는 것이 중요하다 하겠다.

연령별 뇌 발달

그러면 우뇌와 좌뇌는 언제부터 나누어질까? 갓 태어난 아이 뇌의 무게는 어른 뇌의 4분의 1 정도이지만 2세 된 유아의 뇌는 어른 뇌의 4분의 3에 이르게 된다. 이맘때가 되면 유아는 언어를 사용하기 시작한다. 1960년대까지는 언어의 습득과 함께 왼쪽의 언어뇌가 활동을 시작한다는 생각이 유력했다. 그러나 최근 10여 년의 연구로 태어나자마자 우뇌와 좌뇌가 나뉘어 활동을 시작한다는 것이 점차 밝혀졌다.

그래서 운동이나 감각에 관여하는 신경계는 교차하여 우뇌는 신체의 왼쪽을 그리고 좌뇌는 신체의 오른쪽을 지배한다. 이 원리를 이용하여 좌우의 귀에 서로 다른 소리를 들려주어 경쟁하도록 하면 우뇌와 좌뇌의 차이를 검사할 수 있다. 말을 이해할 수 있는 3세 정도의 어린이는 어른과 마찬가지로 말을 사용하여 검사할 수가 있는데 이 나이의 어린이에서는 언어에 대해 오른쪽 귀(좌뇌)가 우세함을 보인다고 한다. 그런데 말을 이해하지 못하는 2세 이하의 유아에서는 간단하게 알아내기가 쉽지 않다. 생후 50일째 되는 영아의 양쪽 귀에 어떤 소리를 들려주고, 젖꼭지를 빨도록 가르치고 이를 반복하면 영아는 곧 습관이 되어 젖꼭지 빠는 횟수가 줄어든다고 한다. 이때 오른쪽 귀 또는 왼쪽 귀에 서로 다른 말을 들려주면 오른쪽 귀(좌뇌)의 말이 바뀌었을 때 젖꼭지를 빠는 횟수가 증가했다. 언어에 대한 좌뇌 우세가 생후 50일에 이미 생겨났다는 것을 말하는 것이다. 또 다른 연구에서는 언어는 오른쪽 귀(좌뇌) 우세를 보이고, 언어가 아닌 소리에 대해서는 왼쪽 귀(우뇌)가 우세함을 보였다.

말을 이해하지 못하는 영아에서 좌우 뇌의 우세성을 알아보는 또 한 가지 방법이 있다. 유발뇌파라는 것을 이용하는 방법이다. 한 연구에서는 생후 1주에서 10개월 사이의 영아에게 "바"라는 소리를 들려주고 이 소리에 의하여 유발되는 뇌파를 검사했더니 10명 중 9명에서 뇌파의 진폭이 커지는 결과를 얻었다. 한편 생후 1일에서 35일까지의 영아 50명의 연구에 따르면 소리를 들려주었을 때 왼쪽의 뇌파가 비슷한 양상을 보였고, 번쩍이는 빛을

나는 좌뇌인간인가, 우뇌인간인가?

오른손잡이, 왼손잡이는 우뇌, 좌뇌와 관계가 깊다. 별로 좋은 표현방법은 못되나, 우세뇌와 열세뇌라고 하여 좌우 뇌를 구별하는 방법이 있었다. 다른 구별 방법으로는 언어뇌와 비언어뇌로 구분하는 것이다. 이 경우 언어뇌는 우세뇌를 말하며 비언어뇌는 열세뇌를 의미한다. 그런데 우세뇌, 열세뇌라고 하면 마치 우뇌와 좌뇌의 우열을 가리는 것으로 오해하기 쉽다. 그러나 좌우 뇌의 활동이 알려짐에 따라 별개로 활동하지만, 그것이 좌우뇌의 우열을 가리는 것이 아니라는 것이 분명해졌다. 그래서 우세뇌, 열세뇌라는 용어 대신 좌뇌, 우뇌 또는 언어뇌, 비언어뇌라는 용어를 사용하는 경향이 커졌다.

오른손잡이의 경우 운동성언어중추(브로카)와 감각성언어중추(베르니케)는 좌뇌의 활동이 우세하다. 왼손잡이의 경우는 그 반대가 된다. 그런데 왼손잡이를 강제로 오른손잡이가 되도록 훈련하면 말을 더듬게 된다.

보여주었을 때는 우뇌에서 비슷한 뇌파의 양상을 보였다고 한다.

이처럼 태어나자마자 좌뇌와 우뇌가 나뉘어 활동하기 시작한다는 것은 이때부터 이미 언어의 학습이 시작되었다는 것을 말해주는 것이다. 따라서 생후 1, 2년 사이에 영아가 처한 환경은 언어의 학습과정에 크게 영향을 미칠 수 있다는 것을 유의할 필요가 있을 것이다.

남성의 뇌와 여성의 뇌는 다른가?

양이온이나 음이온, 동물의 암수처럼 서로 상대하여 질서를 이루고 있는 예는 자연계에 무수히 많다. 인간세계에도 남성과 여성이 있어 서로 조화를 이루어 이 세상을 꾸려나가고 자손을 이어나간다.

여성과 남성의 차이점

여성과 남성의 차이는 여러 가지가 있다. 몸매나 체격, 근육의 힘, 공격성 등이 차이가 있다. 이 같은 차이는 사춘기 이후에 두드러지게 나타난다. 사춘기 이후에 충분한 활성을 나타내는 성호르몬(에스트로겐과 안드로겐)이 중요한 역할을 하는 것으로 생각한다. 그러나 어린아이들의 노는 모습을 보면 여자아이는 조용한 소꿉놀이를 즐기나 남자아이는 근육을 사용하는 전쟁놀이 같은 것을 즐긴다. 이 같은 차이는 사춘기 이후의 차이와는 달라서 반드시 성호르몬에 의한 것은 아니다. 최근의 연구에 의하면 뇌의 활동이 유아 때부터 다를 것이라고 생각된다.

남성과 여성의 뇌는 태아 시기부터 차이가 난다고 한다. 최근에 알려진 사실이지만, 좌우 대뇌피질을 연결하는 뇌량은 여성의 것이 약 20% 정도 크다고 한다. 특히 뒤쪽이 두드러지다고 한다. 시각이나 주변의 공간인식 그리고 언어의 이해에 관계되는 영역들을 연결하는 부분이다.

대뇌피질의 활동에서도 남녀의 차이를 볼 수 있다. 시각(보는 것), 청각(듣는 것), 그리고 촉각(느끼는 것) 등 외부 세계를 이해하는 능력(공간인지능력)은 남성 쪽이 더 우세하다고 한다. 언어를 이해하고 말을 잘 구사하는 능력은 여성 쪽이 더 우세하다고 한다. 이 같은 경향은 유아 시기에도 나타나서 말을 시작하는 것이 여자아이가 수개월 빠른 것이 보통이다.

여러 가지 심리검사를 종합하여 도표를 만들면 대체로 정규분포 곡선을 보인다고 한다. 종 모양의 정규분포 곡선에서 꼭지점에 해당하는 성적을 보인 사람 수가 가장 많다는 것을 의미한다. 언어 검사에서는 여성의 경우 분포곡선이 오른쪽으로 치우친다. 공간 검사에서는 남성의 경우 분포곡선이 오른쪽으로 치우친다. 즉 성적이 좋았던 사람이 여성의 경우 언어검사에서 그리고 남성의 경우 공간검사에서 많았다는 것을 의미하는 것이다. 그래서 이 같은 분포곡선을 비교하면 남녀의 차이를 확연하게 볼 수 있다. 다만 주의할 것은, 분포곡선이 보여주듯이 남성 중에도 여성보다 언어능력이 뛰어난 사람도 있고, 여성 중에도 남성보다 공간인지능력이 뛰어난 사람이 있다.

남녀의 성을 결정하는 것은 성염색체로써 X염색체가 두 개 있으면(XX) 여성이 되고, X염색체와 Y염색체가 있으면(XY) 남성이 된다. 이것은 난자가 수정될 때에 결정된다. 난자와 정자는 감수분열로 증식하므로 염색체 수가 보통 세포의 반이 된다. 그리고 난자와 정자가 만나서 새로운 생명이 탄생할 때는 아버지 쪽에서 X 또는 Y염색체를 받고 어머니 쪽에서 X염색체를 받게 되는 것이다.

성호르몬을 분비하는 세포의 종양이나 당뇨병치료제 때문에 임신한 어머니가 임신초기에 남성호르몬의 혈중 농도가 보통 이상으로 높으면 여성 태아의 뇌는 남성의 뇌로 발달한다. 태어난 여아는 말괄량이가 되고 남자에게 관심을 보이지 않고 인형놀이를 즐기지 않게 된다. 분명한 여성으로 아이를 생산할 능력도 있지만 남자아이처럼 행동하게 되는 것이다. 즉 사람의 성을 결정하는 것은 염색체이지만 뇌의 활동은 태아 시기 성호르몬의 영향으로 결정된다고 생각되는 것이다. XX염색체인 여성의 뇌가 태아 시기 남성호르몬의 영향으로 남성처럼 활동하게 된다는 것이다. 반대로 XY염색체인 남성의 뇌가 태아시기에 남성호르몬의 영향을 받지 못하면 여성처럼 된다는 것이다.

자연의 장난이라고밖에 볼 수 없겠지만 종종 성을 결정하는 염색체의 이상을 가지고 태어나는 사람이 있다. 한 예로는 X염색체를 하나만 가지고 태어나는 여성이 있다(XO). 이런 여성은 어른이 될 때까지 보통의 여자처럼 자라나고 특별한 이상을 보이지 않는다. 그래서 보통은 월경이 나타나지 않아 병원을 찾게 되면서 발견된다. X염색체가 하나밖에 없는 XO염색체를 가진 여성은 난소가 만들어지지 않으므로 성호르몬의 분비량이 적어진다.

성질은 어른스럽고 어린아이를 좋아하고 요리를 즐기며 언어를 사용하는 직업을 택하는 경향이 있다. 여성의 성질이 강조되어 여성 중의 여성이라고 할 수 있는 행동을 유아 시기부터 보인다(다나증후군). 하지만, 뇌의 활동을 조사해보면 공간인지능력이 보통 여성보다 떨어지고 물건을 만져보고 식별하는 능력이 떨어진다. 기하학적 도형을 알아보기 힘들고 산수 능력이 떨어져 셈을 잘 못한다. 그래서 일상생활에 어려움을 겪게 된다. 요컨대 다나증후군의 여성은 우뇌의 활동이 보통 여성보다 열등한 것이다.

반대로 보통의 남성보다 Y염색체가 하나 더 많은 XYY의 남성이 있다. 보통의 남성보다 키가 크고, 행동은 공격적이어서 폭력사건을 일으키기 쉽다. 신체는 마른편이고 공간인지능력은 보통과 크게 다르지 않다.

이런 사실로 미루어 공간인지능력에는 Y염색체가 필요하고, X염색체는 두 개가 있어야 보통 여성의 공간인지능력을 나타낼 수 있는 것으로 생각된다. Y염색체는 남성의 우뇌 활동과 관계가 있으나 그 활동에 Y염색체가 두 개씩이나 필요한 것으로 생각되지는 않는다. 이같이 성염색체와 좌우뇌 기능의 분업을 관계 지어 생각하고 있으나, 성염색체의 어느 염기서열이 신경세포의 발생과 분화 그리고 기능에 관계하는지는 아직 밝혀지지 못하였으며, 이제부터 풀어야 할 숙제의 하나이다.

한편 앞서 언급한 뇌량이 크다는 것은 보통 2억 개에 달하는 신경섬유로 이루어진 뇌량의 신경섬유가 많거나 신경섬유가 보통보다 굵다는 것을 의미한다. 신경섬유가 많으면 좌우 대뇌반구의 정보교환이 더 원활하게 이루어질 것이고, 신경섬유가 더 굵으면 정보 수송 속도가 빨라질 것이다. 즉 여성의 뇌량이 크다는 것은 여성의 뇌는 좌우의 조화가 더 잘 이루어질 것이라 생각되는 것이다. 이것이 유전적으로 결정되는 것인지 아니면 태아기에 성호르몬의 영향으로 이루어지는 것인지는 아직 알려진 바가 없다.

뇌량의 크기는 한쪽 대뇌반구의 활동에 치우치는 경향이 남성에 많은 것과 관계가 있을 것으로 생각된다. 수학자, 물리학자, 건축가 등 수렵활동에 상응하는 능력을 잘 발휘하는 것은 남성에 더 적합하고, 좌우뇌의 기능을 필요로 하는 언어를 사용하여 육아나 교육하는 등 채집활동에 상응하는 직업은 연성에 더 적합할 것이라 생각된다.

잠잘 때 뇌는 무엇을 하나?

잠자는 동안에 뇌와 몸은 보통 쉬고 있을 것이라고 생각하나 실은 그렇지 않다. 잠은 깊어졌다 얕아졌다 하는 리듬이 있고 성질이 다른 두 종류의 잠이 있다. 그 하나는 뇌도 잠잔다고 할 수 있는 상태이다. 뇌파를 보면 뇌의 활동이 휴식상태라는 것을 알 수 있다. 잠의 리듬으로는 깊은 잠에 빠졌을 때에 해당한다. 맥박과 호흡은 느려지고 규칙적이 되며 조용하게 잠들어 외부 자극으로 쉽게 깨어나지 않는다. 이름을 부르는 정도로는 깨어나지 않는

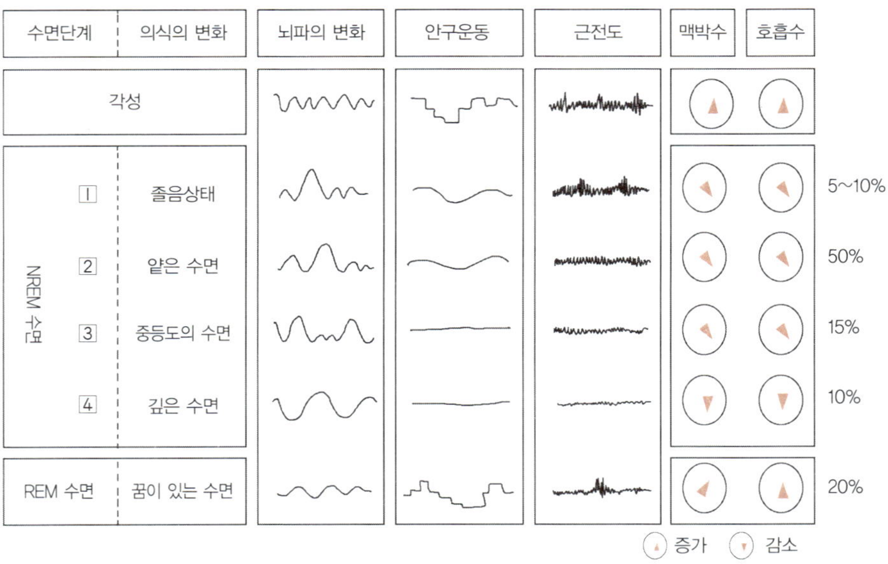

그림 4-2 수면시의 뇌파와 신체 변화. 수면은 비렘수면(NREM)과 렘수면(REM)으로 나눌 수 있으며, 수면의 단계는 4단계로 구분한다. 제1단계는 졸음상태이고, 제2단계는 얕은 수면상태로 가벼운 자극으로도 쉽게 깨어난다. 제3단계는 중등도의 수면상태로 심한 자극으로 깨어난다. 제4단계는 깊은 수면상태로 자극에 의하여 쉽게 깨어나지 않는다. 렘수면 때 꿈을 꾸게 된다. 보통 렘수면은 전체 수면의 20% 정도를 차지한다.

다. 또 하나는 뇌가 약간 활동하고 있어서 뇌파를 보면 빠르고 잠의 리듬으로는 얕은 잠 상태이다. 이 시기에 꿈을 꾸게 되고 안구가 빠르게 움직이는 특징이 있다. 그래서 이때를 급속안구운동수면(REM수면, 렘수면)이라고 한다. 이에 대해 급속안구운동이 없는 잠을 NREM수면(비렘수면)이라고 한다. 이처럼 잠을 잔다는 것은 렘수면과 비렘수면이 반복되는 것이다(그림 4-2).

우선 잠자리에 들면 전신의 근육은 이완되고 머리가 멍해진다. 그리고 어느 순간에 빠르게 잠에 빠져든다. 이것이 잠의 제1단계이다. 이 시점에서 깨어나면 자신이 잠자고 있었다는 것을 알지 못한다. 이 단계에서는 호흡과 맥박은 느려지고 근육은 이완된다. 제2단계는 조용하게 잠든 상태로써 이 시점에서 깨어나게 되면 정신이 맑아질 때까지 2~3초 걸린다. 그래서 자신이 잠자고 있었다는 것을 알 수 있다. 잠들고 나서 30분 정도 지나면 제3, 4단계가 되는데 뇌파는 진폭이 커지고 느리게 된다. 이때는 깊은 잠에 빠진 상태이다.

아주 깊은 잠에 빠진 후 30분 정도 지나면 다시 제3, 2, 1단계로 되돌아간다. 잠자는 동안에 이 같은 리듬이 반복되는 것이다. 잠의 제1단계 때에는 팔다리의 근육은 힘이 빠져서 마비상태처럼 된다. 눈을 감은 상태에서 안구가 좌우로 빠르게 움직인다. 물론 이 단계도 잠자는 상태이다. 그러나 뇌는 활발하게 활동하여 안구에 명령을 내리는 것이다. 이 단계에서는 뇌는 안구에만 명령을 내리는 것이 아니라, 신체에도 명령을 내려서 맥박이나 호흡이 빨라지고 얼굴이나 손발이 꿈틀꿈틀 움직인다. 이 단계가 렘수면이다. 잠들고 나서 3시간 정도 사이에 비렘수면인 깊은 잠에 빠져든다. 거의 90분 간격으로 렘수면과 비렘수면이 교대로 4~5회 반복된다. 아침이 가까워지면 비렘수면도 얕아지고 렘수면은 40~60분 간격으로 빈번해져서 깨어나기 쉬워진다.

요컨대 렘수면은 신체는 잠자고 있으나 꿈을 꾼다거나 안구가 움직이는 등 뇌는 깨어 있을 때와 비슷한 상태라고 할 수 있다. 렘수면은 깨어날 준비 상태라 할 수 있어서 깨우면 쉽게 깨어나게 되는 것이다.

그러면 잠을 자지 않으면 어떻게 될까? 수면학자가 입회한 자리에서 가장 오랜 시간 잠을 자지 않은 기록은 미국의 샌디애고에서 있었던 17세 고교생으로 264시간이다. 일본에서는 23세 청년이 101시간 8분 30초의 기록을 세웠다. 처음 2일 동안은 정상적인 정신활동을 보이며 깨어 있었다. 그런데 3일째가 되니 자신의 의지로 일어나 앉아 있을 수가 없었다. 사고력, 판단력, 주의집중력 등 정신활동이 급격하게 둔해지고 착각이나 환각까지도 생겼다. 그러나 신체적으로는 별 이상을 보이지 않았다. 심장이나 폐 그리고 위장관, 체온 등에도 별 이상이 없었다. 식욕도 비교적 좋았다고 한다. 결론적으로 사람은 48시간 정도는 잠을 자지 않아도 정상적인 뇌 활동이 되지만 그 이상이 되면 정상적인 활동이 어렵다고 생각된다.

그러면 왜 잠을 자지 않으면 안 되는 것일까? 신경세포는 다른 신체조직의 세포와 달라 일단 망가지면 재생될 수 없는 성질이 있다. 그래서 잠을 잔다는 것은 뇌를 보호하는 안전장치의 역할을 한다고 여겨진다. 잠을 자지 않는 동안에도 뇌파의 기록을 보면 아주 짧은 시간 동안 수면뇌파가 기록된다. 이를 미세수면이라고 한다. 따라서 엄밀한 의미에서 전혀 잠을 자지 않았다는 것은 있을 수 없다고 할 수 있다.

명상할 때 뇌에서 어떤 변화가 있을까? 뇌의 활동 상태를 객관적으로 보는 방법으로 뇌파라는 것을 흔히 이용한다. 의자에 앉아 눈을 감고 아무것도 생각하지 않고, 육체적으로나 정신적으로 안정한 상태 때에 알파파라는 뇌파를 보인다. 그런데 책을 읽는다든가 생각에 잠겨 긴장된 정신상태 때에는 베타파라고 하는 빠른 속도의 뇌파를 보인다. 그러면 좌선할 때의 뇌파는 어떤 변화를 보일까? 일본의 신경과학자 히라이 박사가 좌선할 때의 뇌파를 자세히 조사하였다. 좌선에 들어가기 직전에는 베타파를 보인다고 한다. 정신활동이 활발하다는 증거이다. 좌선에 들게 되면 눈을 뜨고 있는데도 알파파가 연속해서 나타난다고 한다. 보통은 후두부에서 흔히 나타나지만 좌선 때에는 두정부와 측두부에서 가장 자주 알파파를 보인다고 한다. 두정부와 측두부는 창조나 사고의 중추가 있다고 생각하는 곳으로 이 영역에서 알파파를 보인다는 것은 몸 밖에서 일어나는 일을 보기는 하되 그것에 얽매이지 않는다는 것을 의미하는 것이다. 이런 현상은 좌선을 잘 하는 사람에게서 볼 수 있는 것이다. 보통 사람의 경우 눈을 뜬 상태에서 아무것이나 생각하도록 하면 베타파가 연속하여 나타난다.

좌선이 진행되면 알파파보다 느린 세타파가 잠시 나타났다가 없어진다고 한다. 세타파는 수면 초기에 나타나는 뇌파이다. 따라서 좌선은 수면 때와 같은 의식변화가 나타나는 것이 아닌가 생각된다. 그러나 세타파를 보이는 명상자는 수면하고 있는 것은 아니다. 정신활동을 알아보는 정신전류현상으로 알 수 있다.

정신전류현상은 손바닥의 땀샘에서 땀이 나기 때문에 일어나는 현상이다. 보통 사람이 눈 뜨고 활동할 때 이 정신전류현상이 자주 일어난다. 잠잘 때는 거의 일어나지 않는다. 좌선 중에 세타파를 보일 때 짧은 소리를 들려주면 그 소리에 반응하여 정신전류현상이 나타난다고 한다. 좌선하는 사람이 돌연한 소리에 반응하였으므로 잠자는 것이 아니라는 것을 알 수 있다. 그리고 소리를 계속 들려주어도 습관성이 생기지 않는다고 한다. 보통 사람은 소리를 계속 들려주면 습관성이 생겨서 소리에 반응을 나타내지 않게 된다. 이 같은 사실들로 미루어 좌선과 수면 때에는 전혀 다른 뇌의 기능 변화가 일어난다는 것을 알 수 있다.

뇌에 적당한 수면시간은?

사람들은 보통 7~8시간의 수면이 적당하다고 이야기한다. 그러나 수면이란 필요에 따라 가감될 수 있어서 엄격하게 정해진 시간이 있는 것은 아니다.

사람은 처해진 환경에 따라 각각 정해진 범위의 리듬생활을 한다. 대부분의 사람들은 낮에 활동하고 밤에 휴식을 취하는 1일의 리듬생활을 한다. 즉 명암의 빛 리듬에 동조하는 생활을 한다. 그 밖에 7일 동안에 하루를 쉬는 주간리듬, 춘하추동의 4계 리듬도 사람들의 생활을 규정한다. 여성의 경우 약 1개월을 주기로 하는 성주기도 생활리듬의 하나이다.

이같이 빛이나 기온 또는 습도 같은 외부의 물리적 환경이 생활리듬을 규정하나 내분비(호르몬)라는 생체측의 주기성도 생활리듬을 규정한다.

사람의 활동은 밤낮의 변화나 달 또는 계절의 변화에 따르게 되어 있으나 그 주기성은 생체의 생물학적 활동의 주기성과 일치하게 되어 있어 결코 자연현상의 변화만으로 규정되는 것은 아니다. 즉 생체에는 시간을 알리는 시계기구가 있어서 생체활동의 변화를 조절한다.

이 시계기구가 내인성리듬 또는 체내시계라고 하는 것에 해당되는 것이다. 이 기구와 환경으로부터의 입력에 의하여 형성되는 생체 리듬의 주기가 환경조건의 주기와 일치할 때, 즉 동조할 때 생체의 내적 환경은 평형을 유지하게 되고 건강을 유지할 수 있다. 그러나 예를 들어 비행기로 시차가 큰 지역으로 급속하게 이동하면 생체의 리듬과 밤낮의 리듬의 동조가 흐트러져 수면장애와 신체의 부조화가 발생한다.

꿈은 어떻게 해서 생기는가?

수면상태에서는 유전자에 의하여 제어되지 않는 RNA합성 또는 잠재의식적 자극에 의한 RNA합성을 통하여 우리들의 기억저장고가 탐색될 것이라고 생각한다. 매일 밤 일어나는 이 유전자로 이루어진 정보의 탐사는 대뇌피질에서의 일련의 사고를 해방시킨다고 한다. 그래서 우리는 꿈을 꾸게 된다는 것이다.

수면 중의 정보는 영속적인 단백합성에 의하여 고정되지 않고 꿈속에서의 영상은 20~30분 후에는 핵산의 분해에 따라 사라진다고 한다. 따라서 대체로 일부의 꿈만이 생각나는 것이다. 밤중에 잠시 눈이 떠지는 일이 있다. 이 사이에 꿈속에서 본 영상의 일부만이 확실하게 저장된다. 이 꿈의 중간토막이 아침에 깨었을 때 생각나게 되는 것이다.

그러나 꿈을 강하게 기억하는 것은 거의 불가능하고, 깨어난 후에 완전하게 말로 다시 표현하는 것은 누구도 할 수 없는 일이다. 정신요법에서는 꿈판단이 특히 중요하여 오늘날에는 인간을 몽환상태에 빠지게 하는 LSD나 메스카린, 실로시빈 따위의 약을 이용하여 꿈을 연구하게 되었다. 이 같은 '인공 꿈'은 그 내용과 표현영상이 본래의 꿈과 매우 유사하다. 왜냐하면 꿈이란 대체로 인간의 근원적 경험, 즉 출생에서부터 시작되는 성숙체험, 체내변화, 성적관계, 질병, 죽음 따위와 밀접한 관계가 있기 때문이다. 이런 종류의 꿈을 유명한 정신분석학자인 융은 '원형 꿈'이라고 하였다.

그래서 꿈은 약물로 만들어질 수 있는 것이다. 이 같은 약물의 작용은 정신적 저항을 강하게 억제하는 것으로 생각된다. 기억경로에 끼어든다거나 시냅스를 차단하여 정상적 활동을 방해하여 잠재의식을 표면으로 떠오르게 하는 것이다. 심장의 박동이나 호흡도 때로는 거칠어지는 것을 느낀다. 또 정상상태에서는 결코 생기지 않는 이상한 결합이 일어나, 잊어버리고 있던 영상이 나타난다. 가장 심층의 기억이 열려 지각의 범위가 상당히 넓어진다.

이 같은 연구로 전혀 새로운 세계를 열게 되었다. 고대 인류의 꿈이 세상에 드러나게 되고 뇌의 의식층과 결합 영역이 남김없이 폭로되어 정상상태에서는 숨겨져 있던 능력의 아주 깊은 부분까지 풀리게 된 것이다. 다만 이는 동전의 일면에 불과하다. 마리화나와 해시시처럼 의학계에서 오랫동안 무해한 정신약이라고 공인되었던 것이(고전의학의 조잡한 판정기준에 의한 것임) 엄밀한 연구를 통하여 회복 불능의 뇌장애를 부분적으로 일으킨다는 것이 증명되었다.

LSD는 시상하부의 일정부위의 뇌세포를 상하게 한다. 이는 통상 대뇌피질의 시각 영역을 조정하는 세포로서 눈에서 무차별적으로 지각되는 빛의 인상을 선별하는 것이다. 그런데 이 제어가 상실되면 시각 영역이 일시에 자유로운 활동을 시작하여 도달한 빛의 신호(임펄스)를 제멋대로 기록하게 된다. 연합활동을 상실하게 되므로 무질서한 환각이나 환시가 발생한다.

해시시흡입자에게서 발생하는 뇌장애로 뇌파의 지속적인 변화 그리고 뇌조직의 직접적인 장애가 확인되었다. 이 변화는 흔히 단기기억을 저해하므로 바로 직전에 있었던 일을 상기하는 능력이 약해진다. 학습도 물론 쉽지 않다.

모르핀, 코데인, 메사돈 등의 마약은 뇌의 일부 한정된 부위에만 작용한다는 것을 미국의 학자가 발견하였다. 많은 검사를 반복하고 뇌의 각 영역의 세포에 일정량의 약물을 정확하게 투여하였다. 그 결과 특히 흥미 있는 사실은 대뇌피질은 대량의 마약에 견디지 못하나 심부 특히 정보수집과 운동능력의 결합에 중대한 역할을 하는 선조체는 대량에 잘 견딘다는 점이다.

예를 들어 아편중독자의 사고가 크게 침해받지 않는다고 믿는 것은 이런 사실로써 설명된다.

그런데 반대의견도 있다. 대뇌피질과 호르몬, 자율신경, 정서적 기억유지 과정의 중추와의 원활한 되먹임이 이들 약물의 억제제거작용으로 변화됨에 따라 사고, 감정, 행동이 방종하게 된다는 것이다. 습관성이 강할수록 사고와 행동이 산만해지고 약물획득만을 목표로 하게 된다. 사고, 감정, 의욕이 분열되고 도덕관, 윤리관을 상실하게 된다. 그래서 범죄를 저지르기 쉽게 된다고 한다.

향정신성약물에 의하여 뇌에 숨겨진 영역의 일면이 밝혀지기는 하였으나 전체는 아직 해명되지 못하였다. 더욱이 우리들 뇌의 미래의 능력에 관하여 말할 수 있을 정도에는 이르지 못하였다. 그러나 과학적인 약리학적 연구의 개시와 함께 뇌의 활동을 변화시키는 물질들이 나타내는 심각한 장애가 최초로 폭로되었다는 것은 다행스러운 일이다.

제5부
뇌의 기억력과 학습

컴퓨터는 믿을 수 없이 빠르고, 정확하며, 멍청하다. 사람은 매우 느리고, 부정확하며, 뛰어나다. 둘이 힘을 합치면 상상할 수 없는 힘을 가질 수 있다. -알베르트 아인슈타인

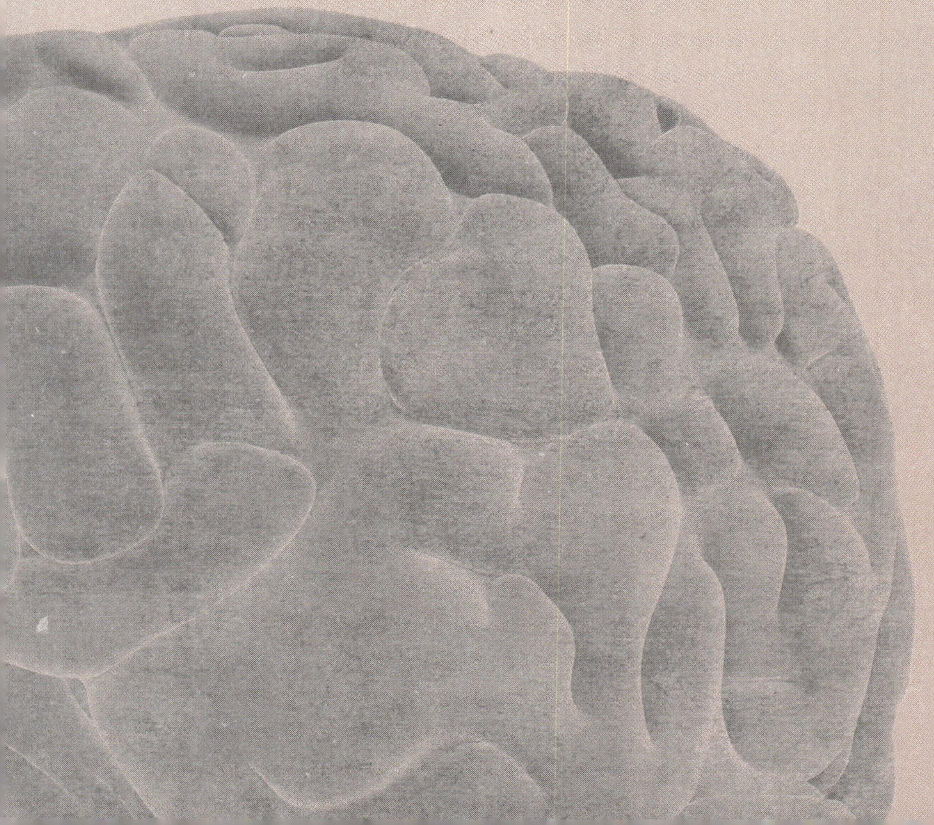

기억이란?

기억은 놀라운 장치이다. 우리의 몸은 현재에 있더라도 생각과 기분은 지난 시절로 보내주는 수단으로 한순간 또는 생애의 대부분으로 되돌아갈 수 있다. 그러나 모두 알다시피 이것은 완전하지 못하다. 분명 정확한 것도 아니다. 이것은 실제로 일어났던 일이 저장되었던 방식에 기초한 사실과 경험의 재구성일 뿐이다. 물론 뇌가 재구성하는 것이다.

기억의 종류

기억이라는 것은 그 특성과 시간경과에 따라 여러 가지 형태로 분류할 수 있다. 흔히 학습으로 습득한 지식을 인출하는 방식에 따라 반사기억과 서술기억으로 분류한다.

반사기억은 절차기억이라고도 하며, 자동적 또는 반사적 성질을 갖는 것으로 이것의 인출은 인식, 의식 또는 비교나 평가 같은 인지과정이 관계되지 않는다. 이는 수많은 시행의 반복으로 서서히 축적되는데 피아노연주 같은 특정 과업의 수행을 향상시킨다. 그러나 서술적 문장의 표현력은 향상시키기 힘들다. 반사기억은 운동능력 그리고 절차나 법칙의 학습으로 형성되는 것이다. 그렇다고 반사기억이 절차나 능력에만 국한되는 것은 아니다. 문장 서술과업도 충분히 반복하면 반사기억의 성격을 띨 수 있다.

서술기억은 습득과 인출에 의식이 관계된다. 즉 비교, 평가, 추리 같은 의식적 절차에 좌우되는 것이다. 서술기억에는 특정한 자서전적 사건 그리고 그것에 연관된 개인적 및 시간적 정보가 저장된다. 서술기억은 한 번의 경험으로도 형성될 수 있다. 그리고 앞서 지적했듯이 반복에 의하여 반사기억의 성격을 띌 수도 있다. 예를 들면 자동차운전을 처음 배울 때는 의식적 언어절차를 필요로 하지만, 숙련되면 자동적 운동 활동이 된다.

사람의 학습은 연합이 가장 중요하다고 생각한다. 사람에게는 가혹행위나 학대 등이 부수되어 연합될 때 강력한 학습이 이루어진다. 연합의 중요성은 파블로프의 개 실험으로도 분명하게 알 수 있다. 종소리에 바로 이어 고기냄새가 나는 훈련을 거듭하면, 개는 종소리가 나면 마치 고기냄새가 날 때와 같은 반응을 습득하게 된다. 즉 개에게 두 가지 사건은 별개의 것이 아니고 기억 속에 연결되어 있는 것이다. 이를 연합기억이라고 한다.

기억의 생물학

기억의 생물학이라 하면 대단히 광범한 내용이 포함되겠으나 대체로 다음과 같은 네 가지로 나누어 볼 수 있다.

1) 기억에는 단계가 있고 계속해서 변한다.
2) 장기기억은 뇌의 물리적 또는 가소성 변화에 따른다.
3) 기억을 기록하는 물리적 변화는 신경계 전체에 걸쳐 여러 부위에 있다.
4) 반사기억과 서술기억은 별개의 신경회로를 가진다.

머리를 심하게 강타 당했을 때 머리에 가격이 있기 이전의 기억이 선택적으로 소실되는 역행성건망증이나 의식을 되찾은 이후에 일어난 사건의 기억이 선택적으로 소실되는 선행성건망증은 오래 전부터 알려져 왔다. 기억의 유지와 붕괴에 관한 연구에는 흔히 기억저장계통 모델이 이용된다. 뇌로 들어오는 입력은 단기기억 저장으로 처리된다. 이 저장용량은 한정된 것이어서 10여 가지 항목밖에 저장할 수 없다. 그리고 대부분은 반복하여 연습하지 않으면 몇 분 정도밖에 지속될 수 없다. 정보는 이어서 일련의 처리과정에 의하여 좀 더 영구적인 장기기억 저장으로 전환된다. 장기기억은 다시 중간형으로 나누는데 이 중간형은 비교적 붕괴되기 쉬우나 장기기억은 쉽게 붕괴되지 않는다. 이 모델이 완성되려면 기억저장을 탐색하여 주어진 과업에서 요구되는 정보를 인출하는 기능이 추가되어야 한다. 이 모델에 따르면 기억저장의 내용이 부분적으로 파괴되거나 정보탐색 및 인출기전이 붕괴되면 기억의 유지가 방해받는다. 손상성건망증은 부분적으로 정보탐색 및 인출기전의 붕괴에 의한 것이다. 손상 후 잊어버렸던 기억이 점차 되살아나는 것을 볼 수 있기 때문이다. 저장된 기억이 완전하게 파괴되었다면 회복될 수 없을 것이다.

기억의 단계

기억은 몇 가지 단계로 나눌 수 있다. 한 가지는 극히 단기간의 초단기기억이다. 기억하려는 항목이 몇 초밖에 유지되지 않는다. 차를 타고 달리며 차창 밖으로 보이는 경관을 1~2초 후에는 떠올릴 수 있으나, 그보다 먼저 보았던 것은 떠올리지 못할 것이다. 그 중에서 주의를 끌었던 사항은 단기기억으로 옮겨진다. 단기기억으로 옮겨진 사항은 몇 분 동안 유지된다. 이것은 불안정하여 다른 사건으로 인해 방해받으면 곧 소실된다.

누구나 이런 경험이 있을 것이다. 전화번호부에서 전화번호를 찾아 전화를 걸려고 할 때 그 번호를 마음속으로 몇 번 되풀이하면 기억할 수 있다. 그러나 누군가가 옆에서 말을 걸어온다거나 공중전화에서 동전을 떨어트려 주의를 흩트리게 되면 전화번호를 잊어버리고 마는 것이다.

단기기억 속의 사항들은 장기기억으로 이송될 수 있다. 여기서 기억은 몇 시간 때로는 생애를 통하여 유지될 수 있다. 이 같은 기억의 이송에 필요한 뇌신경계의 하나가 해마라는 곳이다. 사람에서 해마의 이 기능은 해마절제 수술을 받은 H. M.이라고 하는 환자의 사례를 통하여 잘 알려지게 되었다. 해마는 좌우 측두엽에 있으며 H. M.이라는 환자는 심한 간질발작을 치료하기 위하여 양측 해마를 절제하였다. 이 환자는 수술 후 기억장애를 나타내게 되었다. 다음은 임상보고를 발췌한 것이다.

수술 후 H. M.은 임상적으로 거의 변화가 없었다. 전반적인 지능장애의 증거는 없었다. 오히려 수술 전보다 약간 높았다. 그러나 현저한 기억장애가 계속되어 환자는 최근 몇 년간 경험했던 일을 전혀 기억하지 못하는 것이 분명하였다. 수술 후 10개월째에 같은 동네에서 몇 블록 떨어진 곳으로 이사하였다. 일 년쯤 지난 후 검사하였을 때 새로 이사한 집주소를 기억하고 있지 못하였다. 혼자 두면 옛집으로 찾아갔다. 그리고 지금으로부터 6년 전에 다시 이사했는데 역시 현주소는 기억하지 못하였다. 그런데 이사했다는 사실은 아는 것 같았다. 그리고 똑같은 퀴즈를 매일 반복해서 풀고, 똑같은 잡지를 매일 반복해서 읽었다. 이같이 건망증이 심했는데 기억범위는 정상이었다.

하루는 584라는 숫자를 기억하라고 이르고 15분 동안 방해받지 않고 조용히 있게 한 다음 숫자를 말해보라고 하였더니 더듬거림 없이 숫자를 대는 것이었다. 어떻게 숫자를 외웠는가 하고 물었더니 다음과 같이 대답하는 것이었다.

"그야 간단하지요. 8만 기억하면 되거든요. 5, 8, 4를 합하면 17이고 8을 기억해내고 17에서 8을 빼면 9가 되고 9를 둘로 나누면 5와 4가 되니까 그래서 584지요. 간단하지요."

H. M.의 이 같은 교묘한 기억술에도 불구하고 환자는 그로부터 1분 후에는 584라는 숫자를 기억하지 못하였고, 이에 관련된 일련의 사고과정에 대해서도 기억해내지 못하였다. 심지어 숫자를 기억하도록 하였던 사실 자체를 기억하지 못하였다. 이 같은 건망증이 환자에게 어떤 느낌이었는가는 H. M.의 진술로 알 수 있다.

"아무래도 지금 내가 이상하다고 생각합니다. 무언가 이상한 일을 했던지 이상한 말을 했지요? 지금 이 순간은 모든 것이 나에게 분명한데 방금 전에 어떤 일이 있었지요? 나를 불안하게 하는 것은 바로 이것입니다. 마치 꿈에서 깨어난 기분입니다. 나는 기억하지 못합니다." 환자 H. M.은 수술 전에 일어났던 일들에 대한 기억은 상실하지 않았다. 장기기억의 저장고에 있는 기억은 없어지지 않은 것이다. 이는 기억이란 학습 후 일정기간 동안 변화한다는 것을 말하는 것이다.

기억의 한 형태로는 작업기억이라는 것이 있다. 이것이 없으면 이 글을 이해할 수 없을 것이다. 식당의 식단도 기억할 수 없으며, 집을 찾아가는 길도 알 수 없게 된다. 이 같은 불행한 사태에서 없어진 것이 곧 작업기억이다. 지울 수 있는 뇌의 칠판이라 할 수 있다. 이해력, 추리 및 계획수립에 필요한 정보, 예를 들면 음식값 또는 주위의 지도 같은 정보를 뇌에 잠시 동안 저장하고 처리하는 것이다. 작업기억은 잠깐 동안만 작동한다. 그러나 이것은 행동, 언어 및 사고의 조직화에 필수적이다. 두말할 것도 없이 작업기억은 지능 정도를 결정하는 요소이기도 하다. 최근에 이것의 신경적 기전을 사람과 동물 실험으로 알아보게 되었다.

과거 20년 동안의 집중적인 연구로 작업기억은 뇌에 산재해 있는 여러 영역들의 협동을 필요로 하고 그 영역들은 기억해야 할 사물, 위치 또는 단어에 따라 정확한 자리가 정해졌다는 것이 알려졌다. 최근의 연구결과에 의하면 기억과 학습 같은 뇌의 고위기능과 연관되어 있는 전전두엽 영역에서 작업기억의 합주가 이루어진다는 사실이 알려졌다. 이 부위는 작업기억의 정보를 저장할 뿐만 아니라 고위 추리와 관계되는 감각 영역의 활동을 조정한다.

한편 1970년대 초반에 심리학자 엔델 튤빙은 장기기억은 무엇에 관한 기억인가에 따라 구별될 수 있다고 제안하였다.

일화적 기억은 개인적 경험에 관한 것이고(특정한 시간 또는 장소에서 개인에게 일어난 일), 문의(文義)적 기억은 사실에 관한 것(반드시 경험한 것은 아니더라도 알 수 있는 일)이다. 예를 들어 사막은 덥고 건조하다는 것을 경험을 통하여 알 수 있다. 또는 사막에는 가본 일이 없더라도 사막에 관하여 학교에서 배워서 알 수도 있다. 개인적 어떤 경험의 시간과 장소의 의식적 회상을 필요로 하는 일화적 기억은 인간의 특별한 특성이고, 개인적 경험에 의한 것이라기보다 사실의 단순한 저장인 문의적 기억은 많은 동물들이 가지는 능력에 포함되는 것이다.

기억은 어떻게 저장될까?

어떻게 정보를 신경망에 기록할까? 여러 가지 가설들을 어디까지 받아들일 수 있을까? 다양한 동물들이 연합이라는 공통의 기전으로 학습한다고 할 때 포유류의 뇌 안에 있는 수천만 개의 뉴런 중에서 특정한 기억세포를 찾을 수 있을까? 현재로써는 그 가능성은 대단히 희박하다. 그러나 해결하여야 할 문제임에는 틀림없다.

단기기억과 장기기억의 기록

단기기억에는 몇 가지 형태가 있다. 한 가지는 시각의 잔영과 같은 대단히 짧은 단기기억으로 단기기억의 일부는 감각수용체에서의 일시적인 물리적 변화로 기록될 수 있다. 또 한 가지는 몇 분에서 몇 시간 동안 지속하는 약간 지속적인 단기기억이다. 후경직성 강화 또는 시냅스전 억제 같은 시냅스 전달기전의 단기간의 가소성 변화에 의한다고 생각된다. 단기기억 기록 기전에는 뉴런 간의 흥분성 되먹임 고리에 의하여 유지되는 뉴런 활성의 형태로 정보가 저장될 수도 있다. 이 같은 뉴런 활성은 폐쇄회로 안에서 순회하면서 일어나는 것이므로 일정기간 동안 유지될 수 있다. 즉 단기기억은 뉴런의 물리 · 구조적 변화를 수반하지 않고 단순히 진행 중인 뉴런 활성으로 유지된다는 것을 말하는 것이다.

장기기억은 어떻게 몇 년 동안 저장될 수 있는가? 두 가지 가능성이 제시되고 있다. 첫째는 단기기억에서와 마찬가지의 역동적 변화가 장기기억에도 장기간 지속적으로 적용될 것이라는 것이다. 또 한 가지는 장기기억에는 일종의 가소성 변화로 뇌에 지속적인 기능적 변화를 일으킨다. 간단한 실험으로 두 가지 가능성을 구별할 수 있다. 만일 모든 뉴런의 활성을 일시적으로 정지시키면 역동적 기전, 즉 순회회로에 의한 기억은 영원히 사라질 것이다. 예를 들면 전신마취나 무산소증 또는 뇌의 냉각 등으로 뉴런의 활성을 일시적으로 정지시킬 수 있다. 이 같은 방법으로 단기기억 또는 최근의 기억은 사라지게 할 수 있으나 오래된 기억은 유지된다. 따라서 오래된 기억은 역동적 변화에 의한다기보다는 뇌의 물리적 변화에 의한다고 말할 수 있는 것이다.

기억이 저장되는 곳

그러면 기억은 뇌의 어느 곳에 저장되는가? 파블로프는 모든 학습과정이 신피질에서 일어난다고 믿었다. 신피질의 병변에서 심지어는 수술적인 뇌와 척수의 분리에 이르기까지 광범한 연구 결과에 의하면 학습과 기억이 뇌의 어느 특정부위에 국한하여 위치한다고 말하기는 힘들 것 같다. 정보의 특성에 따라 신피질은 물론 척수에 이르는 신경계 모든 부위에 기억저장에 필요한 가소성을 갖는 뉴런들이 분포하고 있는 것이다. 아주 단순한 학습에서도 정보는 병렬통로를 통하여 뇌의 여러 장소에 분산 저장된다. 이 같은 병렬처리방식 때문에 국한된 뇌손상이 있을 때 특정 학습효과가 완전하게 사라지지 않는다. 즉 제한된 부위의 뇌손상이 있더라도 특정 사건의 기억이 되살아날 수 있다. 또 학습의 일반화라는 현상도 나타나게 된다. 즉 애초에 학습과정에 사용되었던 자극과 약간 다른 자극으로도 학습효과가 나타날 수 있는 것이다.

학습이란 단순한 자극-반응 결합형성이 아니며, 감각경험의 단순한 재생도 아니다. 학습이란 특정 뉴런의 가소성 변화에 의한 것이지만 이 같은 뉴런이 신경계에 널리 분포하는 것이다. 따라서 뇌손상이 부분적으로 있다 하더라도 가소성 변화를 일으킨 일부 뉴런은 남아 있게 된다. 더구나 뇌는 일부 남아 있는 정보를 이용하여 원래대로 재생시키는 능력도 있다.

소뇌와 측두엽에서의 연구에 의하면 반사기억과 서술기억은 뇌의 두 가지 서로 다른 신경회로가 담당하는 것으로 생각한다. 고양이에게 소리자극에 이어 눈에 바람불기를 반복하면 소리자극에 의하여 순막반사(눈 깜박이기) 조건화가 형성된다. 소뇌의 내측치상핵이라는 곳에 국한한 손상이 있으면 이 조건반사가 사라진다. 그러나 바람불기에 의한 무조건반사는 지장이 없다. 즉 순막반사의 조건화에 소뇌가 중요한 역할을 담당한다는 것을 암시하는 것이다.

측두엽이나 간뇌의 손상은 서술기억에 현저한 영향을 미친다고 한다. 일차적으로는 새로운 기억의 유지가 장애를 받는다고 한다. 이미 저장된 기억은 비교적 영향을 받지 않는다고 한다. 즉 이들 구조는 기억장소라기보다는 기억을 저장하고 인출하는 과정에 관계되는 구조라 하겠다. 신경외과의사인 펜필드는 심한 간질환자의 발작을 치료하기 위하여 측두엽 절제술을 시행하면서 각성상태인 환자의 노출된 측두엽을 전기적으로 자극하였다. 측두엽의 한 부위를 자극하였더니 환자는 과거에 들었던 경험이 있는 멜로디가 들린다고 하였다. 잠시 뒤에 같은 장소를 다시 자극하였더니 똑같은 멜로디가 들린다고 하였다. 기억에 있어서의 측두엽의 역할은 측두엽에 있는 구조의 하나인 양측 해마를 절제한 간질환자에서 확인할 수 있다. 이 환자는 새로운 기억이 형성되지 않는다. 그러나 이미 형성된 기억은 잘 유지된다. 자신의 이름을 기억한다거나 대화방법에는 지장이 없다. 단기기억 자체에도 별 지장이 없는 것 같다. 그러나 단기기억의 장기기억으로의 이행에 결정적 결함을 나타낸다. 대화 도중 잠시 방을 떠났다가 다시 들어와 대화를 계속하려면 잠시 전에 나누었던 이야기의 내용을 전혀 기억하지 못하는 것이다. 즉 해마는 기억의 고정과정에 중요한 것으로 생각된다. 기억의 고정이란 뇌가 정보를 구조화하고 체계화하여 영속적인 기억의 일부로 만드는 생리학적 및 심리학적 변화를 말한다. 해마에 국한하는 뇌손상은 산소결핍증 후에도 발생할 수 있으며, 이 같은 환자에서 건망증이 보고되고 있다. 해마에 인접한 대뇌피질에 손상이 있어도 비슷한 기억장애가 나타난다. 알코올중독으로 인한 정신병인 콜사코프정신병에서도 해마손상의 경우와 비슷한 건망증을 볼 수 있다. 이 경우 심한 기억장애와 함께 전두엽 기능장애를 나타낸다.

뇌는 두 가지 종류의 정보를 별도로 처리하여 각각을 별도로 저장한다고 생각한다. 반사기억 또는 절차기억이라는 것은 어떤 일을 어떻게 할 것인가에 관한 지식이다. 서술기억이라는 것은 개인의 과거 경험에 대한 명료하고 접근 가능한 기록이다. 서술기억은 측두영역과 시상의 일부에서 처리된다고 생각한다.

약 40년 전 뇌와 행동의 실험적 연구의 선구자인 심리학자 칼 라쉬리는 기억이 뇌에서 어떻게 조직화되는가를 알아보기 위하여 동물에게 어떤 특정한 과제를 학습시키고 대뇌피질의 여러 장소를 하나씩 절제하고 기억이 어느 장소에 저장되는가를 찾아내려고 하였다. 그러나 어느 장소에서도 기억 흔적은 찾아낼 수 없었다. 이후의 여러 연구결과에 의하면 대뇌피질뿐만 아니라 뇌 안의 여러 영역과 구조가 학습과 기억에 참여하며, 특히 기억은 대뇌피질 여기저기에 분산하여 중복 저장되어 있다고 생각한다.

건망증이란?

군소(바다달팽이의 일종)나 해우(바다소; 듀공류)의 단순학습을 연구하는 것으로 신경계의 세포 수준 또는 분자 수준에서의 더욱 복잡한 변화를 알아보기 위한 기초지식을 제공하는 것은 틀림없으나, 사람들이 어떻게 베토벤의 악보를 기억하고 십자말풀이를 할 수 있는지에 대한 해답을 주기는 어렵다. 고등동물의 실험 연구나 사람의 심리학 연구로 사람이 어떻게 정보를 처리하고 저장하는가에 대한 이론적 모델을 구성하는 데에 중요한 지식을 제공하나 사람의 뇌에서 일어나는 일을 직접적으로 증명하지는 못한다. 그래서 뇌손상 후에 일어나는 건망증은 사람의 기억체계에 대하여 특별히 중요한 증거를 제공한다.

어떤 사실을 기억하려면 다음과 같은 세 가지 과정이 순조롭게 이루어져야 한다.

1) 정보를 얻는 일
2) 그 정보를 유지하는 일
3) 그 정보를 인출하는 일

기억에 장애가 있다는 것은 이들 세 가지 과정 중 어느 하나에 문제가 있는 것이다.

뇌손상환자를 통하여 사람의 학습과 기억에 관한 매우 중요한 많은 정보를 얻을 수 있다. 네 가지 유형의 기억상실환자가 임상적으로 잘 알려져 있다.

첫 번째 유형의 환자 **H. M.**은 간질을 치료하기 위하여 양측 해마와 편도핵의 대부분을 절제하여 건망증을 나타낸 경우이다. 수술하기 3년 전의 기억은 정상인데, 서술기억을 단기기억으로부터 장기기억으로 이송하는 것에 장애가 있었다. 그는 세상사를 기억할 수는 없었으나 어떤 일을 어떻게 하는가는 학습할 수 있었다.

두 번째 유형의 환자 N. A.는 또다른 유명한 건망증의 예이다. 펜싱 검이 코를 통해 뇌를 찔러 뇌손상을 입은 환자이다. 환자 H. M.의 경우와 마찬가지로 이 환자는 사고 전의 기억에는 장애가 없는 것 같았다. 그러나 새로운 것의 학습에 지장이 있었다. 특히 학습장애는 학습의 재료가 언어적일 때 두드러지게 나타났다. 일련의 단어나 문장은 곧 잊어버렸으나 공간적 위치나 얼굴은 쉽게 기억하였다. 시상의 좌측 내배측핵에 손상이 있었던 환자이다.

세 번째 유형의 콜사코프증후군은 장기간 음식을 먹지 않은 알코올 중독 환자에서 나타난다. 주로 비타민 B_1결핍으로 발생하며 진행성이다. 초기에 발견되어 대량의 비타민 B_1을 투여하면 치료될 수도 있다. 콜사코프증후군 환자는 새로운 사실의 학습에 지장이 있을 뿐만 아니라 발병이전의 기억도 상실한다. H. M. 또는 N. A. 환자와 달리 콜사코프증후군 환자는 사고나 문제해결능력에 장애가 있다. 문제해결에 있어 발상의 전환이 필요한 과제가 주어지면 그 발상이 부적절하다는 것을 분명히 알면서도 그것을 고집하는 것이다. 예를 들어 여러 가지 기하학적 도형이 그려진 카드를 나열하고 어느 도형이 정답인가는 알려주지 않고 환자에게 카드를 하나씩 버리게 한다. 삼각형의 도형이 그려진 카드를 집어 들면 "맞았습니다. 삼각형이 정답입니다"라고 한다. 그리고 사고능력을 시험하기 위하여 환자가 그 이후 계속해서 삼각형의 카드를 집어내는가를 몇 차례 관찰한다. 그러고 나서 정답을 동그라미로 바꾼다. 즉 삼각형을 집어 들면 정답이 아니라고 일러준다. 그러면 정상인이나 H. M. 또는 N. A. 환자는 다른 카드를 집어 들게 되고, 결국 동그라미 카드를 집어 들게 된다. 그러나 콜사코프증후군환자는 삼각형 카드를 고집하는 것이다. 콜사코프증후군환자의 뇌손상은 광범위하다. 대부분의 경우 시상에 손상이 있으며, 그것에 더하여 소뇌와 대뇌피질 특히 전두엽의 신경세포 소실이 있다.

네 번째의 건망증은 전기충격요법에 따르는 건망증이다. 중증의 우울증을 치료하는데 전기충격요법이 이용된다. 전기충격요법은 단기기억에는 장애가 생기나, 장기기억은 정상이다. 뇌의 어느 영역이 가장 크게 영향을 받는지는 정확하게 알 수 없다. 경련발작에 대단히 예민한 측두엽과 해마에 대한 영향이 건망증과 관련이 있을 것으로 추측한다. 이런 임상적 예는 건망증에 관여하는 특정 뇌 영역에 관한 지식은 측두엽과 해마가 기억기능에 중요한 역할을 한다는 생각에 크게 공헌하였다.

건망증은 기억하는 일이 안 되는 것뿐만 아니라 기억했던 것을 잊어버리는 일도 있다. 건망증을 나타내는 환자를 대상으로 한 연구에서 장애가 알려진 두 가지 뇌 영역이 기억기능에서 두 가지 서로 다른 역할을 한다는 것이 알려졌다.

한 가지 연구에서는 정상인, H. M. 환자 그리고 콜사코프증후군 환자에게 120장의 슬라이드를 차례로 보여주었다. 일주일 후에 보여주었던 슬라이드와 몇 장의 새로운 슬라이드를 보여주고 슬라이드를 재인식하는지를 검사하였다. 콜사코프증후군 환자와 N. A. 환자가 10분 후에 망각하는 비율은 정상인과 비슷하였으나, H. M. 환자와 전기충격요법을 받은 환자는 대단히 빠르게 망각하였다.

새로운 슬라이드에 대한 망각률이 비교적 정상이었던 N. A. 환자나 콜사코프증후군 환자는 시상에 손상이 있었다. 대단히 빠르게 망각했던 H. M. 환자나 전기충격요법을 받은 환자는 해마와 측두엽에 손상이 있었다. 이들 두 가지 서로 다른 영역은 정상적인 기억기능에 있어서 본질적으로 서로 다른 기본기능이 있다고 생각된다.

해마와 편도핵 그리고 이들과 관련이 있는 뇌 영역들은 기억의 고정, 서술기억의 장기기억으로의 이송에 필요한 것으로 알려져 있다. 시상은 어떤 서술적 정보의 초기 부호화에 필요하다고 생각한다.

컴퓨터와 뇌는 같을까?

한 개의 뉴런이 어떻게 활동하는가를 이해하고 있다면, 상호작용하는 일군의 뉴런들의 활동에 대하여도 틀림없이 예측할 수 있어야 할 것이다. 그러나 불행하게도 이것은 생각처럼 쉽지 않다. 각각의 뉴런의 활동이 단순하지 않을 뿐만 아니라 뉴런들이 대부분 복잡한 방법으로 서로 연결되어 있기 때문이다. 더욱이 신경계통 전체는 일반적으로 비선형적이고 고도의 병렬적 특성을 가지고 있다.

컴퓨터와 뇌의 차이

고속의 디지털컴퓨터는 지난 50년 동안 가장 중요한 기술 발전으로 인정되고 있으며, 뇌는 좀 더 복잡한 형태의 폰노이만 컴퓨터라고 생각할 수 있다. 물론 이 같은 비유는 지나치면 비현실적인 이론이 될 것이다. 여기서 컴퓨터와 뇌의 차이점을 몇 가지 들어 보겠다.

컴퓨터는 고속의 전자부품들로 이루어져 있고, 기본 사이클 또는 계산속도는 초당 1천만 회 이상이다. 한편 뉴런에 있어서 전형적인 활동전위의 발생속도는 초당 수백 회의 범위이다. 컴퓨터가 1백만 배쯤 빠른 것이다. 크레이 같은 초고속컴퓨터는 더 빠르다.

넓은 의미에서 컴퓨터의 운영방식은 직렬적이다. 즉 명령이 하나씩 차례대로 수행된다. 한편 뇌에서의 운영방식은 대단히 병렬적이다. 예를 들면 약 1백만 개의 축삭이 각각의 눈에서 뇌로 병렬적으로 연결되어 있으며 이들이 동시에 활동한다. 이 같은 운영방식은 뉴런 활동의 상대적인 느린 속도를 어느 정도 보상하는 것이라 할 수 있다. 또한 뉴런의 일부가 상실되더라도 뇌 활동에는 크게 변화를 초래하지 않도록 한다는 의미도 있다. 전문적인 용어로 뇌는 "품위 있게 붕괴한다"라고 한다. 이와 비교하여 컴퓨터는 망가지기 쉽다. 외부 충격이나 프로그램의 작은 오류로도 엉망이 될 수 있는 것이다. 즉 컴퓨터는 "파국적으로 붕괴한다"고 할 수 있다.

작동하고 있는 컴퓨터는 신뢰도가 높고 주어진 동일한 입력에 대해서 정확하게 동일한 출력을 생성한다. 한편 각각의 뉴런들의 반응은 가변적이고 뉴런의 활동에 영향을 줄 수 있는 입력에 의하여 쉽게 그 성질이 변하며, 때로는 '계산'을 수행하는 동안에도 성질이 변할 수 있다.

전형적인 뉴런은 적게는 수백에서 많게는 수만에 이르는 입력을 다른 뉴런들로부터 받을 수 있다. 그리고 이것은 축삭을 통하여 다시 동시다발적으로 투사된다. 이에 비교하여 컴퓨터의 기본단위인 트랜지스터에는 단지 소수의 입력과 출력만이 있을 뿐이다.

컴퓨터는 고도로 정확하게 1과 0의 펄스 형태로 부호화된 메시지를 특정한 장소에서 다른 곳으로 보낸다. 이 메시지는 특정한 주소지로 갈 수 있고,

그곳에 저장된 내용을 읽어올 수도 있으며, 그곳에 저장된 것을 변경할 수도 있다. 즉 정보를 하나의 특정한 장소에 기억시키기 위하여 저장할 수 있고, 다음 단계에서는 이 정보의 조각들을 다른 용도로 쓰기 위하여 꺼낼 수 있는 것이다. 뇌에서는 찾아보기 힘든 정확성을 갖는다. 한편 뉴런이 축삭을 따라 전달시키는 스파이크(활동전압)는 정보를 실어 나르는 것이지만 활동전압이 정확하게 펄스 형태로 부호화된 메시지 같은 것은 아니다. 따라서 기억이 다른 방식으로 '저장'되어야 하는 것은 필연적이다.

뇌의 여러 부분들 특히 신피질의 여러 부분들은 정보의 여러 가지 종류를 취급하는데 최소한 어느 정도 특성화되어 있다. 대부분의 기억은 최근에 활동이 수행된 바로 그 장소에 저장되어 있는 것으로 믿어진다. 이 같은 성질은 모두가 전형적인 폰노이만 컴퓨터와는 다른 것이다. 컴퓨터에서는 기본적인 계산과정(더하기 또는 곱하기 등)이 한 장소 또는 소수의 몇 개 장소에서만 일어나지만 그 내용은 서로 다른 여러 장소에 저장된다.

또한 컴퓨터는 공학자들이 정교하게 설계한 것이지만, 뇌는 자연도태의 압력을 받으며 몇 세대에 걸친 생물학적 진화과정을 거친 것이다. 이는 설계방식의 근본적인 차이를 가져오게 한다.

흔히 컴퓨터에서는 하드웨어나 소프트웨어라는 용어를 사용한다. 컴퓨터의 소프트웨어를 개발하는 프로그래머들은 하드웨어에 관한 배선 등의 자세한 지식을 별로 필요로 하지 않는다. 마찬가지로 뇌의 하드웨어에 관하여 여러 가지를 알아야 할 필요가 있는가 하는 것이 특히 심리학자들 사이에 논란의 대상이 되고 있다. 그러나 뇌에서는 하드웨어와 소프트웨어를 분명하게 구별하기 힘들다. 또 그 같은 이론을 이용하여 뇌의 활동 상태를 억지로 맞추어 해석하려는 것은 어려운 일이다.

모든 이론의 타당성은 그 최종 결과로 결정된다. 컴퓨터는 특정한 종류의 일, 즉 계산이 절대적으로 많은 게임, 복잡한 논리적 문제, 체스 등은 대단히 잘 풀도록 프로그램되어 있다. 이런 것들은 보통사람들이 빠르게 잘 해낼 수 없는 것들이다. 그러나 사물을 보고 그 의미를 이해하는 일같이 현재 대부분의 컴퓨터가 잘 수행하지 못하는 과업에 직면하면 보통사람들은 이를 힘들이지 않고 빠르게 해낼 수 있다. 특히 단순히 학습된 사실을 기억으로부터 인출하는 것이 아니고, 상상력을 발휘하여 창조적인 발상을 이끌어내는 일은 컴퓨터로는 불가능하다.

장차 우리는 그 같은 기계를 만들 수 있을까? 만일 만들 수 있다면 그것은 의식을 갖게 될까? 언젠가는 가능하리라고 믿는다. 하지만 거의 극복이 불가능한 기술적 제한은 있을 것이다. 사람의 뇌에 비하여 수행능력이 대단히 단순한 기계는 가까운 장래에 만들 수 있을 것으로 생각한다. 따라서 이것들은 단지 대단히 제한된 형태의 의식을 갖게 될 것이다. 아마도 개구리나 날파리의 뇌에 가까운 것일 것이다. 의식이라는 것이 어떻게 생겨나는지를 이해하게 될 때까지는 제대로 된 인공적인 기계를 설계할 수 없을 것이고, 하등동물의 의식에 관하여 어떤 확고한 결론도 내릴 수 없을 것이다.

창조성이란?

창조성은 한마디로 정의하기도 힘들고 다면성을 지녔다. 어쩌면 그 다면성 때문에 모든 현대 산업은 창조적 생각과 창조적 기술의 산물이라 할 수 있다. 부정할 수도 없이 계속되고 있는 이 신비한 현상은 과학적 연구를 공고하게 하는 것이기도 하다. 또한 창조적인 생각은 오늘날의 인류문명을 가능케 한 오직 사람만의 엄청난 능력이다.

창조성의 영어 'creativity' 라는 말의 어원은 '돋아난다' 라는 뜻의 라틴어 'creatus' 라는 말에서 기원하였다. 이것이 내포하는 의미는 전체적으로 또는 부분적으로 새로운 어떤 것을 생성한다거나, 이미 존재하는 것에 새로운 성질이나 특성을 부여한다거나, 이전에는 생각하지 못했던 새로운 가능성을 상상한다거나 또는 정상적으로 생각할 수 있었던 가능성을 다르게 생각하는 것을 의미한다.

1954년에 노벨 화학상을 수상한 리누스 폴링 박사는 과학적 이론의 창조는 떠오르는 여러 생각 중에서 필요 없는 것을 버리는 것이라고 하였다. 다시 말해 창조성이란 '가설 파기 과정' 이라는 것이다. 이미 존재하는 가설을 버리고 다른 사람들이 생각하지 못했던 새로운 방법으로 접근함으로써 창조적 생각이 생겨난다는 뜻이다.

때로는 혁신과 창조를 구별할 필요도 있다. 창조란 새로운 생각을 만들어내는 행위이고, 혁신은 그 창조적 생각을 적용하여 어느 특정한 내용을 만들어내는 과정을 말한다. 따라서 혁신은 새로운 생각을 창출하여 그것을 새롭고 쓸모 있는 것으로 전환시키는 전체 과정을 뜻한다. 그래서 창조성이란 혁신 과정에 필요한 하나의 단계인 새로운 생각에 국한하는 것이 보통이다. 그래서 혁신은 창조적 생각에서 비롯된다고 할 수 있다.

창조성은 어느 정도 기질이라 할 수 있다. 어느 특정한 사람은 창조성을 반복적으로 나타낸 사실이 있기 때문이다. 그리고 창조성은 다른 기질들과도 연관이 있다. 일부 학자들은 객관적 심리검사를 통하여 이를 예측할 수 있다고 생각한다. 한편 창조성은 분명 상태라고도 할 수 있다. 어떤 사람도 항상 창조성을 보여주지는 못하기 때문이다. 어떤 사람은 일생에 한번만 고도의 창조성을 보여주기도 한다. 때로는 창조성은 특이적인 상태라기보다는 우연히 외형적이고 창조적인 일이 일어나게 된 상황이라 할 수도 있다.

창조성의 기전을 설명하는 학설은 여러 가지가 있다. 그 학설들은 방법론에서부터 정신이상에 이르기까지 광범위하나 그 어느 것도 만족스러운 것은 없다.

학습이나 훈련을 통하여 창조성을 유도하는 데에는 한계가 있다. 여기서 파스퇴르가 한 말 "기회는 준비된 자의 몫이다"를 상기할 필요가 있다. 물론 파스퇴르는 이 말을 창의적 실험과학이라는 대단히 특수한 경우에 대하여 사용하였다. 그러나 진정으로 뜻밖의 실험적 발견이 있는가를 생각해 볼 때 파스퇴르의 이 말은 더 넓은 의미의 창조성에도 적용할 수 있다. 파스퇴르의 이 말은 다음과 같이 바꾸어 말할 수도 있다.

"창조성에는 기회(우연)라는 요소가 있기는 하지만 그 우연은 마음의 준비가 되었을 때만 일어난다."

파스퇴르가 준비되었다고 한 것은 창조적 기질을 가지고 태어났다는 것을 뜻하는 것은 아니었다. 이것이 의미하는 바는 창조적 도약에 관계되는 지식과 기술을 도약에 앞서 충분히 숙지해야 한다는 것이다. 역설적으로 이 말은 창조성은 이미 알고 있는 것을 배운다거나 독창적인 것에 관계되는 요소들을 충분히 가지고 있거나 이미 존재했던 것의 독창성과 가치를 인식하는 것에서 시작된다고 할 수 있다. 암에 관한 사전지식이 없는 사람이 암 치료법을 발견하기는 어려울 것이다. 준비된 사람에게는 누구에게나 창조성이 있을 수 있겠는가? 준비한다는 것은 훈련을 통하게 되며 훈련은 통상 예상되는 틀에서 이루어지기 때문에 결국 준비가 창조성을 보장하지는 못한다고 생각한다. 어느 것도 창조성을 보장할 수 있는 것은 없다. 다만 준비한다는 것은 창조성을 극대화하는 길의 하나일 수 있는 것이다.

창조성을 말할 때 새롭다는 것만으로는 충분치 않다. 창조적이라고 하려면 이미 있었던 것에 비해 필요성과 가치가 있어야 한다. 가치에는 지적 가치, 기술적 가치, 실용 가치가 있을 것이다. 실용 가치나 지적 가치는 적으나 그 가치를 인정받는 것으로는 예술적 창조성이 있다. 나아가 새롭고 가치 있는 것만으로는 충분치 않다. 창조적 결과는 예상하지 못했던 것이어야 하고 놀라움을 느끼게 하는 것이어야 한다. 어떤 의미에서는 창조적 결과는 통례를 벗어나는 데서 생겨난다고 할 수 있다.

《손자병법》에 득어망전(得魚忘筌)이라는 말이 있다. 기존의 수단과 기술을 버려야 새로운 기회가 찾아온다는 뜻이다.

창조적인 생각은 오늘날의 인류문명을 가능케 한 오직 사람만이 지닌 엄청난 능력이다. 그 창조적인 생각은 뇌의 활동인 것만은 틀림이 없다. 창조적인 생각은 물론이거니와 우리의 일상생활의 대부분은 의사결정 과정이라고 해도 과언이 아니다. 의사결정에는 두 가지가 있다. 자유의사에 따라 비교선택하는 것과 선택의 여지가 없는 것이다. 최근의 기능적자기공명영상(fMRI) 결과에 따르면 자유의사에 따라 비교선택하는 경우에만 전전두피질이 활성을 나타내었다고 한다.

신경과학자 골드만-라킥은 마카크 원숭이의 전전두피질에 관한 논문들을 개관하고 "전전두피질은 작업기억에 필수적이다"라고 결론지었다. 작업기억이란 단순히 어떤 사안을 잠시 동안 기억하는 단기기억과는 다른 것이다. 작업기억은 주어진 과제의 수행을 위한 의사결정과 단기기억이 관련되는 것이다. 이를 검사하는 방법 중에 지연-반응 과업이라는 것이 있다. 즉 두 가지 단서를 주고 그 중에서 하나를 선택하는 반응 사이에 시간의 지연이 있는 과업이다. 이 지연 시간 동안에 의사결정이 이루어진다고 생각하는 것이다. 전전두피질의 활성은 단서가 주어졌을 때 증가하고, 지연 시간 동안에 활성이 유지되다가 반응할 때 활성이 더 증가한다고 한다. 사람에서는 이것저것 생각하며 쉬고 있을 때 전두극피질이라는 곳과 전방대상피질이라는 곳의 활성이 높아진다고 한다.

사람만이 오직 자신의 생각을 표현할 수 있다고 생각한다. 사람은 자신이 의도하는 바를 인식하고 그것을 표현할 수 있다. 그리고 사람은 자신의 목표를 세울 수 있다. 과학자는 문제를 해결하는 데서 만족을 얻기 위하여 문제에 도전한다. 소설가는 이야기하는 것을 즐기기 때문에 소설을 쓴다. 사람은 이런 종류의 결심을 할 때 내측전두피질과 전방대상피질이라는 곳에 활성을 보이고, 또한 배측전전두피질에서 활성을 보인다고 한다. 사람은 목표를 정할 수 있을 뿐만 아니라 그 목표의 달성 정도를 추적할 수가 있다. 자신의 성취 정도를 면밀하게 추적하는 지능을 검사할 때 측방대상피질이라는 곳에 활성을 보인다고 한다.

동물과 달리 사람은 먼 장래를 계획할 수 있다. 이 능력을 검사하는 방법으로 '하노이의 탑' 이라는 것이 있다. 여러 크기의 나무못을 될 수 있으면 가장 적게 움직여 그것에 들어맞는 구멍에 꿰어 맞추는 것이다. 즉 가장 적게 움직여 목적을 달성하려면 사전에 면밀하게 계획을 세워야 할 것이다. 이와 같은 검사를 할 때 배측전전두피질에서 브로드만 영역10에 이르는 영역이 활성을 나타내었다고 한다. 그리고 장래를 상상할 때 전두극피질(브로드만 영역10)과 해마에서 활성을 나타내었다고 한다. 해마라는 곳은 사건기억을 회상하거나 장래의 사건을 상상할 때 활성을 나타내는 부위이다.

요컨대 다양한 환경에서 사람이 성공적으로 살아남을 수 있었던 것은 고도로 발달한 남다른 능력 때문이다. 마음속에서의 시행착오, 문제해결에서의 창의성 그리고 장래를 위한 계획은 어느 동물도 가질 수 없었던 사람만의 특별한 능력이다.

아인슈타인의 뇌가 궁금하다

흔히 뇌를 가장 효과적으로 활용했던 사람으로 알베르트 아인슈타인을 든다. 세상을 뒤바꾼 창조적 물리이론을 창안해냈기 때문이다. 그래서 많은 사람들이 아인슈타인의 뇌는 보통사람의 뇌와 다를 것이라고 생각하여, 여러 학자들이 아인슈타인의 뇌를 여러 각도에서 연구하였으나 결론적으로 아직까지는 특별히 다른 점을 발견하지 못하였다.

사람(동물을 포함하여)의 지능은 뇌의 무게와 관계가 있다고 한다. 그러나 아인슈타인의 뇌(1230g)는 보통사람의 뇌 평균무게(1400g)보다 작다. 지능은 뇌의 무게보다 뉴런의 연결이 더 중요하다고 하지만 아인슈타인의 뇌에서 특별히 발달한 뉴런의 연결이 관찰된 바도 없다. 아인슈타인의 뇌에는 보통사람보다 교세포의 수가 많았다고 하지만 교세포의 수와 지능의 상관관계가 증명된 일도 없다. 더욱이 아인슈타인은 중 · 고등학교 시절 성적이 우수한 모범생도 아니었다.

물론 더 세밀한 연구가 필요하지만 아인슈타인의 뇌는 하나밖에 없으므로 함부로 훼손할 수도 없다. 그래서 아직까지는 여러 설이 분분한 실정이다.

대뇌피질에서 정보처리는 어떻게 이루어지는가?

대뇌피질에서는 정보들을 어떻게 처리하여 창조적 생각이라는 것을 만들어내는가? 물론 아직은 누구도 정확하게 알고 있지 못하다. 수많은 연구자들에 의하여 수많은 학설들이 제안된 바 있으나 그 어느 것도 아직은 확실하게 증명된 바도 없고, 모든 사람의 동의에 이르지도 못하였다. 그 중에서 컴퓨터 공학에서 획기적인 업적을 이루고, 신경과학 특히 인공지능 연구에 헌신한 제프 호킨스는 대뇌피질에서 일어나는 일을 설득력 있게 제안하였다.

대뇌피질(신피질)에는 정보를 처리하는 여러 지역이 산재해 있다고 한다. 이들 지역들은 위계가 있어 상위 지역도 있고, 하위 지역도 있다. 그래서 정보처리는 상의하달식 처리과정도 있고 하의상달식 처리과정도 있게 된다.

특정한 정보처리 지역에 주어진 정보는 각각의 정보에 해당하는 패턴의 형태로 기억되고, 상황의 변화에 따라 주어진 정보는 기억된 패턴을 회상하

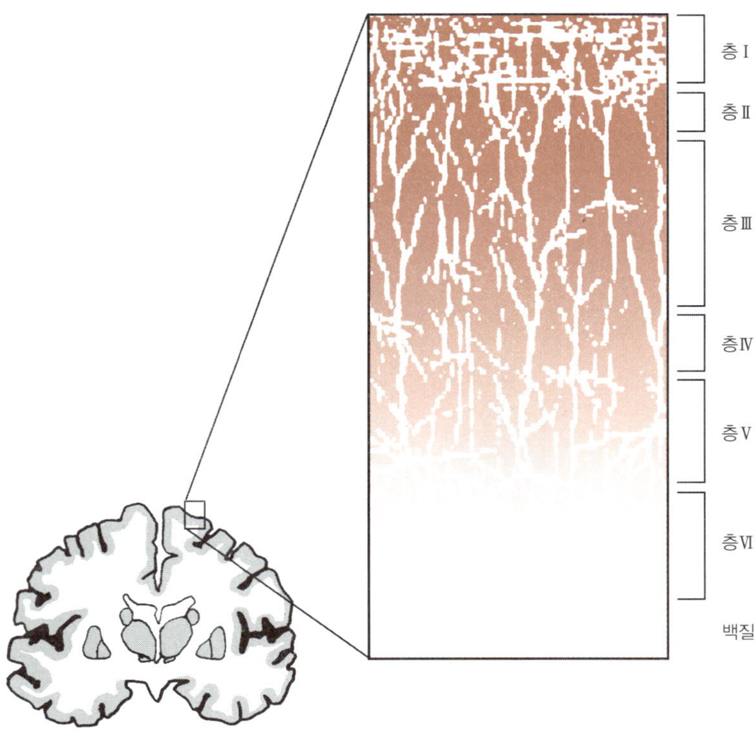

그림 5-1 여섯 층의 신피질

여 비교함으로써 뒤이어 나타날 일을 예상하고 이에 대처하는 것이 대뇌피질에서 일어나는 기억-예상의 틀이라고 할 수 있는 것으로 본다.

신피질에는 패턴의 형태로 기억이 저장되고, 그 패턴은 자동연합이라는 과정으로 회상되는 것이라 할 수 있다. 그리고 신피질에 저장된 기억은 불변형이며 상하위의 위계에 따라 저장된다고 생각한다. 어떤 사건에 관한 이야기를 한다고 생각해보자. 아무리 빠르게 말을 한다고 해도 사건 전체를 동시에 이야기할 수는 없다. 그래서 사건의 한 부분을 이야기하고 다음으로 넘어가야 한다. 즉 우리의 기억은 순서를 가지고 기억되는 것이다. 그러면 이런 기억과정은 신피질에서 어떻게 일어나는가?

여러 정보처리 지역들이 있는 신피질은 모두 여섯 개의 층으로 되어 있다. 제일 바깥층이 층 I이고 제일 안쪽이 층 VI이다. 층 I은 독특한 층이다. 층 I에는 신경세포가 거의 없고, 주로 표층을 따라 평행으로 달리는 축삭(신경섬유)으로 이루어졌다. 층 II와 층 III은 서로 비슷하게 생겼다. 많은 추상세포가 조밀하게 들어차 있다. 층 IV에는 별 모양의 세포가 있고, 층 V에는 전형적인 추상세포와 큰 추상세포가 있다. 가장 아래쪽의 층 VI에도 여러 형태의 독특한 뉴런들이 있다. 각 층들은 평행을 이루고 있으나 신경세포들은 세로로 각 층에 직각으로 달리는 여러 개의 기둥모양(원주)을 이루고 있다. 원주 안에서 각 층은 축삭으로 위아래로 연결되어 있다. 그래서 각각의 원주에 분명한 경계가 있는 것은 아니나 각 원주에 있는 뉴런들은 동일한 자극에 반응한다. 예를 들면 일차시각피질의 경우 어느 한 원주에 있는 세포들은 어느 한쪽 방향으로 기울어진 선에만 반응한다. 그리고 각 원주 안에 있는 연결(시냅스)의 상당 수(때로는 90% 이상)는 이웃한 지역(원주)에서 온다고 한다. 그리고 이들 원주는 위아래로 정보를 주고받는 위계질서가 있다. 이 원주를 모듈이라고도 한다. 이제 이들 원주에서의 정보 흐름을 살펴보기로 하겠다.

우선 하의상달식 정보의 흐름을 보면 하위 지역에서의 입력은 항상 층 IV에 도달한다. 이 층이 정보의 주 입력층이다. 이것은 층 VI과도 연결을 이룬다. 층 IV는 같은 원주 내에서 층 II와 III에 축삭을 보낸다. 층 II와 III에 있는 많은 세포들은 다음 상위 지역의 입력층에 축삭을 보낸다. 이렇게 해서 한 지역에서 다음 상위 지역으로 정보가 올라간다.

이에 반해 상의하달식 정보 흐름은 직접적이지 못하다. 층 VI의 세포들은 하위 지역으로 축삭을 보낸다. 그리고 위계상 하위 지역의 층 I에도 축삭을 보낸다. 층 I에서 축삭은 멀리 떨어진 하위 지역으로 축삭을 뻗는다. 그래서 하나의 원주에서 하위 지역으로의 정보의 흐름은 하위 지역에 있는 여러 원주를 활성화할 수 있다. 층 I에는 뉴런의 수가 적지만 층 II와 III 그리고 층 V의 뉴런들의 수상돌기가 층 I에 위치하므로, 이들 뉴런들은 층 I 전체에 걸친 되먹임에 의하여 활성화될 수 있다.

이제 이 같은 정보의 흐름이 어떻게 특정한 자극의 패턴을 기억하고 회상하여 예상을 이루는지를 살펴보기로 하겠다. 하나의 원주로부터 시작하기로 하자. 하위 지역으로부터의 입력은 그 원주의 층 IV의 세포가 흥분신호를 발사하게 만든다. 그 층 IV의 세포의 흥분신호는 층 II와 III 그리고 층 V에 있는 세포가 흥분신호를 발사하게 만들고, 이어 층 VI의 세포가 흥분신호를 발사하게 된다. 그래서 하위 원주로부터 입력을 받은 전체 층이 활성화하게 된다. 층 II와 III 그리고 층 V의 세포는 층 I에서 수천 개에 달하는 시냅스를 이루고 있다. 그래서 층 II와 III 그리고 층 V의 세포가 흥분신호를 발사하게 되면 이들 시냅스가 활성화되어 소위 시냅스 강화라는 것이 이루어진다. 이 시냅스 강화가 충분히 이루어지면 층 IV의 세포가 흥분신호를 발사하지 않더라도 층 II와 III 그리고 층 V의 세포가 활성을 유지할 수 있게 된다. 다시 말해 하위 원주로부터의 입력이 없더라도 원주의 일부분은 활성상태를 유지하게 되는 것이다. 이렇게 해서 패턴을 습득하게 되는 것이다. 그래서 학습이 이루어지기 전에는 특정 지역의 원주는 층 IV에 의하여 활성을 갖게 되지만, 학습이 이루어진 후에는 기억이라는 형태로 활성을 유지할 수 있게 되는 것이다. 특정한 원주의 층 I로 들어오는 입력의 일부는 이웃한 원주 또는 대뇌피질 지역의 층 V에서 받는다. 이 정보는 방금 전에 어떤 일이 있었는지를 말해준다.

한편 층 I로 들어오는 입력의 일부는 상위 지역의 원주 층 VI에서 온다. 이 정보는 비교적 고정된 것이다. 그 원주는 최근에 경험했던 일의 순서를 표상하게 된다. 그래서 특정 원주에서는 제때에 올바른 순서에 따라 학습이 이루어지게 된다.

이 이론으로 학습과 기억을 비롯한 여러 뇌의 기능을 설명할 수 있다. 물론 이 이론에 문제가 없는 것은 아니며, 해결해야 할 문제들도 적지 않다. 또 직접적으로 증명하기도 쉽지 않다. 그러나 지금까지의 지식들을 근거로 비교적 설득력을 갖는 이론이라 하겠다.

학습이란?

흔히 학습은 환경으로부터의 정보를 저장하는 과정이고 기억은 저장된 정보를 재생 또는 인출하는 과정이라고 한다. 그런데 정보의 저장을 기억이라고 한다면 기억은 학습의 결과가 될 것이므로 학습과 기억은 여러 가지

면에서 동전의 앞뒤 관계 같은 것이라 하겠다. 가장 단순한 학습에서도 무엇인가가 기억되는 것이다.

가령, 통조림통을 따는 소리가 들리고, 이어서 먹이가 보이고 냄새를 맡게 되는 경험을 반복한 고양이는 통조림 뚜껑을 따는 소리가 나면 곧 먹이를 줄 것이라는 것을 학습하게 된다. 영아들도 생후 6개월이 지나면 엄마의 얼굴과 다른 사람의 얼굴을 구별한다. 영아들은 엄마의 얼굴을 특징짓는 윤곽이나 표정을 학습하는 것이다. 그리고 이 책을 읽으면 뇌에 관한 체계적인 많은 정보를 학습하고 기억하게 될 것이다. 학습은 단순한 동물의 단순한 학습에서 인간의 뇌가 이루어내는 복잡한 지식까지를 포함하는 것이다.

연관학습과 비연관학습

학습과정에는 두 가지 형태가 있다. 연관학습과 비연관학습이다. 비연관학습은 동물이 한 가지 유형의 자극에 한 번 또는 반복해서 노출되었을 때 이루어지는 것이다. 이 과정에서 동물은 자극의 성질을 학습할 기회를 갖게 된다. 연관학습에서는 한 가지 자극과 다른 자극 사이의 관계(고전적 조건화) 또는 자극과 행동 사이의 관계(사역적 조건화)를 학습하게 된다.

두 가지 형태의 비연관학습을 일상생활에서 흔히 볼 수 있다. 습관화와 민감화이다. 습관화란 반복되는 해롭지 않은 자극에 대해 반응이 감소하는 것을 말한다. 시골사람이 도시 대로변의 아파트에 사는 친구 집에서 하루 밤을 지내고 친구에게 "이 시끄러운 집에서 어떻게 사나? 차 소리 때문에 한숨도 못 잤네"라고 하였다. 친구의 답이 "무슨 차 소리? 나는 아무것도 안 들리는데" 즉 도시 친구는 차 소리에 습관화가 된 것이다. 이를 감각순응이라고도 한다. 민감화는 강렬하고 해로운 자극에 대해 반응이 증가하는 현상이다. 동통자극을 받았던 동물은 단순한 접촉자극에도 격렬하게 반응한다. 몽둥이로 폭행을 당한 강아지는 몽둥이만 보면 뛰어 달아난다. 민감화 자극은 습관화의 효과를 상쇄한다. 즉 소리 자극에 습관화가 된 동물도 강한 동통자극을 주면 되살아난다. 이를 탈습관화라 한다. 민감화와 탈습관화는 강한 자극과 상대적으로 약한 자극이 주어진 시간과는 무관하게 일어난다. 그리고 두 가지 자극 사이의 밀접한 관계를 필요로 하는 것도 아니다.

20세기 초에 이반 파블로프는 고전적 조건화를 처음 도입하였다. 그는 개의 소화기를 연구하고 있었다. 초기에 개는 항상 먹이를 가져오는 사람의 흰옷만 보면 침을 흘리는 것을 발견하였다. 먹이가 실제로 개의 눈앞에 다다르기 훨씬 전에 침을 흘리는 것이었다. 파블로프는 계속된 연구를 통해 먹이를 주기 전에 제시한 소리나 빛으로도 개가 침을 흘린다는 것을 알게 되었다.

종소리처럼 통상적으로 별 반응을 일으키지 않는 자극과 침을 흘리게 하는 먹이와 몇 번이고 쌍을 이루면 조건화가 성립하여 처음에는 중립이었던 자극(종소리)이 먹이 자극과 동일한 반응을 나타내게 되는 것이다. 고전적 조건화가 성립하려면 이 같은 두 가지 자극이 시간적으로 접근하여 주어져야 하고 종소리는 먹이에 앞서 제시되어야 한다. 이 예에서 먹이는 무조건자극이라 하고 종소리 같은 처음에 중성이었던 자극은 조건자극이라 한다. 먹이에 의한 타액 분비는 무조건반응이고 종소리에 의한 타액 분비는 조건반응이다. 다시 말하면 동물은 무조건자극(먹이)과 조건자극(종소리) 사이의 연관을 학습하여 처음에는 중성이었던 자극에 대해 행동의 변화를 일으키는 것이다.

고전적 조건화의 기본 요소는 두 가지 자극의 연관이다. 즉 무조건자극과 조건자극의 연관이다. 조건자극은 종국적으로 배우게 될 반응과는 무관하면서 현저한 반응을 나타내지 않거나 약한 반응을 유발하는 것이다. 빛이나 소리 같은 것이다. 한편 무조건자극(강화라고도 한다)은 음식물이나 동통자극 같이 항상 분명한 반응을 유발하는 것이다. 그 반응을 무조건반응이라고 한다. 침을 흘린다거나 피하는 행동이다. 무조건반응이라고 하는 이유는 그 반응은 타고난 것이기 때문이다. 즉 학습에 의하지 않고도 자극이 주어지면 반응하는 것이다. 조건자극에 이어 무조건자극이 반복해서 주어지면 조건자극은 조건반응이라고 하는 반응을 나타내게 된다. 때로는 조건반응이 무조건반응과 비슷할 수도 있다. 그러나 두 가지는 분명히 다른 것이다. 고전적 조건화는 다시 욕구적 조건화와 방어적 조건화로 나눌 수 있다. 무조건자극이 음식물 같은 것으로 보상되었을 때의 조건화는 욕구적인 것이다. 무조건자극이 전기충격 같이 해로운 것일 때 방어적 조건화라 한다.

연관학습의 또 한 가지 형태는 사역적 조건화(도구적 조건화 또는 시행착오 조건화)라는 것이다.

에드워드 돈다이크가 처음 제안하고 스킨너가 조직적으로 연구한 것이다. 굶긴 흰쥐를 한쪽에 손잡이가 달린 사육상자에 넣는다. 흰쥐는 사육상자 안을 이리저리 돌아다니다가 우연히 손잡이를 누를 것이다. 이는 무작위적 행동일 수도 있고 타고난 행동일 수도 있다. 손잡이를 누를 때마다 먹이가 주어지면 손잡이를 누르는 속도가 점차 빨라진다. 동물은 여러 가지 행동(걷기, 뒷다리로 서기, 얼굴 다듬기 등) 중에서 손잡이 누르기 같은 특정행동이 먹이로 보상된다는 것을 학습하게 되는 것이다.

고전적 조건화가 두 가지 자극 사이의 연관관계를 형성하는 것이라면 사역적 조건화는 자극과 반응 사이의 예측관계를 형성하는 것이라 할 수 있다. 기억, 즉 정보의 저장과 인출에 영향을 미치는 중요한 질적 요인이 있다.

즉 행위에 따르는 보상과 벌이다. 사역적 조건화는 행동이 그 결과에 의하여 어떻게 형성되는가를 설명하는 학습이론의 하나이다. 몇 가지 점에서 고전적 조건화와 다르다. 가장 중요한 고전적 조건화와의 차이는 사역적 조건화에서는 반사를 취급하지 않는다는 것이다. 사람이나 동물의 사역적 조건화에서는 수의적 자연적 행동을 취급하는 것이다. 요컨대 사역적 행동은 개체에 바람직한 일이 결과적으로 생겼을 때 반복하는 경향이 있다. 반대로 바람직하지 않은 일이 결과적으로 생기면 행동을 반복하지 않게 된다. 이것은 사람이나 동물의 학습과 기억에 있어 대단히 중요한 기본원칙이다.

학습중추도 있는가?

학습이란 기본적으로 뇌에 정보가 저장되는 과정이다. 그리고 기억이란 뇌의 자료은행에 저장되어 있는 정보를 상기하는 것이다. 많은 경우 혼동하여 취급되기도 하지만 두 가지 분명한 형태의 학습과 기억이 있다. 첫째는 반사기억이라고 하는 운동학습과 기억이다. 서 있다거나 걷기까지를 포함하는 능숙한 움직임의 학습이다. 둘째는 서술기억이라고 하는 인지적 학습과 기억이다. 여기에는 모든 지각, 관념, 언어적 표현이 포함되고, 실제로는 문화를 통틀어 그 안에서 나타나는 모든 일이 포함된다.

신경과학자들은 뇌에 정해진 학습중추라는 것이 따로 있는 것이 아니고 아무리 간단한 학습이라 하더라도 그것을 학습하고 저장하며 재생하기 위하여 뇌의 여러 부위가 함께 활동한다고 생각하여왔다. 그러면 뇌는 어떻게 각각의 임무를 분담하는가? 또 뇌의 어느 부위가 어떤 특정한 학습요소와 관련이 있는가? 워싱턴 대학의 신경과학자들이 양전자단층촬영기법(PET)을 이용하여 사람에서의 단순한 운동학습과업 실험으로 문제해결을 향한 첫 걸음을 내딛었다.

연필로 미로를 따라가는 과업을 하는 동안 사람의 뇌영상을 이용하여 여러 뇌 부위의 대사활성의 변화를 추적함으로써 학습과정의 각 구성요소에 따르는 뇌의 각 부위의 활성을 알아보았다. 미로학습과업은 14명을 대상자로 하여 1분 동안에 여섯 번 단순한 미로를 따라 그리게 하는 것이었다. 여섯 번의 시행을 하는 동안에 뇌의 특정 부위의 활성이 변하였다. 학습과업의 여러 측면에서의 개선정도를 추적하여 특이한 학습곡선을 발견할 수 있었다. 그리고 이 변화곡선과 뇌의 활성변화와의 상관관계를 알아봄으로써 뇌의 각 부위와 학습과업의 여러 구성요소와 연관시킬 수 있었다.

예를 들면 첫 번째 시행에서는 머뭇거림이 잦았다. 이 초기학습에서는 오른쪽 운동전피질의 활성이 높았다. 머뭇거림의 횟수는 시행이 두세 번 거듭되는 동안 급속하게 떨어졌다. 동시에 운동전피질의 활성은 떨어지고 보조운동 영역의 활성은 올라갔다. 오류 횟수는 처음 두 번의 시행에서는 높았다. 반복하면서 오류 횟수는 떨어졌고, 이에 따라 왼쪽 소뇌와 오른쪽 두정엽피질의 활성도 떨어졌다. 마지막 두세 번의 시행에서는 오류는 더 이상 감소하지 않았다. 그리고 미로를 따라 그리는 속도는 빨라졌다. 이때에는 일차운동영역의 활성이 한층 높아졌다. 이 같은 활성의 상승은 단순히 펜을 움직이는 속도와 관계가 있는 것으로 생각되는 것이다. 학습이 충분히 이루어지기 전에도 활성을 나타내기 때문이다. 그러나 뇌의 다른 부위들은 학습과정의 여러 구성요소와 관계가 있다고 생각되는 것이었다.

학습과업 시행 초기에 운동전피질의 활성이 높았던 것은 뇌의 이 부위가 운동의 계획수립역할을 담당하는 것으로 생각된다. 그리고 머뭇거림의 감소와 보존운동 영역의 활성화는 운동순서의 학습과 관련되는 것이라 할 수 있다. 소뇌는 행동의 조율에 관계된다고 생각한다. 오류 횟수가 감소하면 소뇌의 활성이 떨어지는 것으로 추정할 수 있는 것이다. 다만 두정엽피질의 활성이 오류 횟수 감소와 함께 떨어지는 현상은 아직 설명이 힘들지만 공간인식과 관계가 있을 것으로 생각된다.

물론 이 같은 간단한 실험으로 학습에 관련되는 뇌의 해부학적 구조를 모두 설명할 수는 없다. 그러나 이제 시작에 불과하다. 이와 같은 연구가 거듭되면서 학습의 해부학이 상세하게 밝혀질 것으로 기대한다.

양전자단층촬영기법이나 기능적자기공명영상술을 이용하여 넓게 분포하는 뇌기능의 공간적 기능지도가 작성될 수는 있으나 아직도 몇 초라는 시간적 해상력의 제한 때문에 작업기억 같은 단기기억의 저장처럼 일시적으로 빠르게 변하는 기능을 영상화하는 데에는 한계가 있다. 최근에 초전도양자간섭계(SQUIDs)라는 장치를 이용한 자기원영상술 또는 자기대뇌촬영술로 이같이 빠르게 변하는 뇌의 활성을 영상화할 수 있었다. 초전도양자간섭계라는 장치는 뇌에서 뉴런의 신호발사에 의하여 생성되는 미세한 자장을 검출할 수 있는 것이다.

세 사람을 대상으로 실험한 예가 보고되었다. 바둑판무늬의 체커판을 10분의 1초 동안 힐끗 보여주고 뇌의 활성을 측정하였다. 초기 2분의 1초 이내에 후두엽의 일차시각피질에서 활성이 나타나기 시작하여 오른쪽 전두전피질과 왼쪽 두정엽-후두엽-측두엽 경계 부위의 피질로 옮겨갔다. 다음 실험에서는 체커판을 여러 가지 시간 간격으로 두 번 보여주었다. 시간 간격이 매우 짧았을 때(10분의 1초)는 두 번째 자극에 대해서만 후두엽에서 신호발사가 있었고, 정보처리 하류부위에서는 신호발사가 없었다. 그러나 시간 간격을 10, 20, 30초로 증가시키면 하류부위에서도 신호발사가 있었다. 그래서 기억의 소거과정은 축전기에서의 방전과 같은 성질일 것이라고 생각하였다. 이 결과는 뇌에서의 정보처리과정을 경시적으로 설명하는 중요한 단서를 제공한 것이나 뇌의 심부에서 일어나는 뉴런활성의 이해까지는 아직도 논란의 여지가 있다.

머리가 좋고 나쁜 것은 타고나는가?

머리가 좋다 나쁘다고 하는 것은 신경회로의 활동 방식에 따르는 것이라고 한다면 머리가 좋고 나쁜 것은 타고난 것이므로 태어난 후부터 신경회로를 사용하려고 노력해도 머리가 좋아질 수 없는 것이 아닐까? 그러나 자극을 주어 신경세포가 활동하면 시냅스가 만들어지고 새로운 신경회로가 생겨나서 새로운 기능이 생겨난다. 이는 머리가 좋고 나쁜 것이 유전에 의한 것이 아니라는 것을 대변하는 것이다.

태어나면서부터 정해진 것은 유전자에 프로그램되어 세대를 거쳐 대대로 전해지는 것이다. 신경세포가 언제 만들어지기 시작하고, 축삭은 어느 곳으로 뻗어 정지하고, 신경세포는 어떤 신경전달물질을 사용하며, 수초는 언제 만들어지는가 등이다. 이런 일은 유전자 프로그램으로 정해진 것이기 때문에 태어나서부터 조작을 가하더라도 변할 수가 없다. 물론 영양상태가 정상적으로 유지된 조건에서 일어난다. 따라서 태어났을 때의 신경세포의 수나 기본적 신경회로는 타고나는 것이라 할 수 있다. 그러나 신경회로 중에서 시냅스는 생후의 환경 요인에 의하여 변할 수 있다. 자극에 의하여 시냅스를 사용하게 되면 태어날 때보다 수와 효율이 늘어난다. 그리고 영양상태가 나쁘면 설령 자극이 주어지더라도 시냅스 수가 늘어나지 않으므로 원활하게 활동할 수 없게 된다. 즉 경험에 따라 변하는 것을 저장하는 장소의 시냅스 수와 효율은 사용하는가, 사용하지 않는가 또는 영양상태가 좋은가 아닌가에 따라 변하는 것이다. 다시 말해 유전적으로 정해진 것이라도 환경조건이 영향을 미쳐 시냅스의 수가 달라질 수 있고 시냅스의 활동효율도 달라질 수 있다.

시냅스의 변화는 태어난 직후부터 3년 정도가 가장 변화하기 쉬운 시기라고 한다. 이후에는 나이가 들어감에 따라 점점 변화하기 어려워진다고 한다. 그러나 나이가 많아지면 변화할 수 없게 된다는 뜻은 아니다. 사람이 살아 있는 동안 일생에 걸쳐 일어나는 현상이다. 따라서 나이가 얼마가 되었건 머리를 좋게 하는 것에 때가 늦었다는 말은 있을 수 없다. 지금부터라도 얼마든지 머리를 좋게 할 수 있다.

다만 태어났을 때 개인에 따라 머리가 좋고 나쁜 차이가 있는가라고 묻는다면 그것은 있다고 생각할 수밖에 없다. 어머니 자궁 안에서 어떤 자극을 받았는지 그리고 어떤 영양상태에 있었는지에 따라 태아 뇌의 활동상태가 달라질 수 있기 때문이다. 이밖에도 머리를 좋게 하거나 나쁘게 하는 것에 관계하는 요인들이 있을 수 있기 때문이다.

머리가 좋다거나 나쁘다는 것은 뇌의 활동 방식, 신경회로의 활동 방식, 신경세포의 활동 방식에 그 원인이 있는 것이다. 좋다 나쁘다는 것은 인간의 가치판단에 따르는 평가이다. 좋고 나쁜 것에는 기준이 있다. 그 기준은 각 개인이 정하기 나름이므로 주관적인 것이다. 사람들 사이에 공통으로 적용되는 기준도 있을 수 있다. '저 사람은 머리가 좋다' 라고 할 때 어떤 기준이 있을까? 질문을 받으면 곧바로 대답했다 해도 정답이 아니면 머리가 좋다고 할 수 없을 것이다. 근육에 병이 있어서 운동이 자유롭지 못하면 이미 답을 알고 있더라도 대답이 느려질 수 있다. 이는 머리가 나빠서라고 할 수 없는 것이다.

학교에서 시험성적이 좋은 사람은 머리가 좋다고 할 수 있을까? 꼭 그렇다고 할 수는 없다. 시험이라고 하는 것은 학교에서 선생님이 가르친 것을 기억하고 있는지 또는 이해하고 있는지를 알아보는 것이 보통이다. 기억력이나 이해도를 알아보는 시험성적이 좋다는 것만으로 머리가 좋다고 할 수는 없다.

기억력이 좋은 사람은 머리가 좋은 사람인가? 구소련의 유명한 심리학자 루리아의 연구실에 어느 날 경이적인 기억력을 가진 한 신문기자가 찾아왔다. 그는 수백 행의 숫자를 수년 동안 기억하고 있었다. 발군의 기억력이 있는 것은 사실이나 그를 머리가 좋다고 할 수 있을까?

머리가 좋다는 것은 어떤 조건에서 해결하지 않으면 안 될 문제가 있을 때 당시에 외부에서 주어진 자극이나 과거의 기억으로부터 다음에 취해야 할 행동을 올바르게 선택하여 실행에 옮길 수 있는 것을 말한다. 기억하고 있는 것이 많을수록 행동을 선택할 때 참고할 것이 많을 것이다. 주변 환경을 잘 이해하는 것이 필요하다. 다른 사람과 잘 소통하고 남의 말을 올바로 이해하고 자신의 생각을 남에게 잘 전달해야 한다.

세상을 이해하려면 두정엽, 후두엽 그리고 기억에 필요한 측두엽이나 해마가 원활하게 활동해야 한다. 운동기능도 역시 원활하게 활동해야 한다. 외부의 자극과 과거의 기억에 따라 적절한 행동 프로그램을 짜서 그것을 올바르게 운동계에 반영할 수 있는 사람이 머리가 좋은 사람이다. 그것이 잘 되지 않는 사람이 머리가 나쁜 사람이다.

IQ(Intelligence Quotient): 지능지수

지능에 관하여 누구나 수긍할 수 있는 정의는 없다. 생각하는 속도, 추리능력, 기억력, 어휘 이해능력, 암산능력, 정신적 에너지 등을 모두 지능이라고 하며, 때로는 단순히 지적 추구욕을 지능이라고도 한다.

지능의 정도를 측정하기 위하여 IQ 검사를 시행하는데 사람들은 이것이 똑똑한지 아닌지를 가려내는 직접적 척도라고 믿는다. 그러나 지능을 생각하는 속도, 추리능력, 기억력, 어휘이해능력, 암산능력, 정신적 에너지 등으로 정의한다면 이들을 모두 만족하는 척도는 마련하기 쉽지 않다. 그래서 역사적으로 IQ에 관하여는 말도 많고 탈도 많았다. 말하자면 IQ가 진정으로 지능을 판별할 수 있느냐는 것이다. 더욱이 IQ의 유전성을 인종차별이나 우생학적으로 이용하려했던 일들이 여러 차례 시도되었던 것은 그리 바람직한 일이 아니다. 한 예는 1924년 미국의 이민법에 영향을 미쳤던 것이다. 즉 미국의 인종차별주의와 엘리트주의의 논리를 뒷받침하는데 쓰였던 것이다.

로버트 프로민과 그 공동연구자들이 지능 유전자를 발견하였다고 1997년에 발표하였다. 미국 전역에서 천재로 알려진 10대 소년들을 모았다. 그 소년들의 IQ는 160 정도였고, 학교 성적은 상위 10%에 들었다. 이들에게서 혈액을 채취하고 염색체 6번의 DNA를 분석하였다-염색체 6번을 택한 이유는 이전의 여러 연구에서 힌트를 얻은 것이다-그래서 보통 사람들과 염기 서열이 약간 다른 서열에 주목하게 되었고, 이를 IGF2R이라고 이름 붙였다. 프로민이 발견한 유전자가 실제로 지능과 관계가 있는 것으로 밝혀진다면 여러 가지 방법으로 지능에 영향을 미칠 수 있는 것의 하나가 될 것이다. 그런데 IGF2R이라는 유전자는 간암과 관련이 있는 것으로 알려졌다. 어쩌면 이 유전자는 간암을 억제하는 기능이 주된 역할이고, 지능에 대한 역할은 부차적인 것일지도 모르겠다. 이 유전자가 만들어내는 단백질은 리소좀 효소라는 단백질의 세포 내 수송을 담당하는 것이다. 또 이 유전자는 인슐린 유사단백질 그리고 당분의 연소와도 관계가 있다. IQ와 관련지어 생각한다면 IQ가 높은 사람의 뇌에서는 당분을 더 효율적으로 이용한다는 사실과 관련이 있을 것으로 생각할 수도 있다. 그러나 이는 실낱 같은 희망에 지나지 않는 것이다.

머리가 좋은 사람은 뇌의 모든 신경회로를 잘 활용하는 사람이다. 가능한 여러 행동 중에서 하나를 택하여 그 수순을 잘 조합하기 위해서는 전전두엽의 활동이 무엇보다 중요하다. 머리가 좋고 나쁜 것은 뇌의 모든 신경회로의 활용 방식에 그 원인이 있다. 과거에 어떻게 활용하였는가가 크게 영향을 미친다.

그렇기 때문에 자신은 머리가 나쁘게 태어났다고 치부하는 것은 머리를 위하여 결코 좋은 일이 아니다. 지금부터라도 뇌의 활동을 좋게 하는 수단을 시작할 수 있다. 자신의 머리가 나쁜 것은 타고난 것이라고 부모 탓으로 돌리는 것은 잘못된 생각이다. 자신의 머리가 나쁜 것은 부모에게서 물려받은 뇌로의 입력이 나쁘고 그 입력을 이용하는 전전두엽의 활동 방식이나 운동으로의 출력 방식이 좋지 않았기 때문이다. 지금부터라도 늦지 않았다. 언제나 시냅스는 만들 수 있기 때문이다.

창의력을 키우는 방법은?

창의력을 키우는 방법으로 많은 사람들이 여러 가지 방법을 제안하고 있다. 니커손은 《창조성 증진》이라는 책에서 학계와 산업계에서 개발된 창조성을 키우는 여러 가지 방법들을 정리하여 제시한 바 있다. 이를 소개하면 다음과 같다.

1) 목적과 의지를 설정하라. 목표는 우연히 달성될 수 없다. 우리 주변에

서 어느 직업에서든 성공을 거두었다고 하는 사람들의 대부분은 어려서부터 목표를 정하고 열심히 노력한 사람들이다. 이 세상에서 비교할 사람이 없을 만큼 위대한 발명가인 토머스 에디슨도 6세 때부터 기계 도구를 가지고 놀면서 창의력을 키웠고, 도널드 오코너 같은 유명한 배우도 어린 시절부터 연기력을 키워 대성할 수 있었다.

2) 기본 기술을 갖추라. 성공은 준비된 자의 몫이라고 하였다. 어느 일에 종사하건 그 일을 수행하는데 필요한 기본 지식과 기술을 갖추어야 할 것이다.

3) 영역 특이적인 지식의 습득을 장려하라. 가히 20세기 대문호라고 할 수 있는 어니스트 헤밍웨이는 제1차 세계대전 때 구급차 운전사, 스페인 내전과 제2차 세계대전 때의 종군기자 활동, 아프리카에서의 왕성한 사냥활동 그리고 쿠바와 플로리다에서의 스포츠 낚시 경험을 토대로 불후의 명작들을 남겼다.

4) 호기심과 탐색을 격려하고 보상하라. 모든 창의적 발견은 호기심에서 시작한다고 해도 과언이 아니다. 틴달이 발견한 빛의 굴절 현상은 '하늘이 왜 파란가?' 라는 호기심에서 비롯되었으며 뉴턴의 만유인력의 법칙 또한 사과가 떨어지는 것에 대한 궁금증에서 비롯되었다는 것은 잘 알려진 사실이다. 아인슈타인은 다음과 같이 말하였다. "우리들이 경험할 수 있는 가장 아름다운 것은 신비적인 것이다. 그것은 참다운 예술, 참다운 과학의 요람이 되는 것이다. 그것을 모르는 사람, 이제 더 이상 신비스럽게 생각할 수가 없고 경이를 느낄 수 없는 사람은 죽은 사람과 마찬가지이며 다 타버린 촛불과 같은 것이다."

5) 동기 특히 내부의 동기를 확립하라. 동기는 발명의 어머니라고 한다. 창의성이란 외부적인 조건에 의하여 또는 남의 강요에 의하여 얻어지는

것이 아니라 자기 마음가짐에 따라 얻을 수 있는 것이기 때문이다. 사람의 마음을 진정으로 움직이는 비결은 이 세상에 단 한 가지밖에 없다. 스스로 움직이고 싶다는 기분을 불러일으키는 것이다. 20세기의 위대한 심리학자 지그문트 프로이트 박사는 인간의 모든 행동은 '성 충동'과 '위대해지려는 욕망'이라는 두 가지 동기에서 비롯된다고 하였다.

6) 위험을 감수할 뜻과 믿음을 장려하라. 자칫 남이 생각하지 못하였던 생각, 즉 창의적인 생각은 비난의 대상이 될 수 있다. 이를 감내할 뜻과 의지가 없으면 창의적인 생각이 있을 수 없을 것이다. 실패를 두려워하는 사람은 결코 창조성을 발휘할 수 없다.

7) 통제력과 자기수양에 집중하라. 창의성이란 단순히 남이 생각하지 못했던 것을 생각하는 것이 아니고 그 생각이 어느 분야에서건 발전에 도움이 되는 것이어야 한다. 따라서 창의적 생각이 사회에 공헌하는 쓸모 있는 것이 되려면 꾸준한 자기수양이 있어야 한다.

8) 창조성에 대한 믿음을 조성하라. 대학의 연구실이건 산업체에서건 그 사회가 발전하기 위해서는 창의적 생각을 수용하고 존중하는 분위기가 중요할 것이다. 엉뚱한 생각이라 따돌림해서는 혁신을 이루기 힘들다.

9) 선택과 발견의 기회를 마련하라. 사람이 네 발로 걷던 동물에서 두 발로 걷게 되고, 마침내 오랜 시간의 진화를 거쳐 오늘날의 인류 문명을 이룰 때까지 우리 인간은 가치 있는 생각의 선택과 발견을 위하여 끊임없이 노력해 왔다. 그 같은 발전 과정에서 기회가 주어지지 않아 발전이 수십 년씩 늦어진 일이 적지 않았다.

10) 자기관리를 개발하라. 사람이 일생을 통하여 일관되게 추구하는 것은 '자아상의 확립'이다. 현실 속의 자기 자신을 있는 그대로 받아들여야 한다. 자기도취는 사람을 현실로부터 도피시키고 환각의 세계로 빠져

들게 한다. 자기 평가는 타당한 것이어야 하고 주위 사람들이 인정할 수 있는 것이어야 한다. 그리고 자신을 항상 최고 상태에 있도록 노력하고 그 상태를 지속시키고 더욱 확대시키도록 노력해야 한다.

11) 창조활동을 증진시키는 방법과 작전을 교육하라. 창의성을 증진시키는 교육은 수많은 사람들이 여러 가지 방법을 제안하고 있다. 또 영재를 길러낸다는 목표를 가진 교육기관도 다양하다. 미국 센트루이스에 포사이스 스쿨이라는 것이 있다. 3세에서 6세까지의 어린이를 훗날 사회생활을 적극적으로 해나갈 수 있도록 교육하는 곳이다. 어느 날 6세짜리 어린이들에게 합동으로 무엇을 만들어보라는 과제를 주었다고 한다. 아이들은 모래밭에 가서 길거리의 모형을 멋지게 만들고 선생님에게 보여주며 무척 자랑스러워하였다. 그런데 잠시 후 아장아장 걷는 아이들이 그것을 허물어뜨리고 말았다. 모형을 만든 어린이들은 화가 나서 길길이 날뛰었다. 그러나 범인은 너무 어려서 자신들이 한 일이 나쁜 짓이라는 것을 모르는 어린 아이들이니 용서하기로 하고 합심해서 모형을 더욱 멋지게 만들었다고 한다. 이같이 상상력을 적절히 이용하고 실패를 허용하며 친구에 대해 동정심을 갖도록 교육한다는 것이다.

12) 형평을 유지하라. 사람들은 자신을 논리적인 동물이라고 생각하지만 그것은 큰 오산이다. 인간은 감정의 동물이고 편견에 가득 차 있으며, 자존심과 허영심에 휩싸여 행동하는 어리석고 가련한 존재이다. 그러므로 인간을 비난하는 행위는 다이너마이트를 짊어지고 자존심이라는 불길 속으로 뛰어드는 것처럼 참으로 어리석은 행동에 지나지 않는 것이다. 항상 입장을 바꾸어 생각하려고 노력한다면 이 같은 우를 범하지 않을 것이다.

머리를 좋게 하는 음식이 있는가?

과유불급

몇 해 전 수험생들 사이에서 일명 '머리 좋아지는 약'이 유행해 언론에서 대대적으로 보도한 적이 있다. 사람들은 아무렇지도 않게 "머리를 좋게 하는 음식이 있습니까? 약이 있습니까?"라고 질문한다. 그런데 "있지요, 매일 먹고 있는 당분, 지방질, 단백질의 3대 영양소 그리고 비타민류와 미네랄류를 그 어느 것도 과부족하지 않게 골고루 잘 섭취하면 됩니다"라고 하면 사람들은 "에이~! 난 또 뭐라고" 하면서 실망하는 눈치를 보인다. 또 다르게 "그런 것은 없습니다. 머리를 좋게 하려면 신경세포가 활동하여 적절한 신경회로가 만들어지지 않으면 안 되므로 이를 위하여 필요한 것은 여러 가지가 있을 수 있으나 이 활동을 원활하게 하기 위한 특별한 음식 같은 것은 없습니다"라고 답하면 "과연, 그렇겠네요" 라고 안심하기도 한다. 질문하는 사람이 어떤 답을 듣기를 바라는가에 따라 답이 달라질 수 있다. 어떤 답이 되었건 뇌의 물질대사와 신경세포의 활동방식의 어느 한 측면만 보고 하는 말에 지나지 않다.

제2차 세계대전 직후 한때 일본의 어느 유명한 생리학자가 글루타민산나트륨(미원의 주성분)을 먹으면 머리가 좋아진다고 권장하여 어린아이들에게 하루에 몇 그램씩 먹이는 것이 유행하였다. 그러나 결과는 반대이다. 글루타메이트를 하루에 몇 그램씩 섭취하면 뇌의 시상하부라는 곳에 있는 특수한 신경세포가 파괴되어 경련을 일으키고 결과적으로 머리도 나빠진다. 사람은 물론 동물실험으로도 증명된 사실이다.

다행히 심각한 부작용은 보고된 바가 아직 없으나 머리를 좋게 하는 음식에 대한 믿음은 뿌리 깊은 것의 하나이다. 구성성분이 어떤 것인지도 확실하지 못한 것들이 그저 뇌건강 어쩌구 저쩌구 하는 이름을 붙여 불티나게 팔리고 있는 것이 현실이다. 비슷한 내용의 책들도 베스트셀러에 올라 있기도 하다.

뇌는 무엇을 원하는가?

뇌가 필요로 하는 영양소는 뇌의 형태를 만드는 구조(신경세포 등)를 만드는데 그리고 그 구조가 활동하는데 필요한 것이다. 뇌의 수분을 증발시켜 건조하면 나머지 고형물의 무게는 3분의 1 정도가 된다. 이 고형물의 반 정도는 지방질이다. 즉 지방질은 뇌의 구조에 있어서 중요한 영양소인 것이다. 뇌의 지방질은 파하지방과는 달라서 저장되지 않으므로 매일 보급해주어야 한다. 이는 뇌 세포의 세포막을 만드는데 필요하며, 부족하기 쉬운 것은 불포화지방산이므로 불포화지방산을 많이 포함한 식물기름을 섭취할 필요가 있다.

뇌의 무게는 체중의 2%에 불과하지만 산소 소비량은 20%나 된다. 당질을 이용하여 에너지를 얻는데 필요한 것이다. 산소의 공급이 1분 정도만 끊겨도 신경세포가 죽고, 심하면 장애까지 얻을 정도로 산소는 중요하다. 뇌가 필요로 하는 당분은 음식물로 섭취해야 한다. 뇌의 혈류량은 1분에 800밀리리터이고, 산소 소비량은 1분에 49밀리리터이며, 당분의 소비량은 1븐에 49밀리그램이다(성인 기준). 그래서 하루에 필요로 하는 당분은 110그램이 된다. 당분이나 단백질이 부족하게 되면 뇌 세포의 대사 속도가 느려지므로

지나침은 모자라니만 못하다

어떤 사람은 듣기에 그럴듯한 이런 저런 이유를 들어 우유에 함유된 레시틴이라는 성분이 뇌 건강에 좋다고 한다. 특히 활발한 두뇌 활동을 필요로 하는 수험생이나 어린이는 전유(全乳)를 먹는 것이 더욱 좋다고도 한다.

그러나 우리가 음식으로 섭취하는 영양소 중 중요하지 않은 것은 하나도 없다. 뇌를 포함한 우리 몸의 건강을 유지하고 원활한 활성을 이루기 위해서는 모든 영양분을 골고루 섭취하는 것이 무엇보다 중요하다. 어느 특정 성분이 뇌 기능에 도움이 될 수는 있겠지만 어떤 특정한 성분이 다른 성분보다 월등한 역할을 할 것이라고 하여 그 성분을 지나치게 강조하는 것은 바람직하지 않다. 모든 영양분이 균형을 이루었을 때 뇌의 활동이 정상적으로 원활하게 이루어질 수 있기 때문이다.

과유불급이라는 말이 있다. 지나침은 모자라니만 못하다는 뜻이다. 머리를 좋게 하려면 신경세포를 잘 활동하도록 해야 하나 이를 위해서는 매일 먹는 음식을 균형 있게 골고루 먹는 것이 필요하다. 세계보건기구에서는 영양기준을 정해 발표하고 있으나 이는 뇌의 활동을 고려하여 정해진 기준은 아니다. 즉 영양기준에 따라 균형 있게 음식을 섭취하면 뇌의 활동도 자연히 원활해진다고 경험상 말할 수 있는 것이다. 다만 어떤 사정이 있어서 음식물의 어느 영양소가 부족하게 되면 이를 인공적으로 보충할 필요가 있다.

세포에서의 물질 교환, 시냅스가 새로 만들어지는 속도가 느려져 결과적으로 뇌의 활동이 느려지는 것이다. 따라서 뇌의 발달 시기에 당분이나 단백질 부족이 장기간에 걸쳐 지속되면 머리가 나빠질 것이다.

신경세포의 활동에 필요한 신경전달물질은 혈액으로부터 혈액관문을 통하여 뇌로 운반된 아미노산이나 기타 물질로부터 신경세포에서 합성된다. 뇌로 운반되어 들어오는 아미노산의 양은 혈액 중의 아미노산 조성에 따라 복잡하게 조절된다. 어떤 아미노산은 혈액 중의 아미노산이 높아지면 그 아미노산이 뇌에서 넘쳐나지 않도록 뇌로 이행하는 양을 조절하는 기전이 있다. 그런가 하면 혈중의 아미노산 양이 그대로 반영되어 뇌로 이행하는 것도 있다.

한편 뇌에서 합성되지 않는 물질은 음식물로 섭취해야 한다. 비타민류가 그것이다. 신경전달물질인 아세틸콜린의 합성에 필요한 콜린 같은 것도 마찬가지이다. 그러나 어떤 물질이 어느 정도 필요하고 어느 정도 부족하면 어떤 일이 생기는지는 아직도 확실하게 알지 못한다. 최근에 콩에 함유된 레시틴이라는 물질을 어린 쥐에 다량 섭취시켰더니 반사나 행동의 발달이 느려진다는 보고가 있었다. 임신한 어머니가 콩의 레시틴을 다량 섭취하는 경우 태아의 뇌 발달이 느려질 수도 있다는 보고도 있었다.

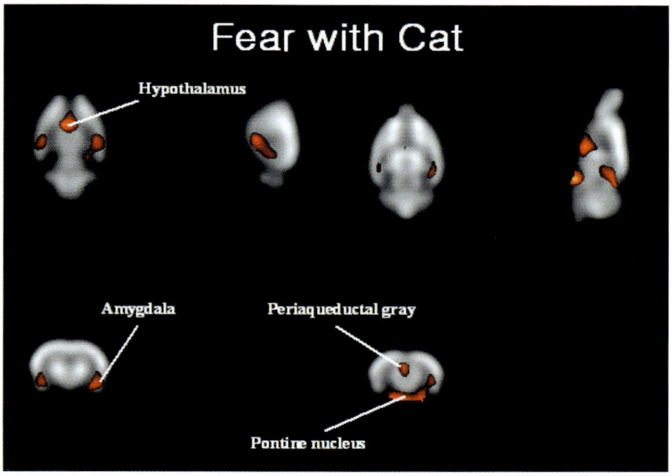

▲ 133쪽. 그림 3-6 흰쥐에 고양이로 공포자극을 주었을 때 뇌의 공포계통 활성. 흰쥐에 고양이로 공포자극을 주었을 때 뇌의 공포계통으로 알려진 편도핵(amygdala), 시상하부(hypothalamus) 등에 활성을 보이는 양전자단층촬영 사진이다.

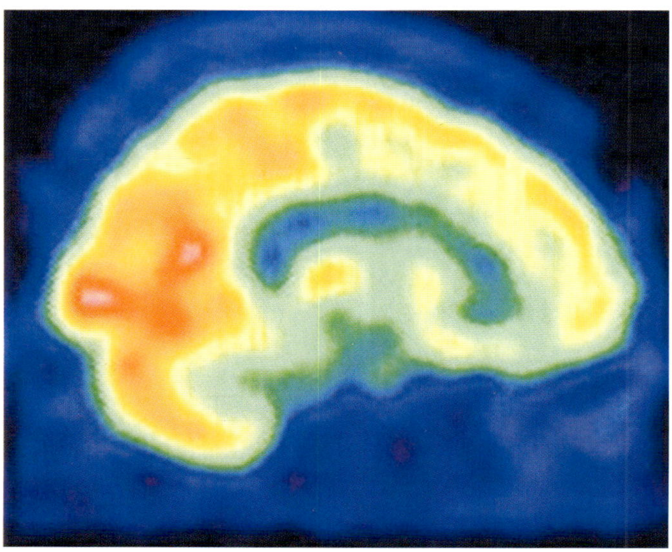

▲ 148쪽. 그림 3-7 사랑에 빠진 뇌

정면 모습

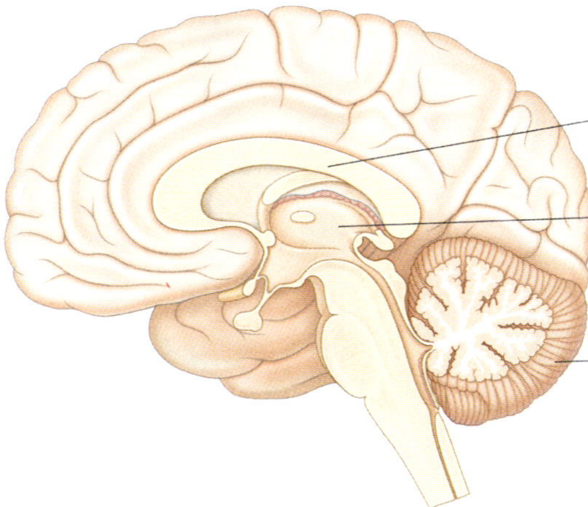

측면 모습

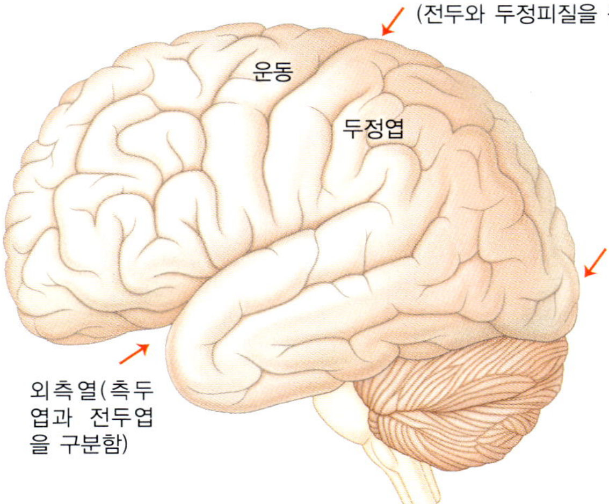

▲ 뇌의 정면과 측면 모습

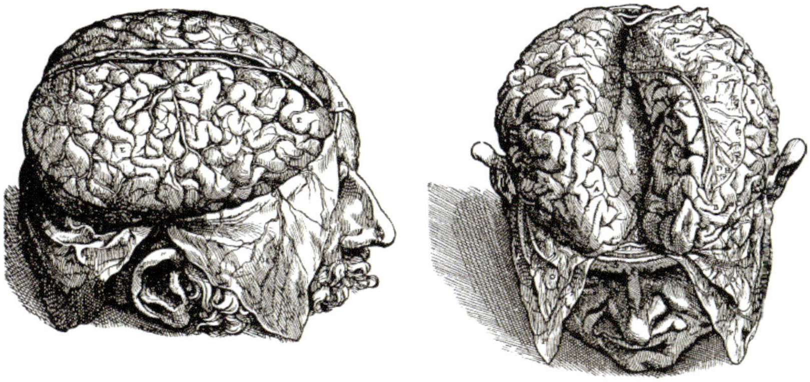

▲ 베살리우스의 고전적 해부학서에 화가 티치아노가 그린 그림. 피질반구가 분리된 틈으로 뇌량이 보이고 있다.

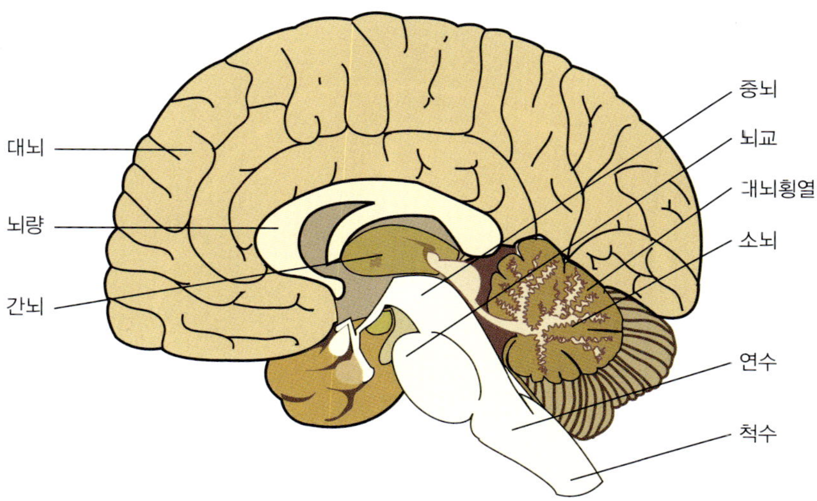

▲ 실제 뇌의 측면 단면도

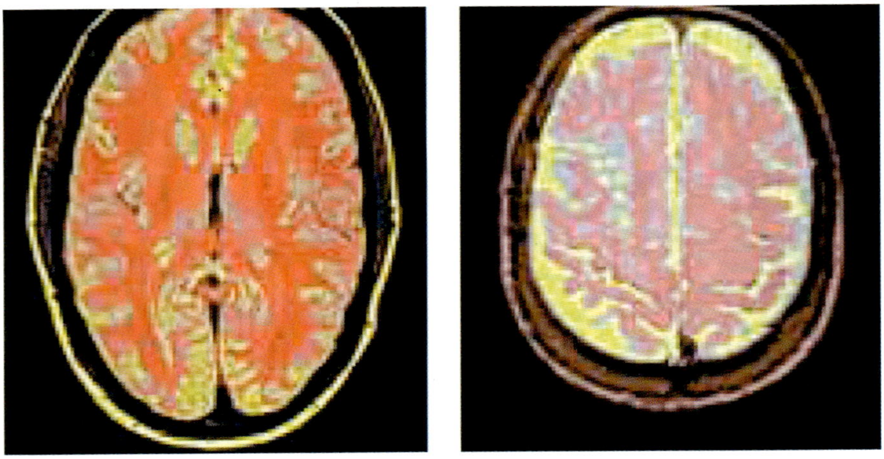

▲ 왼쪽 사진은 정상뇌의 MRI 사진이다. 오른쪽 사진은 외 위축을 보이는 알츠하이머병 환자의 MRI 사진이다.

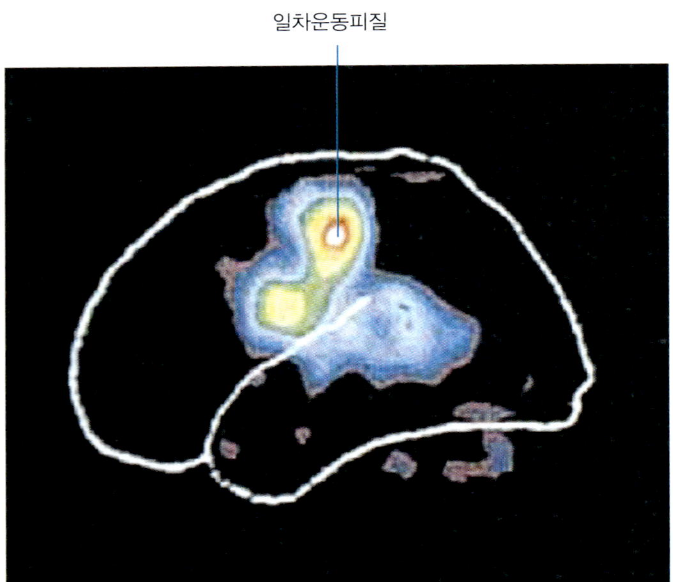

▲ 운동피질을 보여주는 뇌의 양전자방출단층촬영(PET) 사진